机电液系统动能刚度
原理与方法

谷立臣　著

科学出版社

北　京

内 容 简 介

复杂机电系统的功能日趋丰富，系统内各种物理过程的非线性、时变特征更为突出，过程之间的关系更为复杂，某些新的科学现象和规律在极端工况下凸显出来。本书用能量流、物质流、信息流协同分析方法从多源信息融合角度阐述机电液一体化系统动能刚度原理产生的背景、过程、问题及实验方法，突出多能域系统建模、多过程测试、多源信息融合以及控制方法的综合应用。书后附有主要公式推导过程和相关 MATLAB 代码及程序。

本书可供高等院校机械类专业的研究生以及教师阅读，也可供相关学科的科技工作者参考。

图书在版编目（CIP）数据

机电液系统动能刚度原理与方法/谷立臣著. —北京：科学出版社，2019.11
ISBN 978-7-03-062835-0

Ⅰ.①机… Ⅱ.①谷… Ⅲ.①机电系统-液压控制-动刚度-研究 Ⅳ.①TH137

中国版本图书馆 CIP 数据核字（2019）第 240077 号

责任编辑：杨　丹 / 责任校对：郭瑞芝
责任印制：张　伟 / 封面设计：迷底书装

科学出版社 出版
北京东黄城根北街 16 号
邮政编码：100717
http://www.sciencep.com
北京凌奇印刷有限责任公司 印刷
科学出版社发行　各地新华书店经销

*

2019 年 11 月第　一　版　开本：720×1000　B5
2022 年 1 月第三次印刷　印张：14 1/2
字数：292 000
定价：128.00 元
（如有印装质量问题，我社负责调换）

作 者 简 介

谷立臣　博士生导师，二级教授，现任西安建筑科技大学机械电子技术研究所所长，中国振动工程学会动态测试专业委员会常务理事，《振动、测试与诊断》期刊编委会委员。1994 年获西安建筑科技大学结构力学专业工学硕士学位；2002 年获西安交通大学机械工程专业工学博士学位；2010 年 8 月～2011 年 4 月到美国佐治亚理工学院访问学习。

谷立臣教授长期从事机电系统设计、测试、诊断和控制领域的教学、科研以及社会服务方面的工作。主持完成国家自然科学基金面上项目 4 项、大型工程机械产品质量和性能检验 30 多项，获得国家发明专利 15 项，获得省级科学技术奖 2 项，发表学术论文 150 多篇，培养研究生 80 多名。

前　　言

　　2000 年开始，作者从多源信息融合角度研究机电液一体化系统的结构组成、信息传递与能量转换、元件与系统的动力学调控、功能形成与运行可靠性等方面的基础科学问题，领域内代表性研究团队取得的一系列成果不断开拓我们的学术视野。同时，也关注到该领域尚没有形成系统的动力学理论、实验以及分析方法；在追求系统高效率、高精度、高品质和极限功能的进程中，基于仿真技术研究系统的多能域、大范围动力学特性缺乏领域背景知识。

　　力学领域的刚度是个既古老、又新颖的研究内容。说它古老，是因为刚度是力学抽象概念，泛指受外力作用的材料、构件或结构抵抗变形的能力，如在自然界，动物和植物都需要有足够的刚度以维持其外形；说它新颖，是因为可以推广到所有与对称性破缺有关的问题中。对称性破缺是一个跨物理学、生物学、社会学等学科的概念，可狭义理解为原来具有较高对称性的系统，出现不对称因素，其对称程度自发降低的现象。机电液系统的多能量域耦合特性类似于人体适应外界变化的机制，是一个自适应的过程：当输入能量时，系统通过多参量耦合产生一种自适应机制将动能从动力源传递到负载；反之，当承受负载的激扰时，系统也会通过多参量耦合产生一种逆向自适应机制将驱动负载所需要的动能转换成势能，动力源传递过来的动能不断跟踪并适应这个势能的变化，在保持能量守恒的基础上，维持系统平稳运行。因此，动能变化率越小，系统的适应性越好，效率越高。当系统耦合界面或子系统间的耦合条件发生变化时，会破坏能量守恒，即出现对称性破缺问题，导致系统性能退化或早期故障的产生。应用中，动能变化率既抽象又难以测量，给定量分析带来困难，于是我们提出了动能刚度的概念，其物理意义是多能量域系统抵抗动能变化的能力。由于动能刚度既可以反映动能变化率又可以测量，我们选择它来构建机电液系统动力学正反问题之间的信息通道。

　　本书以变转速液压泵控马达系统为研究对象，以动能刚度原理分析为主线，从多学科知识融合、高新技术集成的角度系统阐述我们在机电液系统建模与仿真、检测与控制、监测与诊断等方面的研究中不断形成的动能刚度原理学术思想及其分析方法，旨在通过本书与各位同仁交流作者在机电液一体化系统动力学分析以及研究生培养方面取得的一些成果和经验。

　　全书分 6 章，第 1 章阐述机电液系统的结构功能、设计要素、技术特征、发展趋势以及面临的挑战；第 2 章详细介绍轴向柱塞泵/马达全耦合动力学建模过程，通过流固耦合界面能量损耗分析液压元件内部微观变量对外部宏观变量的影响机理；第 3 章以变转速液压泵控马达系统为研究对象，构建系统全局非线性动力学模型，从能量流角度揭示系统的功率分布以及多域能量转换机制；第 4 章针对机电液系统动能刚度以及动力学正反问题的研究，介绍实（试）验平台的设计方法及应用实例；第 5 章提出系统动能刚度原理及其图示化识别方法；第 6 章通过典型工况实（试）验对比，用动能刚度原理揭示液压设备的刚度、阻尼和摩擦随液压泵转速和载荷工况的变化规律以及获取液压设备运行状态信息的协同分析方法。

　　本书是在国家自然科学基金面上项目"液压设备动能刚度原理、性能退化机理及运行安全保障研究"（项目批准号：51675399）支持下开展的基础研究工作的总结。杨彬、许睿、贾永峰、刘沛津、孙昱、刘永、赵松、刘丹、焦龙飞对本书研究内容做出了重要贡献，孙昱、马子文、刘佳敏、耿宝龙在书稿的修改和校正过程中提出许多建设性意见并花费了大量时间。在此，特向国家自然科学基金委以及对本书做出贡献的研究生们表示衷心的感谢。

　　限于作者水平，书中不足之处在所难免，欢迎读者批评指正。

目　　录

第 1 章 绪 论

1.1 概 述

机械工程学科是连接自然科学与工程行为的桥梁，它与相关自然科学、工程科学交叉融合，并朝着复杂机电系统设计制造集成科学的方向发展，成为当今机械设计与制造科学研究的重要特点[1]。现代复杂机电系统是将多种单元技术集成于机电载体，形成特定功能的复杂装备。工程建设、冶金、矿山、国防、材料等领域装备的大型复杂机电系统一般采用液压传动与控制技术，如连轧机、连铸机、大型盾构掘进机、采煤机、重型操作装备、压力机、柔性制造系统、火炮与车辆、大型船舶、工程机械等无不是集机、电、液和控制技术于一体的多能量域耦合系统，为突出液压和液力传动的技术特点，故又称之为机电液（一体化）系统，但技术范畴仍然属于复杂机电系统。机电液系统的发展趋势可以概括为三个方面：①性能上向高精度、高效率、高性能、智能化的方向发展；②功能上向小型化、大型化、多功能方向发展；③层次上向系统、综合集成化的方向发展。随着智能化程度的不断提高，大型装备的结构和信息传递过程越来越复杂，已经成为机电液一体化的综合体。

机电液一体化系统（electromechanical hydraulic integration system，EMHIS）通常包括机械、电气、液压、控制、润滑等物理子系统，装备运行时，各子系统间进行着能量、物质与信息流的多种传递、转换和演变，由它们所组成的复杂系统在极端工况下所表现出来的强耦合特性和复杂性更加引起国内外学者的关注，特别在机电耦合、流固耦合、热弹耦合、摩擦学与动力学耦合等方面的研究已经成为复杂机电系统动力学分析的核心组成部分。《机械工程学科发展战略报告（2011～2020）》明确提出[1]：在未来 5～10 年，应加强对复杂机电系统共性基础科学问题的研究。组织跨学科优势研究团队进行联合攻关，力争在复杂机电装备的系统研究方法、物质流-能量流-信息流协同设计、复杂机电系统多领域建模与多学科优化等共性科学问题上取得重要的理论突破，解决复杂机电系统运行安全性、可靠性、故障诊断与运营维护等关键基础技术的问题，逐步形成复杂机电系统集成科学的综合理论体系与关键基础技术，使我国复杂机电系统的整体科研水平位于国际前列。

1.2　机电液系统的构成及特点

1.2.1　机电液系统的产生及研究背景

1. 机电液一体化的产生及特点

自 20 世纪 80 年代起，液压与液力传动技术在大功率机械构成中所占的比例越来越大，为突出这一特点，人们将大功率机械系统的机电一体化称为机电液一体化。在这一领域内，紧紧围绕两个方面进行研究：一是以提高设备的工作和操控性能、节省能源等为目的的机械、电子、液压融合技术；二是以提高作业（产品）质量为目的的机电液一体化控制技术。基于用产品设计思想丰富理论研究的理念，逐渐形成了该领域特有的技术优势。

2. 研究目标和内容

机电液一体化是从系统的观点出发，将机械技术、电子技术、液压技术、计算机信息技术、自动控制技术等在系统工程的基础上加以综合，为实现整个系统性能最优化而提出的。机电液一体化研究内容主要包括：①机电液一体化技术；②机电液系统虚拟设计；③运行状态智能化监测及可靠性分析；④机电液系统动力学等。

3. 大型机电液系统应用现状

采矿、冶金、制造、工程建设、船舶运输等国家经济建设重点领域中的大功率高耗能重型设备在国民经济发展中处于举足轻重的地位（图 1.1），起到至关重要的市场经济带动作用，然而高耗能以及低效率使其占有较大的能源消耗份额，加大了能源供给负担，如大型盾构掘进机功率数千千瓦，效率却不高于 70%[2]。

以上重型设备大都采用了液压传动与控制技术，然而液压传动系统虽功率密度大、适应性强，但效率低下、可靠性低，尤其是极端工况下表现出的效率下降、性能退化、非线性动力学特征明显等问题[3]，制约了系统向大型、集成、高压、高速等方向发展。极端工况下的节能环保、性能可靠等问题是国内外大力发展大功率、低能耗、高性能机电液装备所面临的共同挑战。

机电液系统全局结构的复杂性、子系统的耦合性，尤其是其工作环境极端恶劣、工况复杂多变，使设备在运行过程中对运行性能以及可靠性方面的需求日益增强。尽管机电液装备失事的致命性较大型旋转机械低，但对环境、工程以及产品质量的影响不可低估。图 1.2 为某轧钢企业 2014 年一季度的设备故障分析报告图，由图可知：大型机电液系统中液压传动设备的故障频发，且故障类型多样、不易准确定位，为设备的运行安全保障带来了难度，严重制约了企业生产和管理

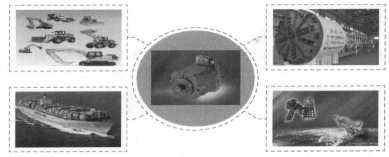

图 1.1 典型机电液一体化设备

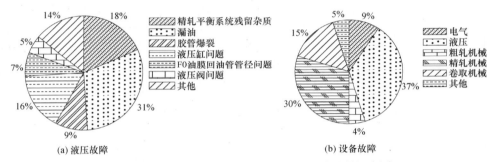

(a) 液压故障

(b) 设备故障

图 1.2 某轧钢企业 2014 年一季度设备故障分析报告图

水平的提升。

　　我国企业对大型机电液装备运行可靠性及安全保障技术方面的需求远比故障诊断技术迫切，在大型液压设备中不惜重金选择可靠性高的进口元件。设备的可靠性不仅与元件有关，还与系统的匹配设计、工作介质以及运行安全保障技术水平密切相关。目前，液压设备的故障诊断以及可靠性安全保障研究无论在理论上还是技术上都落后于旋转机械，主要原因是在多能量域、多物理场耦合作用下其功能界面上能量转化机理以及系统功能和性能演化过程信息尚不清楚，导致设备运行状态监测参数缺乏领域背景和含义。

1.2.2 机电液系统的功能结构

1. 系统的功能

　　对现代工业来说，任何生产过程或工程装备都可以看作是对物资质流、能量流和信息流进行变换、传输和存储的物理系统，如图 1.3 所示。其中信息流是控制和管理物质流和能量流的依据，而系统中的各种信息，如设备的运行状态信息、物料的几何与物理性能信息、能耗信息等都必须通过各种检测方法利用在线、离线或遥测的各种检测设备获取，检测到的状态信息经过分析、判断和决策，得到相应的控制信息，并驱动执行机构实现过程控制。目前，普遍认为：物质、能量和信息是人类社会和自然界的三大支柱，是科学历史上三个最重要的概念。当前人类进入信息社会，获取、传输、交换和利用信息已经成为人类的基本活动。如图1.3所示，生产过程中的主要特征和功能都是从能量流、物质流的信息流中体现出来的，系统中能量流、物质流和信息流都有它们特殊的形态和变化规律。物质流是能量流的载体，同时又在能量驱动下运动着，二者驱动都是在信息流控制与协同下进行，即根据系统运行状态与目标功能/状态的差异，信息流通过控制执行单元调整系统的能量与物质流状态，实现系统预期目标功能或运行状态。

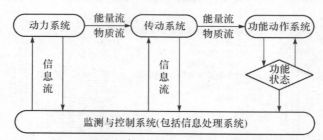

图 1.3　生产过程和装备中物质流、能量流和信息流的关系

机电液一体化系统设计理论中首先强调结构，并从结构角度来分析系统的功能和动力学行为（运行性能及状态），即认为系统的结构决定了它的功能以及动力学行为。机电液系统由控制单元、检测单元、执行单元、机械单元和动力源五大结构组成，各结构之间的关系如图1.4所示。由于智能控制的日益发展，机电液系统不仅是由动力源驱动的机电设备，并且已发展成为实现高精度、高稳定性、高可靠性的由信息流驱动的复杂机电系统。基于系统能量流、物质流的信息流的协同设计，从系统所要实现目标功能的物理本征原理出发，在系统层面上研究复杂机电系统的科学集成与创新设计理论，以及集成设计后实际功能生成中多能量域耦合以及协调状态的智能控制。

2. 系统的外部功能

机电液系统（或装备）是由若干具有特定功能的子系统组成的有机整体，具有满足人们使用要求的外部功能（目的功能），根据不同的使用目的，要求系统能对输入的物质、能量和信息（即工业三大要素）进行某种处理，输出所需要的物质、能量和信息，如图1.5（a）所示。因此，系统必须具有三大目的功能：①变换（加工、处理）；②传递（移动、输送）；③存储（保存、记录）。系统或以物料加工为主，如各种机床、加工及运输机械；或以能量转换为主，如电机、内燃机、水轮机、液压泵等；或以信息处理为主，如各种仪器、仪表、计算机和办公设备等。

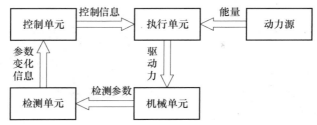

图 1.4 机电液系统五大结构之间的关系

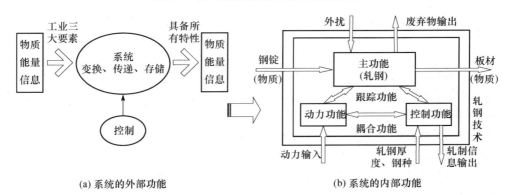

(a) 系统的外部功能   (b) 系统的内部功能

图 1.5 机电液系统的内外部功能

3. 系统的内部功能

机电液装备具备 5 种内部功能：①主功能；②动力功能；③控制功能；④耦合功能；⑤跟踪功能，如图 1.5（b）所示。

其中，主功能是实现外部功能直接必需的功能，即对系统输入的物质流、能量流和信息流的变换、传递和存储；动力功能向系统提供能量；控制功能包括信息检测、处理及控制，实现系统正常运转；耦合功能是使各子系统及部件维持特定的能量转换以及时间和空间上的相互关系，是保证系统工作中的强度和刚度所必需的功能；跟踪功能是系统的动力机构在效益最大化目标下对负载工况的自适应匹配。

4. 机电液系统内外部功能关系

系统的外部功能是通过其内部功能实现的。金属材料加工领域的重要装备大多采用机电液系统，以自动轧钢机系统轧制钢锭为例，其原理如图 1.6 所示。该系统由计算中心、控制系统、通信系统、测力计、测厚仪和轧辊组成，如图 1.6（a）所示。其中，计算中心负责信息的处理、运算和控制，控制系统负责控制轧辊，通信系统负责信号的检测与传输，测厚仪用于测量钢板厚度尺寸，测力计用于测量轧制力，轧辊用于完成钢板的轧制。

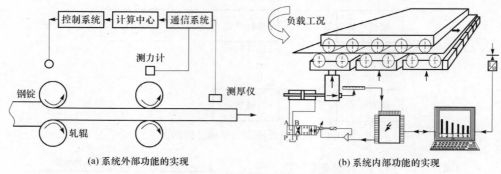

(a) 系统外部功能的实现　　　　　　　　　　(b) 系统内部功能的实现

图 1.6　自动轧钢机系统原理图

　　自动轧钢机系统内部功能的实现如图 1.6（b）所示：被轧制的钢锭在高温状态下进入轧机（机电液系统），计算中心根据测量的厚度和力的信息，结合所轧制钢材的材料特性、轧制速度等多种因素进行分析、计算，从而获得工艺调节参数，再由控制系统根据调节参数调整轧辊的位置，以确保在各种干扰条件下轧制的钢板厚度均匀，动力单元则根据金属型材和材料特性要求，自适应地改变输入给系统的转速和扭矩，在系统内部功能的作用下将毛坯钢锭转换成某种尺寸规格的金属型材（外部功能）。对于柔性制造系统、采煤机、盾构机、工程机械等常见的机电液一体化产品，也可按此分析其内外部功能构成。

1.3　机电液系统的基本要素及技术特征

1.3.1　机电液系统的基本要素

　　机电液系统由诸多要素或子系统构成，各子系统之间必须能顺利进行物质、能量和信息的传递与交换，通过控制器和接口使各要素或子系统连接成为一个有机整体，使各个功能环节有目的地协调一致运动，达到通用性、耐环境性、可靠性、经济性的设计目标。机电液一体化系统可以看作是模仿人体的结构，若与人体结构相类比，可以形象地概括出系统的功能结构，见图 1.7。

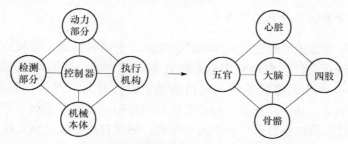

图 1.7　机电液系统的要素及与人体结构的类比

1. 机械本体

机械本体相当于人类的骨骼，包括机械传动和机械结构装置。机械本体的主要功能是使构造机电液系统的各子系统、零部件按照一定的空间和时间关系装配在一定的位置上，并保持特定的关系。为了充分发挥机电液一体化的优点，必须使机械本体部分具有高强度、轻量化和高可靠性特点。过去的机械均以钢铁为基础材料，现在要实现机械本体的高性能，除了采用钢铁材料以外，还必须采用复合材料或非金属材料。机械传动装置要求有高刚度、低惯量、较高的谐振频率和适当的阻尼性能，从而对机械系统的结构形式、制造材料、零件形状等方面提出了特定的要求。机械结构是机电液系统的机体，系统的各组成要素均以机体为骨架进行合理布局，有机结合成一个整体，不仅包括系统内部结构的设计问题，也包括外部造型的设计问题。要求系统整体布局合理，尽可能地使液压管路、接头、控制线束以及油液损失减少，机械本体使用便捷、操作方便、造型美观。

2. 动力部分

动力部分相当于人类的心脏，按照系统控制要求，为系统提供能量和动力使系统正常运行。用尽可能小的动力输入获得尽可能大的功能输出，是机电液一体化产品的设计目标之一。

驱动部分在控制信息作用下，提供动力驱动各执行机构完成各种动作和功能。系统要求驱动具有高效率和快速响应特性，同时要求对外部环境具有适应性和可靠性。由于电子与液压技术的高速发展，高性能电子液压比例驱动和变频液压伺服驱动已大量应用于机械工程领域。

3. 检测部分

检测部分相当于人类的五官。检测部分主要是对系统运行中所需要的内部和外界环境的各种参数及状态进行检测，并转变为可识别信号，传输到信息处理单元，经过分析、处理后产生相应的控制信息。其功能一般由专门的传感器和仪器仪表完成。

4. 执行机构

执行机构相当于人类的四肢。执行机构根据控制信息和指令完成用户所要求的动作。执行机构是运动部件，它将输入的各种形式的能量转换为机械能。常用的执行部件主要是液压缸和液压马达。

5. 控制器

控制器相当于人类的大脑，是机电液系统的核心部分。它将来自各传感器的检测信息和外部输入命令进行集中、储存、分析、加工，根据信息处理结果，按照一定的程序和节奏发出相应的指令，控制子系统有目的地运行。一般由计算机、可编程序控制器（PLC）、数控装置以及逻辑电路、A/D（模/数）与 D/A（数/模）转换、I/O（输入/输出）接口和计算机外部设备等组成。

6. 接口

接口相当于人类的神经和肌肉。机电液系统的子系统或部件之间顺利进行物质、能量和信息的传递与交换，各子系统相接处必须具备一定的联系环节，两个子系统或部件间的连接可称为接口，其基本功能主要有三个。一是交换：进行信息交换或传输的环节接口，由于信号的模式不同（如数字量与模拟量、串行码与并行码、连续脉冲与序列脉冲等），无法直接实现信息或能量的交流，需要通过接口完成信号或能量的统一；二是放大：在两个信号强度相差悬殊的环节间，经接口放大，达到能量的匹配；三是传递：变换和放大后的信号在环节间能可靠、快速、准确地交换，且必须遵循协调一致的时序、信号格式和逻辑规范。接口具有保证信息传递的逻辑控制功能，使信息按规定模式进行传递。接口的作用使各要素或子系统连接成为一个有机整体，确保各个功能环节在控制器发出的指令控制下有目的地协调一致运动。

1.3.2　机电液系统一体化的技术特征

（1）整体结构最优化。在设计机电液系统时，按机、电、液互补原则，综合运用机械、电子、液压、控制及软硬件等各种知识和理论，实现系统功能优化（多目标）。

（2）系统控制智能化。按信息化、智能化原则，系统具有自动控制、自动检测、自动信息处理、自动诊断、自动记录、自学习等功能（不确定性）。

（3）操作性能柔性化。按开放性设计原则，通过软件实现对系统机构的设置、修正、控制和协调；操作流程通过软件设定，灵活、方便（多参数）。

（4）按效益最大设计原则，保障系统物质流、能量流和信息流的协调（相关性）。

（5）按可持续性发展设计原则，提供一种高性能、高可靠性、低能耗、低污染、环境舒适和可回收的机械产品，即提供一种能满足可持续性发展的绿色产品（可持续性）。

1.4　机电液系统的发展趋势

机电液系统涵盖机械、电子、光学、控制、计算机、信息等多学科，它的发展进步依赖并促进相关技术的发展和进步。目前机电液一体化技术已经渗透到很多领域，在民用工业、机床、工程机械、冶金机械、塑料机械、农林机械、汽车、船舶以及军工行业得到大幅度的应用和发展。现今，采用机电液一体化系统的程度已成为衡量一个国家工业水平的重要标志之一。例如，工业发达国家生产的 95%的工程机械、90%的数控加工中心、95%以上的自动化生产线都采用了液压传动与控制技术。

20 世纪 60 年代，机电液一体化技术首先在工程机械领域得到发展，虽然美国将机电液一体化技术应用到工程机械上比日本早几年，但是美国主要由生产控制装置的专业厂家做这项工作，而日本却直接由工程机械制造厂自行开发或与有关公司合作开发，在这一领域迅速发展。简单地讲，早期的所谓机电液一体化是：电气控制液压，液压控制机械，机械在运动中通过电气原件将信息反馈回来再控制液压，在面向复杂工况条件下，早期的机电液一体化技术使整机的各项性能及生产效率有很大提升。进入 21 世纪以来，随着超大规模集成电路、微型计算机、电液控制、现场总线以及网络技术等的迅速发展，现代的机电液系统，绝非仅为机械、液压与电子电器的简单组合。现代的机电液系统与微电子技术、计算机控制技术、传感以及网络技术等为代表的新技术紧密结合，逐步形成并发展成为包括传动、控制、检测以及人工智能在内的一门完整的工业自动化技术，并不断地提升机械设备的自动化、信息化、智能化水平。纵观国内外的发展现状和高新技术的发展动向，机电液系统将朝着以下几个方向发展。

1. 一体化/集成化

机电液一体化技术的功能可归结为：提高机械系统的性能，完成传统机械系统不能完成的功能；提高机械系统的智能化程度，使人在更舒适的环境中工作；提高机械系统的可靠性；降低系统原材料和能量的消耗；降低系统对环境的污染。尽管机电液一体化技术在实现高压、高速、大功率、可靠性、高度集成化等方面取得了重大的进展，在完善发展比例控制、伺服控制、专用控制器开发上也有许多新的成绩，但是针对机电液一体化系统的多参量、多能域、多输入/输出的全局优化问题，目前急需结合工程应用发展新的系统动力学理论、分析与仿真技术来研究系统的大范围动力学特性；需要发展新的优化方法和早期故障预警技术，通过主动控制乃至智能控制来使系统获得所需的运动。将计算机仿真设计与大数据分析结合起来，并把 CAD/CAM/CAPP/CAT 与现代管理系统集成在一起建立集成计算机制造系统（CIMS），在试制样机前，可用软件修改其特性参数，以达到最佳设计效果，使其一体化设计与制造技术有突破性的进展。

2. 绿色化

绿色产品在其设计、制造、使用和销毁的生命过程中，符合特定的环境保护和人类健康的要求，对生态环境无害或危害极少，资源利用率极高。机电液产品的绿色化主要是指使用时不污染生态环境，报废后能回收利用。工业的发展使得资源减少，生态环境受到严重污染。绿色化成了时代的趋势，产品的绿色化更成了适应未来发展的一大特色。

因此，进入 21 世纪，机电液系统的使命是要能提供一种高性能、高原料利用率、低能耗、低污染、环境舒适和可回收的智能化机械产品，即提供一种能满足可持续性发展的绿色产品。

3. 智能化

智能化是 21 世纪机电液一体化技术发展的一个重要方向。人工智能系统是一个知识处理系统，包括知识获取、知识表示和知识利用三个基本问题，其最终的目标是让机器模拟人的问题求解、推理、学习过程。人工智能在一体化技术中的研究日益得到重视，机器人与数控机床的智能化就是重要应用。"智能化"是对机器行为的描述，是在控制理论的基础上，吸收人工智能、运筹学、计算机科学、模糊数学、心理学、生理学和系统动力学等新思想、新方法，模拟人类智能，使其具有判断推理、逻辑思维、自主决策等能力，以求得到更高的控制目标。目前，专家系统、模糊系统、遗传算法以及深度学习，是机电液一体化产品（系统）实现智能化的 4 种主要技术，它们各自独立发展又彼此相互渗透。随着制造自动化程度的不断提高，将会出现智能系统控制器来模拟人类专家的智能活动，对设计制造中出现的问题进行分析、判断、推理、构思和决策。

4. 网络化

网络技术的兴起和飞速发展给科学技术、工业生产、政治、军事、教育等带来了巨大的变革，同样也给机电液一体化技术带来了重大影响，如通过网络对运行设备进行远程监测、诊断及控制。各种网络将全球经济、生产连成一片，企业间的竞争也将全球化。机电液一体化新产品一旦研制出来，只要其功能独到，质量可靠，很快就会畅销全球。由于网络的普及，基于网络的各种远程控制和监视技术方兴未艾，现场总线和局域网技术使机电装备网络化成为大势，利用互联网将各种机电装备连接成以计算机为中心的机群施工或集群制造系统，使人们在各个地方都能获得各种高技术带来的便利。因此，机电液一体化产品无疑将朝着网络化方向发展。

1.5　机电液系统设计中面临的挑战

机电液系统的优势是复杂工况适应性强，劣势是效率和可靠性弱。随着设备向大型、集成、高速、高压方向发展，极端工况下的节能环保、性能可靠、运行安全保障问题是国内外学者面临的挑战。

机电液系统的发展历程是以关键元件的技术创新和控制方法的优化为历史结点，其中作为核心能量传递单元的液压系统，决定了设备性能及运行状态。液压传动技术经历了 5 个阶段：①节流阀控制；②负载敏感阀控制；③负载敏感泵控制；④变排量泵控制；⑤变转速泵控制。20 世纪 80 年代以来，随着变频、步进电机技术的出现，国内外研究人员开始将变频调速技术引入液压设备并称之为变转速液压技术。大量研究结果表明，变转速泵控液压系统具有效率高、结构简单、调速范围宽的技术优势，解决了柱塞泵变排量对介质敏感、低排量效率低等局部问题；但也呈现出许多负面现象，如控制精度和速度刚度低、响应速度慢、低速稳定性差以及启动换向冲击大等问题，因而限制了其在工业领域中的应用范围[2-4]。变转速液压技术呈现出的这些负面现象实际上在液压技术发展历程中的前 4 个阶段也都不同程度存在，只是随着泵转速的变化幅度增大，液压设备这些性能缺陷被凸显（放大）出来，并伴随着效率波动、乏力、失稳振荡以及非线性特征的出现。在前 4 个阶段的理论分析与工程应用中，一般假设泵转速稳定，刚度、阻尼和摩擦等参数视为常数，这样可以用线性理论近似分析系统特性。高速高压化带来的振动噪声加剧、性能退化快、寿命短以及故障的预警与控制问题制约了液压设备的发展[5]，作者认为变转速现象中蕴藏的复杂科学规律需要依据系统动力学理论和方法进行揭示。

变转速液压技术存在控制精度和速度刚度低、低速稳定性差等问题的根本原因是变转速过程中系统刚度、阻尼和摩擦也发生改变[6]。转速变化后，首先为机电液系统动力学正问题的研究提出了新课题：系统中不可避免地存在来自功能界面上的能量损耗，转速变化过程中表征这些能量损耗的系统参数如刚度、黏性阻尼和库伦摩擦也随之变化，继而出现系统性能退化、功率和转速波动等现象，这说明刚度、阻尼和摩擦是机电液系统故障演化以及性能退化的力学成因。同时也对系统动力学反问题的研究提出了挑战[7]：①传统的频谱分析技术不再有效；②统计指标分析方法更加困难；③传统的信号源及处理方法难以满足变转速工况下的故障定位、程度判断及性能退化评估的要求；④需要发展新的故障预警与控制技术。作者认为：对于服役于复杂工况下的机电液系统，首先需要在设计阶段从系统动力学正问题重点研究极端工况下其刚度、阻尼产生的机理以建立更加准确的模型，在此基础上研究高速、高精度、非线性、多尺度和多场耦合的全局复杂动力学；然后通过试验弱化各种假设以得到对系统更深入全面的理解，发展新的动力学理论、实验、分析与仿真技术来研究系统的跨能域、大范围动力学特性，要基于对机电液系统动力学正反问题的深刻理解来发展多能域系统的动态设计与试验方法、故障诊断与控制技术。解决上述两方面科学问题的关键是要研究系统集成设计后实际功能生成中多能量域耦合以及协调状态的评价方法，在此基础上开展设备的运行可靠性、安全性、故障诊断与健康管理等关键基础技术问题的研究。为此，作者和研究团队长期专注于以下科学问题的研究：

（1）通过典型和极端工况实（试）验对比，从局部（泵/马达）和全局（机电液系统）角度揭示机电液系统的刚度、阻尼和摩擦随液压泵转速和载荷工况的变化规律。

（2）以研究不同转速段机电液系统动能刚度与性能退化的关联性为主线，以系统内部耦合效应——动能刚度（正反向）演化过程在线识别以及功率和转速变化率等外部效应的特征提取为桥梁，建立动能刚度分析与设备运行可靠性评估和协调状态控制之间的联系[8]。

（3）由于负载工况和传动介质的不同，机械（或流体）的振动与冲击信号不适合液压设备故障建模及机理分析，即在机电液系统动力学正、反问题之间尚缺乏联系的通道，这是亟待解决的瓶颈问题。基于故障既是状态（设备性能和状况）又是过程（故障萌生和扩展）这一本质属性，以现代信号处理技术为基础，在多干扰源和强噪声下寻找系统全局和局部耦合信息，阐述设备运行过程内部特征动态演化过程与外部特征运行状态信息之间的关联性，揭示系统动态设计以及运行状态监测参数的领域背景和物理含义。

机电液一体化系统设计与研究中需要重视的几个科学问题：

1）从集成科学的高度设计机电液系统

将"机械设计"提升到系统集成科学的层面，扩大与深化设计的科学内容，如界面科学、非线性科学、信息传递科学等；由传统的注重"设计方法"变革为设计"机械"载有的物理过程如何经集成演化产生机械功能；将模块化设计变革为"物质流-能量流-信息流全系统协同设计"。概括地说，现代机械工程学科的内涵是以自然科学为基础，研究人造的复杂系统与制造过程的结构组成、能量传递与转换、构件与产品的几何与物理演变、系统与过程的调控、功能形成与运行可靠性等；用理论仿真与实验求证相结合的过程构造复杂系统设计与制造工程中共性和核心技术的基本原理和方法是其主要研究特点[1]。

2）机电液系统动力学正反问题协同分析

机电液系统设计中首先强调结构功能，即认为系统的结构决定了它的功能及动力学行为。机电液系统结构功能设计完成后，首先分析系统动力学正问题，即假设系统负载及驱动方式已知，分析其行为模式，主要涉及系统建模、分析、设计和控制的一般理论和方法。由于系统输出的行为模式是由系统内部的多能量域参数耦合及信息反馈机制决定的，系统实际运行时的行为模式往往达不到预期的要求，利用在线测量的反馈信息校正系统的动力学行为，以期达到理想，这是动力学反问题，主要涉及系统动态信息的测量与分析，系统行为（运行状态）的识别与控制。正反问题互相影响的机理分析有助于探索在多物理场耦合作用下系统功能界面上能量转化机制以及系统功能和性能演化过程信息，为系统动态设计以及智能控制提供领域背景和含义，是机电液系统动力学基础理论，其核心技术是系统建模、分析、设计方法，多源动态信息测量与大数据分析技术，系统运行状态识别与智能控制技术。

3）结合典型工程装备开发实（试）验平台

结合工程装备分析典型机电液系统的主要结构及功能特征，提取可反映共性关键理论的核心工程技术，并结合主要研究内容，设计实（试）验平台，通过实（试）验弱化传统设计中的各种假设，在对机电液系统耦合界面深入理解的基础上，实践物质流-能量流-信息流全系统协同设计方法，发展多能量域系统的动态设计与实（试）验方法、故障诊断与控制技术。

另外，从人才培养角度看：实验技能和实际操作能力的训练是理工科研究生培养的重要环节。长期通过实验探索自然奥妙，并取得重大成功的丁肇中教授说："做实验确实非常重要，因为任何理论没有实验证明，是没有用的。实验可以推翻理论，理论绝对不能推翻实验"。作者在培养研究生的过程中经常向他们提出这些问题：为什么要仿真建模以及如何保证模型的科学性，传感及其信号处理技术在科学研究中的重要性，控制理论中 PID 校正的物理意义，设备运行状态监测和检测的区别，以及如何理解机电液一体化等，研究生们的回答大都照本宣科。目前研究生们对科学研究以及工程问题的解决基本都寄托于计算机仿真软件，重理论、轻实验的现象严重，缺乏用综合性专业知识分析科学现象、阐述研究方法、总结科学结论的能力。培养一名高素质的研究生，关键要培养研究生的创造性素质和勇于实践与合作的精神，实验装备发挥着至关重要的作用。让研究生"验证理论、掌握实验操作技能"的实验教育方式已经落伍，现代实验教学必须在传统的观察性、操作性与分析性实验基础上，向设计性、综合性、系统性转变，而转变的前提是要求实验内容及其装备要跟上时代发展的步伐。因此，通过建设专门的学科专业实验平台开展系统和规范的科学研究，形成教学科研相结合的研究生培养体系是当务之急[9]。

1.6　机电液系统动能刚度的研究背景

2000 年开始，作者从多源信息融合角度研究液压系统动力学正反问题[10]，提出利用多源信息融合思想把液压设备的监测、诊断与故障控制问题串联起来统一研究，并于 2005 年获得了国家自然科学基金面上项目"基于多源信息融合的液压动力系统监测、诊断及故障控制理论研究"的资助，项目批准号：50575168。项目针对液压动力系统多源诊断信息获取及故障源控制问题，首先建立了液压动力系统在机电液参数联合作用下多参数耦合动力学方程，分析了机、电、液参数耦合机理、非线性行为、高效运行机制；然后研制了液压设备多源诊断信息获取实验平台，利用该平台模拟出液压设备效率低、油液污染、吸气、泄漏、液压泵故障、溢流阀失效、电机故障、机械故障等典型故障，同时获取了液压设备运行中的压力、压差、压力波动、流量、温度、转速、振动、噪声、电机电压、电流等各种不同类型的传感器信号。由于负载工况和传动介质的不同以及多能量域参数耦合效应，液压设备常用的振动、压力、流量、电流等测试信号中的冗余信息以耦合方式存在，互补信息缺乏领域背景和物理意义，不能满足液压设备故障建模及机理分析的需要，即在机电液系统动力学正、反问题之间尚缺乏完整的信息通道。

　　为了获得完整的领域背景知识，重新审视了机电液系统的功率构成和转换机制[11]，并深入研究各功能界面，如机电耦合界面（电机）、机液耦合界面（液压泵/马达）、摩擦学与动力学耦合界面（配油盘）能量耗散与传递机理，解释各界面促使系统功能生成的内在规律，揭示机、电、液多能量域耦合作用下系统功能的生成原理。于2010年提出：从系统功率流输入端融合三相电参量提供的幅值、相位、相间和相序信息，创建全息电功率图形，运用三相电功率动态图形分析系统耦合特性及故障演化机理、解释能域耦合（机电耦合→机液耦合→界面耦合）中，工况载荷与流体耦合因素对系统全局动态性能与运行状态的影响规律；在此基础上，建立了基于功率平衡的机电液系统全局耦合特性动力学方程[12]，同年获得了国家自然科学基金面上项目"基于电功率图形分析的机电液系统耦合特性及故障演化机理研究"的资助，项目批准号：51275375。在系统输入端用三相电功率图形分析全局耦合特性时，又发现了新的科学问题：①系统中电、液、机功率流的传递、转换和演变过程是动能和势能在系统中作用于传递介质的变化率，子系统间的耦合条件发生变化时，会导致功率流改变，即出现了对称性破缺问题；②系统的性能退化或早期故障产生，内在表现为跨能域刚度的变化，外在表现为输出外特性改变（转速与功率波动、振动噪声及温升加剧等）；③动能变化率对系统的输入功率产生重要影响，动能变化率越小，动力源与负载之间的功率匹配性越好，可提高设备效率和可靠性。在上述探索过程的启发下，产生了新的认知。机电液系统耦合特性与人体适应外界变化的机制一样，是一个自适应的过程：当输入能量时，系统通过多参量耦合产生一种自适应机制将动能从动力源传递到负载；反之，当承受负载的激扰时，系统也会通过多参量耦合产生一种逆向自适应机制将驱动负载所需的动能转换成势能，动力源传递过来的动能要不断跟踪并适应这个势能的变化，才能保持平稳运行。因此，动能变化率越小，系统的耦合性就越好。

　　鉴于目前工程上还没有衡量动能变化率的有效方法，建立了系统动能刚度与动能变化率之间的软测量关系。通过典型工况试验对比，以局部（液压泵和马达）和全局（机电液系统）角度揭示液压设备的刚度、阻尼和摩擦随泵转速和载荷工况的变化规律为基础；以研究不同转速段动能刚度与性能退化（效率下降）的关联性为主线；以系统内部耦合信息动能刚度（正向和逆向）演化过程在线识别以及输出转速和功率波动等外部运行信息的特征提取为桥梁，利用动能刚度原理获取有领域背景和含义的设备运行状态信息，分析多域能量不对称转换的机制。同年获得了国家自然科学基金面上项目"液压设备动能刚度原理、性能退化机理及运行安全保障研究"的资助。

经过多年的持续攻关，结合工程实际研制了变转速液压泵控马达试验平台，重点研究了耦合界面的动力学特性对局部和全局能量转换以及动能刚度的影响机理；解决了系统动能刚度和瞬时转速波动的在线测量问题[6,8,12,13]。通过建模仿真与典型工况试验检验了系统动能刚度原理以及内外部特征协同分析方法在获取机电装备领域背景知识方面的重要意义。

（1）揭示了多能量域系统耦合机理：动能刚度从柔变刚的适应过程导致系统效率和性能的提升、转速波动降低；由刚变柔的过程会导致系统效率降低、性能退化、转速波动增加。

（2）阐明了机电液系统动能刚度与转速波动之间的因果关系。建模仿真和强化试验研究验证了环境工况→内部参量→动能刚度→转速波动效应传递链的客观性，证明了动能刚度原理可以作为机电液一体化系统集成设计后实际功能生成中多参量耦合以及协调状态的评价方法。

（3）揭示了机电液系统运行状态的变化过程是"形成于内而表征于外"这一本质属性。形成的系统动能刚度原理以及内外部特征协同分析方法既可以作为机电液一体化系统动力学设计耦合特性检验方法，又可以作为研究液压设备故障萌生和扩展过程的动力学模型。

参 考 文 献

[1]　国家自然科学基金委员会工程与材料科学部. 机械工程学科发展战略报告(2011～2020)[M]. 北京: 科学出版社, 2010.

[2]　张红娟, 权龙, 李斌. 注塑机电液控制系统能量效率对比研究[J]. 机械工程学报, 2012, 48 (8): 180-187.

[3]　贾永峰, 谷立臣. 永磁同步电机驱动的液压动力系统设计与实验分析[J]. 中国机械工程, 2012 (3): 286-290.

[4]　彭天好, 乐南更. 变转速泵控马达系统转速降落补偿试验研究[J]. 机械工程学报, 2012, 48 (4): 175-181.

[5]　罗向阳, 权凌霄, 关庆生, 等. 轴向柱塞泵振动机理的研究现状及发展趋势[J]. 流体机械, 2015, 43 (8): 41-46.

[6]　许睿, 谷立臣. 轴向柱塞泵全局耦合动力学建模[J]. 农业机械学报, 2016, 47 (1): 369-376.

[7]　林京, 赵明. 变转速下机械设备动态信号分析方法的回顾与展望[J]. 中国科学: 技术科学, 2015, 45 (7): 669-

686.

[8]　杨彬, 谷立臣, 刘永. 机电液系统动能刚度图示化在线识别技术[J]. 振动与冲击, 2017, 36 (4): 119-126.

[9]　谷立臣, 刘沛津, 孙昱, 等. 机械工程研究生综合实验平台建设与实践[J]. 实验技术与管理，2015, 32 (5): 16-20.

[10]　谷立臣, 张优云, 邱大谋. 液压动力系统运行状态识别技术研究[J]. 机械工程学报, 2001, 37 (6):61-65.

[11]　谷立臣, 刘沛津, 陈江城. 基于电参量信息融合的液压系统状态识别技术[J]. 机械工程学报， 2011, 47 (24): 141-150.

[12]　LIU Y, GU L C, YANG B, et al. A new evaluation method on hydraulic system using the instantaneous speed fluctuation of hydraulic motor[J]. Proceedings of the Institution of Mechanical Engineers, Part C: Journal of Mechanical Engineering Science, 2018, 232(15): 2674-2684.

[13]　GU L C, YANG B. A cooperation analysis method using internal and external features for mechanical and electro-hydraulic system [J].IEEE Access, 2019, 7: 10491-10504.

第 2 章 轴向柱塞泵/马达全耦合动力学建模

2.1 概 述

机电液系统中液压轴向柱塞设备（泵/马达）被称为装备的心脏，其效率以及可靠性决定了系统全局效率以及可靠性。柱塞泵/马达内部耦合界面是实现机械能与液压能之间能量转换功能的前提，也是传动过程中奇异、扰动和故障产生的根源，极端工况下极易诱发全局系统效率下降以及性能退化。在多参量耦合作用下，液压柱塞设备内部各子系统之间相互影响，其动态性能不完全由子系统结构参数所确定，柱塞泵/马达是具有机械与液压耦合、摩擦学与动力学耦合等力学特性的全耦合系统。柱塞泵/马达各子系统之间的结构关系及耦合情况复杂，功能界面上能量转化机理以及性能演化过程信息和微观力学行为的认知尚不明确，致使液压系统运行状态监测参数缺乏理论基础和实际物理意义。本章在建立柱塞泵/马达全耦合动力学模型基础上，从耦合界面动力学行为上对压力脉动加剧、效率下降等性能退化现象的机理进行分析。

轴向柱塞设备中柱塞泵的能量转换过程可由液压泵二端口网络换能模型表示，如图 2.1 所示[1]，液压泵理想模型的输入为角速度 ω_p 和压力 p_{high}，输出为流量 Q_p 和转矩 T_c。该理想模型是建立柱塞泵传统动力学模型的理论基础，学者大都基于此提出恒压力、定转速等假设条件[2-4]，该类模型缺乏全耦合特性综合分析能力。

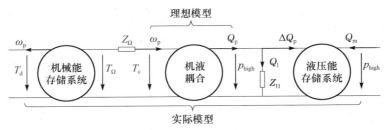

图 2.1 液压泵二端口网络换能模型

为分析柱塞设备内部各子系统之间复杂的结构关系及耦合情况，近年来，国内外学者开始关注柱塞设备全耦合特性并取得一定成果[4,5]，但从全局耦合角度进行柱塞设备动力学性能的研究较少，柱塞设备在大功率、高性能方面的发展，亟须能分析系统全耦合特性的动力学模型作为理论基础。变转速泵控液压动力源系统在实际工作过程中存在复杂的动力学现象。如图 2.1 所示，当变频电动机驱动柱塞泵时，电磁转矩 T_d 驱动液压泵旋转，并随 ω_p 的升高而迅速减小；出口流量 ΔQ_p 与需求流量 Q_m 的相对变化产生压力 p_{high}，全耦合作用下，液压泵主轴需求转矩 T_Ω 随之发生变化，T_d 不断适应这种变化，最终导致 ω_p 的波动。分析表明，对于速度刚度较大的电动机定转速运行，Q_m 跟随 ΔQ_p 变化，那么可将柱塞泵简化为理想模型，否则全局耦合特性将改变 ω_p 和 p_{high}，实际模型的输入为 T_d 和 Q_m，输出为 ω_p 和 p_{high}。

以常见变转速泵控马达液压传动系统为例，要建立柱塞设备全耦合动力学模型，则需摒弃恒转速和恒压力的研究假设，充分考虑极端工况下非线性摩擦力（转矩）导致柱塞设备宏观行为微演变以及效率下降与性能退化的非线性因素，并以物理意义表达明确、表述形式简约为原则，建立柱塞设备全耦合动力学模型，研究物理子系统内部非线性环节和耦合界面参数与柱塞设备性能的映射规律。

本章在建立柱塞泵/马达全耦合动力学模型基础上，从耦合界面动力学行为入手对柱塞泵/马达压力脉动加剧、效率以及动能刚度下降等性能退化现象的机理进行分析。用一种数组键合图建模方法建立斜盘式轴向柱塞泵/马达键合图模型，并将局部耦合关系复杂的柱塞-滑靴子系统从全耦合系统中分离出来，进行详细的受力及解耦分析，定义能量损耗因子，最终导出一种柱塞设备全耦合动力学模型[6]。提出的能量损耗因子可用于表征柱塞-滑靴子系统能量转换过程中的损耗程度。为降低模型刚性比，提高计算机仿真计算效率，采用无量纲化的模型处理方法，建立柱塞泵参数化仿真模型，分析表明柱塞腔流量倒灌与射流是导致流量脉动加剧的动力学成因，以此为基础，根据内泄和流量冲击随运行参量的变化规律，揭示柱塞马达流量与压力脉动机理。结果表明：极端工况下，正常柱塞设备性能退化现象的产生是其故障萌生与扩展的动力学内因；性能退化以及故障萌生的本质是环境与工况因素影响下系统多能域参量或结构参数发生了变化。全耦合动力学模型为系统内部微观变量对外部宏观变量的影响研究奠定了理论基础。

2.2　柱塞泵数组功率键合图建模方法

本节以斜盘式轴向柱塞泵为例，定性分析能量传递、转换、存储与耗散过程中柱塞泵/马达呈现出的全耦合特性。

将如图 2.2 所示的柱塞泵分为主轴-缸体子系统（CSS）、柱塞-滑靴子系统（PSS）和油腔-配流子系统（OVS），其中 CSS 和 PSS 为机械物理子系统，OVS 为液压物理子系统。另外，图中 TDC 与 BDC 分别为柱塞运动的上下死点。

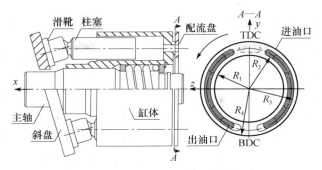

图 2.2　斜盘式轴向柱塞泵结构简图

基于能量流分析子系统之间的结构关系及耦合情况，得到柱塞泵子系统全局耦合关系框图如图 2.3 所示。

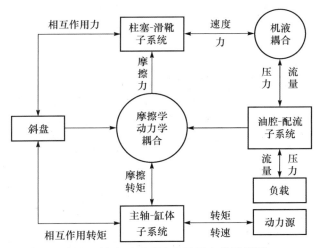

图 2.3　柱塞泵子系统全局耦合关系框图

全耦合过程即为能量的传递、转换、存储与耗散过程：动力源转矩驱动主轴-缸体子系统，有小部分能量耗散于配流副和滑靴副，大部分能量在斜盘作用下传递至各柱塞-滑靴子系统；柱塞-滑靴子系统克服滑靴副和柱塞副摩擦阻力后，将机械能转换为油腔-配流子系统液压能，于耦合界面泄漏小部分流量，大部分液压能用于驱动负载；各子系统运行状态发生变化时，惯性元件（主轴、缸体和柱塞）组成的机械能存储系统和容性元件（柱塞腔和高压油腔）组成的液压能存储系统将吸收或释放部分能量；能量传递过程中的机械损耗可表示为机械阻抗 Z_Ω（摩擦和阻尼），液压损耗可表示为液压阻抗 Z_H（泄漏液阻）。

图 2.3 表明，柱塞-滑靴子系统能量来源于主轴-缸体子系统，传递至油腔-配流子系统，各柱塞-滑靴子系统之间并未进行能量交换与传递。可以认为，在功率

键合图模型中，各柱塞-滑靴子系统不仅有同样物理属性的系统变量和参数，还有相同的汇集结点和转换器。

结合柱塞设备全局耦合关系，借鉴向量键合图的物理模型表示方法[7]，给出一种适用于柱塞设备等类似系统的数组键合图建模方法。数组键合图中功率键不再具有向量含义，而是具有相同物理属性的系统变量数组，系统参数也是维数相同的参数数组，数组维数为柱塞数。在数组键合图汇集结点和转换器处，实行变量数组的代数运算，在数组键合图与功率键合图的汇集结点处，实行变量数组各元素与变量的代数运算。

基于数组键合图建模方法建立柱塞-滑靴子系统数组键合图模型，联合主轴-缸体子系统键合图模型和油腔-配流子系统键合图模型，得到柱塞设备功率键合图模型（图2.4），其中，双线箭头表示系统变量数组，数组维数为柱塞数，F_{fn} 为柱塞副库伦摩擦力，F_{fsa} 和 F_{fsr} 分别为滑靴副轴向和径向库伦摩擦力，T_{fv} 为配流副库伦摩擦转矩。

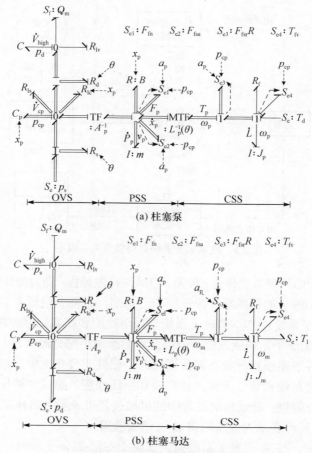

图 2.4　柱塞设备功率键合图模型

由图 2.4 可以看出：①将具有共同物理属性的各柱塞-滑靴子系统表示为数组键合图模型，其模型形式更为简约；②柱塞设备功率键合图模型清晰地描绘了能量传递、转换、存储与耗散过程，油腔-配流子系统与柱塞-滑靴子系统之间的能量转换，柱塞-滑靴子系统与主轴-缸体子系统之间的能量分散与汇集；③柱塞设备工作过程中，油液通过配流盘流入或流出柱塞腔，节流作用影响下，配流盘配流功能体现为液阻 R_s 和 R_d；④柱塞-滑靴子系统局部耦合关系复杂，并呈现出明显的摩擦学与动力学耦合特性，其解耦分析成为建立柱塞设备全耦合动力学模型的关键科学问题。

以上分析表明，以柱塞设备数组功率键合图模型为基础，若深入研究各子系统的耦合过程，还需建立配流盘过流面积模型，以及对柱塞-滑靴子系统摩擦学与动力学解耦分析。

2.3 柱塞泵/马达全耦合动力学模型

根据柱塞设备键合图模型建立其动力学模型，首先作如下假设：①忽略滑靴压板和斜盘倾角控制系统[5]；②流量系数、油液动力黏度、体积弹性模量均视为常数；③各摩擦副油膜润滑状态稳定。

2.3.1 柱塞-滑靴子系统摩擦学与动力学解耦分析

1. 柱塞泵柱塞-滑靴子系统

对柱塞泵柱塞-滑靴子系统进行受力分析，得到子系统受力示意图，见图 2.5。其中，R 为柱塞分布圆半径；α 为斜盘倾角；L_n 为柱塞理论长度；L_c 为柱塞质心至滑靴球铰中心的距离；L 为柱塞缸体内含接长度；d 为柱塞直径。

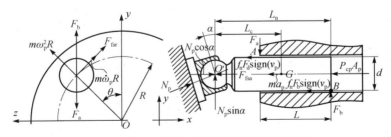

图 2.5 柱塞泵柱塞-滑靴子系统受力示意图

柱塞绕 O 点旋转，并沿 x 轴往复运动，其位移、速度和加速度分别为

$$x_p = R\tan\alpha(1 - \cos\theta) \tag{2.1}$$

$$v_p = \frac{dx_p}{dt} = \omega_p R \tan\alpha \sin\theta \tag{2.2}$$

$$a_p = \frac{dv_p}{dt} = R\tan\alpha(\omega_p^2 \cos\theta + \dot{\omega}_p \sin\theta) \tag{2.3}$$

根据柱塞泵柱塞-滑靴子系统受力分析结果，建立沿 x 轴的柱塞-滑靴子系统动力学平衡方程为

$$ma_p = N_p\cos\alpha - p_{cp}A_p - Bv_p - F_{fn} - F_{fsa} \tag{2.4}$$

式中，m 为滑靴和柱塞总质量；N_p 为斜盘对滑靴的支撑力；p_{cp} 为柱塞腔压力；A_p 为柱塞截面积；B 为柱塞副黏性阻尼系数；F_{fn} 为柱塞副库伦摩擦力；F_{fsa} 为滑靴副轴向库伦摩擦力。其中

$$F_{fn} = f_n(F_a + F_b)\mathrm{sign}(v_p) \tag{2.5}$$

式中，f_n 为柱塞副库伦摩擦系数；F_a 和 F_b 为缸体对柱塞的支反力。

$$F_{fsa} = f_s N_p \sin\alpha \mathrm{sign}(v_p) \tag{2.6}$$

式中，f_s 为滑靴副库伦摩擦系数。

建立柱塞-滑靴子系统沿 y 轴的力平衡方程和绕 O' 点的力矩平衡方程：

$$\begin{cases} F_a - F_b - N_p\sin\alpha - ma_p\cot\alpha - F_{fsr}\sin\theta = 0 \\ F_a(L_n - L) - F_b L_n - L_c ma_p\cot\alpha - f_n(F_a - F_b)\dfrac{d}{2}\mathrm{sign}(v_p) = 0 \end{cases} \tag{2.7}$$

式中，F_{fsr} 为滑靴副径向库伦摩擦力，且

$$F_{fsr} = f_s N_p \cos\alpha \mathrm{sign}(\omega_p) \tag{2.8}$$

由于滑靴副润滑状况优于柱塞副，即 f_s 远小于 f_n，可忽略式（2.7）中的 F_{fsr}[2]。由式（2.5）和式（2.7）得柱塞副库伦摩擦力为

$$F_{fn} = f_n(\gamma_1 N_p \sin\alpha + \gamma_2 ma_p\cot\alpha)\mathrm{sign}(v_p) \tag{2.9}$$

式中，$\gamma_1 = \dfrac{2L_n - df_n\mathrm{sign}(v_p)}{L} - 1$；$\gamma_2 = \gamma_1 - \dfrac{2L_c}{L}$。

由于柱塞副库伦摩擦力远大于黏性摩擦力，可忽略式（2.4）中的 Bv_p[8]，将式（2.9）代入式（2.4）得斜盘对滑靴的近似轴向支撑力：

$$\tilde{F}_p = \tilde{N}_p\cos\alpha = \frac{1}{\tilde{\eta}_p}\left[p_{cp}A_p + \left(\tan\alpha + \tilde{\lambda}_p\mathrm{sign}(v_p)\right)ma_p\cot\alpha \right] \tag{2.10}$$

式中，$\tilde{\eta}_p = 1 - \tan\alpha(\bar{\gamma}_1 f_n + f_s)\mathrm{sign}(v_p)$；$\tilde{\lambda}_p = \bar{\gamma}_2 f_n$。"~"表示该值为真值的近似值；"–"表示该值为真值的平均值。为便于分析，η_p 取值于柱塞-滑靴子系统高压工作区；$\bar{\gamma}_1$ 和 $\bar{\gamma}_2$ 分别为 γ_1 和 γ_2 在一周期内的平均值；$\tilde{F}_p$ 仅用于推导各摩擦副库伦摩擦力。

理论分析表明，稳态下柱塞惯性力产生的库伦摩擦力总体上不损耗能量，但会引起瞬时机械损耗功率的周期波动（详见 2.3.2 小节），$\tilde{\eta}_p$ 代表了单柱塞-滑靴子系统摩擦学与动力学耦合过程中的能量转换效率，定义能量损耗因子为

$$\tilde{\lambda}_p = \tan\alpha\left(\overline{\gamma}_1 f_n + f_s\right) \tag{2.11}$$

一般情况下 $\tilde{\lambda}_p$ 远小于 $\tan\alpha$，故忽略 $\tilde{\lambda}_p$ 后将式（2.10）分别代入式（2.9）、式（2.6）和式（2.8），得到各摩擦副近似库伦摩擦力的状态变量表达式为

$$\tilde{F}_{fn} = \frac{f_n}{\tilde{\eta}_p}\overline{\gamma}_1\tan\alpha\left(p_{cp}A_p + \overline{\lambda}_G ma_p\right)\mathrm{sign}(v_p) \tag{2.12}$$

$$\tilde{F}_{fsa} = \frac{f_s}{\tilde{\eta}_p}\tan\alpha\left(p_{cp}A_p + ma_p\right)\mathrm{sign}(v_p) \tag{2.13}$$

$$\tilde{F}_{fsr} = \frac{f_s}{\tilde{\eta}_p}\left(p_{cp}A_p + ma_p\right)\mathrm{sign}(\omega_p) \tag{2.14}$$

式中，$\overline{\lambda}_G = 1 + \dfrac{\overline{\gamma}_2}{\overline{\gamma}_1}\tilde{\eta}_p\cot^2\alpha$，$\overline{\gamma}_1 = \dfrac{2L_n - df_n}{\overline{L}\sqrt{1-\left(R\tan\alpha/\overline{L}\right)^2}} - 1$，$\overline{\gamma}_2 = \overline{\gamma}_1 - \dfrac{2L_c}{\overline{L}\sqrt{1-\left(R\tan\alpha/\overline{L}\right)^2}}$。

2. 柱塞马达柱塞-滑靴子系统

对柱塞马达柱塞-滑靴子系统进行受力分析[9]，得到子系统受力示意图，见图 2.6。其中，ω_m 为柱塞马达角速度。

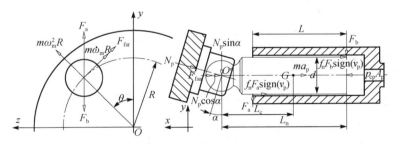

图 2.6　柱塞马达柱塞-滑靴子系统受力示意图

根据柱塞马达柱塞-滑靴子系统受力分析结果，建立沿 x 轴的柱塞-滑靴子系统动力学平衡方程：

$$ma_p = p_{cp}A_p - Bv_p - F_{fn} - F_{fsa} - N_p\cos\alpha \tag{2.15}$$

建立柱塞-滑靴子系统沿 y 轴的力平衡方程和绕点的力矩平衡方程：

$$\begin{cases} F_a - F_b - N_p\sin\alpha + ma_p\cot\alpha + F_{fsr}\sin\theta = 0 \\ F_a(L_n - L) - F_bL_n + L_cma_p\cot\alpha + f_n(F_a - F_b)\dfrac{d}{2}\mathrm{sign}(v_p) = 0 \end{cases} \tag{2.16}$$

同理，联立式（2.15）和式（2.16），经摩擦学与动力学解耦分析，推导得到柱塞马达内部各摩擦副近似库伦摩擦力的状态变量表达式：

$$\tilde{F}_{fn} = f_n\bar{\gamma}_1\tan\alpha(p_{cp}A_p - \bar{\lambda}_Gma_p)\tilde{\eta}_p\mathrm{sign}(v_p) \tag{2.17}$$

$$\tilde{F}_{fsa} = f_s\tan\alpha(p_{cp}A_p - ma_p)\tilde{\eta}_p\mathrm{sign}(v_p) \tag{2.18}$$

$$\tilde{F}_{fsr} = f_s(p_{cp}A_p - ma_p)\tilde{\eta}_p\mathrm{sign}(\omega_m) \tag{2.19}$$

式中，$\bar{\lambda}_G = 1 + \dfrac{\bar{\gamma}_2}{\bar{\gamma}_1\tilde{\eta}_p}\cot^2\alpha$，$\bar{\gamma}_1 = \dfrac{2L_n + df_n}{\bar{L}\sqrt{1 - (R\tan\alpha/\bar{L})^2}} - 1$，$\bar{\gamma}_2 = \bar{\gamma}_1 - \dfrac{2L_c}{\bar{L}\sqrt{1 - (R\tan\alpha/\bar{L})^2}}$。

定义单柱塞-滑靴子系统摩擦学与动力学耦合过程中的能量转换效率和能量损耗因子分别为 $\tilde{\eta}_p = [1 + \tan\alpha(\bar{\gamma}_1f_n + f_s)]^{-1}$ 和 $\mathit{\Delta}_p = \tan\alpha(\bar{\gamma}_1f_n + f_s)/[1 + \tan\alpha(\bar{\gamma}_1f_n + f_s)]$。

通过对柱塞-滑靴子系统进行摩擦学与动力学解耦分析，可以得到表征柱塞-滑靴子系统能量转换效率以及能量损耗程度关键参数。由此可以推测：柱塞-滑靴子系统能量损耗与柱塞和缸体的结构尺寸有关，能量损耗随着柱塞长度和柱塞缸体内平均含接长度的增大而减小；在库伦摩擦影响下，能量损耗随着斜盘倾角的增加而增大。

2.3.2　主轴-缸体子系统动力学建模

1. 柱塞泵主轴-缸体子系统

根据柱塞泵键合图模型，建立柱塞泵主轴-缸体子系统动力学平衡方程：

$$\sum_{i=1}^{N}F_{pi}L_{pi} + \sum_{i=1}^{N}\tilde{F}_{fsri}R = T_d - J_p\dot{\omega}_p - R_f\omega_p - T_{fv} \tag{2.20}$$

式中，N 为柱塞数；L_{pi} 为转换系数，$L_{pi} = R\tan\alpha\sin\theta_i$，$i$ 表示第 i 个柱塞；J_p 为主轴-缸体子系统转动惯量；R_f 为各摩擦副总黏性摩擦系数：

$$R_f = R_{fv} + R_{fc} + R_{fs} \tag{2.21}$$

其中，R_{fv}、R_{fc} 和 R_{fs} 分别为配流副、柱塞副[10]和滑靴副[11]黏性摩擦系数，可分别表示为

$$R_{fv} = \frac{\mu\pi}{2h_v}(R_4^4 - R_3^4 + R_2^4 - R_1^4)$$

$$R_{fc} = \frac{4\mu}{\pi N d^3 h_c} V_p^2 \overline{L}$$

$$R_{fs} = \frac{\mu \pi R^2}{h_s} N(r_2^2 - r_1^2)$$

其中，μ 为油液动力黏度；V_p 为柱塞泵排量，$V_p = 2NA_p R \tan \alpha$；$R_1$、$R_2$、$R_3$ 和 R_4 为配流盘结构尺寸（图 2.2）；r_1、r_2 分别为滑靴密封油带内、外径；h_v、h_c 和 h_s 分别为配流副、柱塞副和滑靴副油膜厚度。

T_{fv} 为配流副库伦摩擦转矩[12]：

$$T_{fv} = \lambda_v f_v A_p R_n \sum_{i=1}^{N} p_{cpi} \text{sign}(\omega_p) + T_{fvk} \tag{2.22}$$

式中，λ_v 为配流副作用面积修正系数；f_v 为配流副库伦摩擦系数；R_n 为配流副库伦摩擦力等效力臂；T_{fvk} 为弹簧预紧力等效库伦摩擦转矩。

将式（2.4）、式（2.12）～式（2.14）和式（2.22）代入式（2.20），改写主轴-缸体子系统动力学平衡方程为

$$(\lambda_J + \lambda_\alpha) J_p \dot{\omega}_p = T_d - R_f \omega_p - \lambda_\omega J_p \omega_p^2 - A_p R \sum_{i=1}^{N} \lambda_{Hi} p_{cpi} - T_{fvk} \tag{2.23}$$

式中，

$$\lambda_J = 1 + \frac{N}{2} \frac{m R^2 \tan^2 \alpha}{J_p}$$

$$\lambda_\alpha = A_J f_a(N, \theta)$$

$$\lambda_\omega = A_J f_b(N, \theta)$$

$$A_J = \left(\frac{\Delta_p}{\tilde{\eta}_p} \tan \alpha + \overline{\gamma}_2 f_n \right) \frac{m R^2 \tan \alpha}{J_p} \text{sign}(\omega_p)$$

$$f_a(N, \theta) = \begin{cases} \dfrac{1}{2} - A_f \cos(2\theta + \varphi), & \theta \in \left(0, \dfrac{\pi}{N}\right] \\ A_f \cos(2\theta - \varphi) - \dfrac{1}{2}, & \theta \in \left(-\dfrac{\pi}{N}, 0\right) \end{cases}$$

$$f_b(N, \theta) = \begin{cases} A_f \sin(2\theta + \varphi), & \theta \in \left(0, \dfrac{\pi}{N}\right] \\ -A_f \sin(2\theta - \varphi), & \theta \in \left(-\dfrac{\pi}{N}, 0\right) \end{cases}$$

$$A_f = \sqrt{\frac{1}{4} + \left(\sum_{m=1}^{\frac{N-1}{2}} \sin\frac{4\pi}{N}m \right)^2}$$

$$\varphi = \arctan 2 \sum_{m=1}^{\frac{N-1}{2}} \sin\frac{4\pi}{N}m$$

$$\lambda_{Hi} = \tan\alpha \sin\theta_i + \left(\frac{f_s}{\tilde{\eta}_p} + \lambda_v f_v \frac{R_n}{R} \right) \text{sign}(\omega_p) + \frac{\Delta_p}{\tilde{\eta}_p} \tan\alpha \left| \sin\theta_i \right| \text{sign}(\omega_p)$$

其中，$f_a(N,\theta)$ 和 $f_b(N,\theta)$ 是均值为零、周期为 $2\pi/N$ 的分段非线性函数。式（2.23）的推导过程详见附录 A。

2. 柱塞马达主轴-缸体子系统

根据柱塞马达键合图模型，建立柱塞马达主轴-缸体子系统动力学平衡方程：

$$\sum_{i=1}^{N} F_{pi} L_{pi} - \sum_{i=1}^{N} \tilde{F}_{fsri} R = J_m \dot{\omega}_m + R_f \omega_m + T_{fv} + T_l \tag{2.24}$$

式中，J_m 为主轴-缸体子系统转动惯量；T_l 为负载转矩。

将式（2.15）、式（2.17）～式（2.19）和式（2.22）代入式（2.24），改写主轴-缸体子系统动力学平衡方程为

$$A_p R \sum_{i=1}^{N} p_{cpi} \lambda_{Hi} + \lambda_\omega J_m \omega_m^2 = (\lambda_J - \lambda_\alpha) J_m \dot{\omega}_m + R_f \omega_m + T_{fvk} + T_l \tag{2.25}$$

式中，

$$\lambda_{Hi} = \tan\alpha \sin\theta_i - \left(f_s \tilde{\eta}_p + \lambda_v f_v \frac{R_n}{R} \right) \text{sign}(\omega_m) - \Delta_p \tan\alpha \left| \sin\theta_i \right| \text{sign}(\omega_m)$$

$$\lambda_J = 1 + \frac{N}{2} \frac{mR^2 \tan^2\alpha}{J_m}$$

$$\lambda_\alpha = A_J f_a(N,\theta)$$

$$\lambda_\omega = A_J f_b(N,\theta)$$

$$A_J = (\Delta_p \tan\alpha + \overline{\gamma}_2 f_n) \frac{mR^2 \tan\alpha}{J_m} \text{sign}(\omega_m)$$

将柱塞-滑靴子系统动力学模型导入主轴-缸体子系统动力学模型，主轴-缸体子系统动力学模型中包含了柱塞-滑靴子系统由于库伦摩擦而产生的能量损耗，可以看出稳态下柱塞惯性力产生的库伦摩擦力总体上不损耗能量，但会引起瞬时机械损耗功率的周期波动。

2.3.3 油腔-配流子系统建模

油腔-配流子系统模型包含柱塞腔压力特性方程和高压腔压力特性方程。

1. 柱塞泵油腔-配流子系统

根据柱塞泵键合图模型，建立柱塞腔压力特性方程：

$$\dot{V}_{cp} = Q_s - Q_d + A_p v_p - Q_{lc} - Q_{ls} \tag{2.26}$$

式中，V_{cp} 为柱塞腔压缩体积；Q_s 为柱塞腔吸油流量；Q_d 为柱塞腔排油流量；Q_{lc} 为柱塞副泄漏流量；Q_{ls} 为滑靴副泄漏流量。

根据节流公式，得到 Q_s 表达式如下：

$$Q_s = C_d A_s \sqrt{\frac{2}{\rho}\left|p_s - p_{cp}\right|}\,\mathrm{sign}(p_s - p_{cp}) \tag{2.27}$$

式中，C_d 为流量系数；A_s 为柱塞腔吸油过流面积；ρ 为油液密度；p_s 为柱塞设备吸油压力；p_{cp} 为柱塞腔压力。

根据节流公式，得到 Q_d 表达式如下：

$$Q_d = C_d A_d \sqrt{\frac{2}{\rho}\left|p_{cp} - p_d\right|}\,\mathrm{sign}(p_{cp} - p_d) \tag{2.28}$$

式中，A_d 为柱塞腔排油过流面积；p_d 为柱塞设备排油压力。

柱塞泵高压腔压力特性方程为

$$\dot{V}_{high} = \sum_{i=1}^{N} Q_{di} - Q_{lv} - Q_m \tag{2.29}$$

式中，V_{high} 为高压腔压缩容积；Q_{lv} 为配流副泄漏流量；Q_m 为柱塞马达需求流量。其中，各摩擦副泄漏情况如图 2.7 所示。

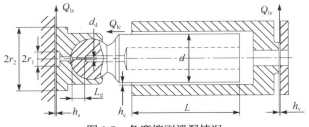

图 2.7 各摩擦副泄漏情况

根据缝隙层流理论，推导得到 Q_{lv}、Q_{lc} 和 Q_{ls} 表达式[11,13]如下：

$$Q_{lv} = \frac{\alpha_f h_v^3}{12\mu}\left(\frac{1}{\ln(R_2/R_1)} + \frac{1}{\ln(R_4/R_3)}\right)p_{high} \tag{2.30}$$

$$Q_{lc} = \frac{\pi d h_c^3 (1 + 1.5\varepsilon^2)}{12\mu L} p_{cp} \tag{2.31}$$

$$Q_{ls} = \frac{\pi d_d^4 h_s^3}{\mu \left(6 d_d^4 \ln \dfrac{r_2}{r_1} + 128 h_s^3 L_d \right)} p_{cp} \tag{2.32}$$

式中，α_f 为配流副泄漏修正系数；p_{high} 为柱塞设备高压腔压力，$p_{high}=V_{high}/C$，C 为柱塞设备高压腔液容；ε 为柱塞偏心率；d_d 为柱塞内节流孔直径；L_d 为柱塞内节流孔长度。

2. 柱塞马达油腔-配流子系统

根据柱塞马达键合图模型，建立柱塞腔压力特性方程：

$$\dot{V}_{cp} = Q_s - Q_d - A_p v_p - Q_{lc} - Q_{ls} \tag{2.33}$$

柱塞马达高压腔压力特性方程为

$$\dot{V}_{high} = Q_m - Q_{lv} - \sum_{i=1}^{N} Q_{si} \tag{2.34}$$

3. 过流面积模型

配流盘与柱塞腔之间的复合作用生成柱塞设备的吸排油功能，配流盘槽口与柱塞腔之间的位置关系形成的过流面积是影响柱塞设备流体流动特性的重要参数之一，具有明显的强非线性开关特征，直接影响配流功能和模型精度。对于确定的配流盘结构，过流面积随着缸体转角的变化而变化，如图 2.8 所示。其中，φ_0、$\Delta\varphi$、δ_1 和 δ_2 分别为三角阻尼槽位置角、包角、深度角和宽度角，α_c、$\Delta\alpha_c$ 和 r 分别为缸体腰型孔包角、过渡角和半径。

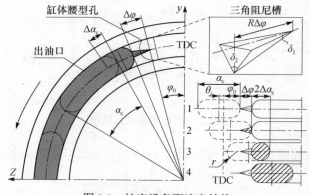

图 2.8　柱塞设备配流盘结构

根据柱塞腔与配流盘之间的相对位置关系，分段建立过流面积 A_d 模型。

从位置 1 到位置 2（缸体腰型孔与配流盘进油口侧三角阻尼槽连通），A_d 可表示为

$$A_d(\theta) = Rr\varphi \sin\delta_1 \arctan\left[R\varphi \tan\delta_1 \tan\left(\frac{\delta_2}{2}\right) / r \right] \qquad (2.35)$$

式中，$\varphi = \theta - \varphi_0 + \dfrac{\alpha_c}{2}$；$\varphi_0 - \dfrac{\alpha_c}{2} \leqslant \theta \leqslant \varphi_0 + \Delta\varphi - \dfrac{\alpha_c}{2}$。

从位置 2 到位置 3（缸体腰型孔与配流盘进油口侧腰型孔连通），A_d 可表示为

$$A_d(\theta) = \pi r^2 + 2r^2 \arcsin\frac{\varphi R - 2r}{2r} + (\varphi R - 2r)\sqrt{\varphi Rr - \frac{(\varphi R)^2}{4}} \qquad (2.36)$$

式中，$\varphi = \theta - \varphi_0 - \Delta\varphi + \dfrac{\alpha_c}{2}$；$\varphi_0 + \Delta\varphi - \dfrac{\alpha_c}{2} < \theta \leqslant \varphi_0 + \Delta\varphi - \dfrac{\alpha_c}{2} + 2\Delta\alpha_c$。

从位置 3 到位置 4（缸体腰型孔与配流盘进油口侧直槽区域连通），A_d 可表示为

$$A_d(\theta) = \pi r^2 + 2Rr\varphi \qquad (2.37)$$

式中，$\varphi = \theta - \varphi_0 - \Delta\varphi + \dfrac{\alpha_c}{2} - 2\Delta\alpha_c$；$\varphi_0 + \Delta\varphi - \dfrac{\alpha_c}{2} + 2\Delta\alpha_c \leqslant \theta \leqslant \varphi_0 + \Delta\varphi + \dfrac{\alpha_c}{2}$。

随后，缸体腰型孔与配流盘进油口侧直槽区域完全连通，A_d 为恒定值，其值为 $\pi r^2 + 2Rr(\alpha_c - 2\Delta\alpha_c)$。根据柱塞设备配流盘结构特点，当缸体腰型孔移出配流盘进油口时，过流面积 A_d 变化过程为从位置 4 到位置 1，模型可根据式（2.35）～式（2.37）推导得到。根据上述建模过程，建立 A_d 整个周期模型。同理，可得吸油面积 A_s 整个周期模型。

如果缸体腰形孔通过三角阻尼槽同时与高低压油腔连通，配流盘配流过程中将导致部分流量损失。配流盘结构参数设计不合理，还将加剧压力脉动和机械振动。因此，近年来在柱塞设备特别是柱塞泵节能降噪相关研究中，重点关注配流盘的结构优化设计，本书也将在后绪章节中，着重分析配流盘引起能量损失的机理，并进行深入的理论分析。

2.3.4　全耦合动力学模型

柱塞设备全耦合动力学模型包括主轴-缸体子系统动力学模型、柱塞-滑靴子系统模型和油腔-配流子系统模型。经柱塞-滑靴子系统摩擦学与动力学解耦分析，将柱塞-滑靴子系统动力学模型导入主轴-缸体子系统动力学模型，主轴-缸体子系

统动力学模型因此与油腔-配流子系统模型耦合起来。柱塞泵与柱塞马达能量转换方向互逆，对比柱塞泵和柱塞马达各子系统动力学模型可知，与之有关的变量在模型中互为正负。对柱塞泵和柱塞马达全耦合动力学模型进行归纳统一，得到普遍适用于斜盘式轴向柱塞设备的全耦合动力学模型。

首先，统一归纳柱塞设备主轴-缸体子系统动力学模型为

$$\lambda_J J \dot{\omega} = \pm \left[T - J(\lambda_\omega \omega^2 + \lambda_\alpha \dot{\omega}) - A_p R \sum_{i=1}^{N} \lambda_{Hi} p_{cpi} \right] - R_f \omega - T_{fvk} \qquad (2.38)$$

式中，J 为柱塞设备主轴转动惯量；ω 为柱塞设备角速度；T 为柱塞设备驱动转矩（柱塞泵）或负载转矩（柱塞马达）。

$$\lambda_{Hi} = \tan\alpha \sin\theta_i + \left[\frac{f_s + \tan^2\alpha(\overline{\gamma}_1 f_n + f_s)|\sin\theta_i|}{\pm 1 - \tan\alpha(\overline{\gamma}_1 f_n + f_s)} \pm \lambda_v f_v \frac{R_n}{R} \right] \text{sign}(\omega)$$

$$\lambda_J = 1 + \frac{N}{2} \frac{mR^2 \tan^2\alpha}{J}$$

$$\lambda_\alpha = A_J f_a(N, \theta)$$

$$\lambda_\omega = A_J f_b(N, \theta)$$

$$A_J = \left(\frac{-\tan^2\alpha(\overline{\gamma}_1 f_n + f_s)}{-1 \pm \tan\alpha(\overline{\gamma}_1 f_n + f_s)} + \overline{\gamma}_2 f_n \right) \frac{mR^2 \tan\alpha}{J} \text{sign}(\omega)$$

$$\overline{\gamma}_1 = -\frac{-2L_n \pm df_n}{\overline{L}\sqrt{1 - (R\tan\alpha / \overline{L})^2}} - 1$$

$$\overline{\gamma}_2 = \overline{\gamma}_1 - \frac{2L_c}{\overline{L}\sqrt{1 - (R\tan\alpha / \overline{L})^2}}$$

然后，统一归纳柱塞设备油腔-配流子系统中的柱塞腔压力特性方程为

$$\dot{V}_{cpi} = Q_{Si} - Q_{di} \pm A_p v_{pi} - Q_{lci} - Q_{lsi}, \quad i = 1, 2, \cdots, N \qquad (2.39)$$

式中，

$$Q_{si} = C_d A_{si} \sqrt{\frac{2}{\rho}|p_s - p_{cpi}|} \text{sign}(p_s - p_{cpi})$$

$$Q_{di} = C_d A_{di} \sqrt{\frac{2}{\rho}|p_{cpi} - p_d|} \text{sign}(p_{cpi} - p_d)$$

其中，$p_{cpi} = V_{cpi}/C_{pi}$，C_{pi} 为柱塞腔液容，计算公式为

$$C_{pi} = (V_0 \pm A_p R \tan\alpha \cos\theta_i) / \beta$$

式中，V_0 为零排量时柱塞腔容积；β 为油液有效体积弹性模量。

最后，统一归纳柱塞设备油腔-配流子系统中的高压腔压力特性方程为

$$\dot{V}_{\text{high}} = \begin{cases} \displaystyle\sum_{i=1}^{N} Q_{di} - Q_{\text{lv}} - Q_{\text{m}}，当为柱塞泵时 \\[3mm] Q_{\text{m}} - Q_{\text{lv}} - \displaystyle\sum_{i=1}^{N} Q_{si}，当为柱塞马达时 \end{cases} \qquad (2.40)$$

式中，V_{high} 为高压腔压缩容积。

当式（2.40）表示的对象为柱塞泵时，$p_d = p_{\text{high}}$，$p_s = p_{\text{low}}$；当为柱塞马达时，$p_s = p_{\text{high}}$，$p_d = p_{\text{low}}$。其中，p_{high} 为柱塞设备高压腔压力，p_{low} 为柱塞设备低压腔压力或可称为液压系统背压。

最终，综合包含非线性因素的各子系统动力学方程参数，推导出了柱塞设备全耦合动力学模型，即式（2.38）～式（2.40）。其中，取正为柱塞泵模型，取负为柱塞马达模型。维数为 $N+2$ 的柱塞设备全耦合动力学模型具有明显的非光滑非线性特征，主要体现在随转角变化的过流面积促使下形成的配流盘配流功能以及节流作用，非连续性能量流汇集与分散（柱塞压力形成的总转矩，柱塞腔进出高压油腔的总流量），各摩擦副耦合界面上的库伦摩擦转矩、泄漏流量损失。各摩擦副耦合界面上的能量损耗在模型中得以呈现，其变化规律可根据模型中的特征参数进行分析，如通过能量损耗因子评定柱塞-滑靴子系统能量转换过程中的能量损耗程度。节流作用下产生的损耗能量和加剧脉动机理尚不清楚，这给之后的柱塞设备性能退化机理分析带来不可预知的干扰。

2.4　全耦合动力学模型计算机仿真分析

对于低维线性系统动力学简易模型，可直接求得解析解，但对于高维非线性系统动力学复杂模型，除非降维简化，否则必须借助数值仿真。高维非线性系统动力学复杂模型动力学分析的首要任务是参数化仿真建模。2.3 节中建立的轴向柱塞设备全耦合动力学模型为高维非线性复杂系统，其中存有的过流面积、柱塞腔液容等时变参数，加大了仿真模型搭建难度。全参数化仿真建模有利于分析结构参数、系统参数等关键参数对柱塞设备动力学特性及综合性能的影响规律，对于动力学模型调试与分析，也可达到一劳永逸的效果。

另一方面，全耦合动力学模型中状态变量之间的量级差异较大，模型呈刚性，直接求解不易收敛且解算效率低下。利用无量纲化对原有量纲进行缩放，其基准是参考单位尺度，无量纲模型中各状态变量的量级在某种程度上取决于参考单位尺度。本节提出通过对轴向柱塞设备全耦合动力学模型进行无量纲化，以改善状态变量之间量级差异，从而降低模型刚性比。然后在 MATLAB 平台上实现轴向柱塞泵全耦合动力学参数化仿真模型的搭建，结构参数通过测取林德 HPV55 柱塞泵结构尺寸获得，系统参数则根据实际情况估计选取。基于仿真模型进行柱塞泵全耦合动力学分析,其中包括机液耦合分析、内部子系统耦合分析和能量损耗分析,将全耦合模型与局部模型进行对比分析,突出所建模型的优越性。通过与现有研究成果的对比,定性检验所建模型的有效性和合理性。

2.4.1　全耦合动力学模型无量纲化

对柱塞泵全耦合动力学模型进行无量纲化之前,需将其改写为状态空间表达的全耦合动力学模型。由式(2.38)~式(2.40)得状态空间形式的柱塞泵全耦合动力学模型为

$$
\begin{cases}
(\lambda_J + \lambda_\alpha)\dot{L} = T_d - \dfrac{R_f}{J_p}L - \dfrac{\lambda_\omega}{J_p}L^2 - A_p R\sum_{i=1}^{N}\lambda_{Hi}\dfrac{V_{cpi}}{C_{pi}} - T_{fvk} \\[2mm]
\dot{V}_{cpi} = Q_{si} - Q_{di} + \dfrac{A_p L_{di}}{J_p}L - \dfrac{V_{cpi}}{C_{pi}}\left(\dfrac{1}{R_{lci}} + \dfrac{1}{R_{lsi}}\right), \quad i = 1,2,\cdots,N \\[2mm]
\dot{V}_{high} = \displaystyle\sum_{i=1}^{N}Q_{di} - \dfrac{V_{high}}{CR_{lv}} - Q_m
\end{cases} \tag{2.41}
$$

其中,L 为主轴角动量,$L = J_p\omega_p$。

$$
Q_{si} = C_d A_{si}\sqrt{\dfrac{2}{\rho}\left|p_L - \dfrac{V_{cpi}}{C_{pi}}\right|}\,\mathrm{sign}\left(p_L - \dfrac{V_{cpi}}{C_{pi}}\right)
$$

$$
Q_{di} = C_d A_{di}\sqrt{\dfrac{2}{\rho}\left|\dfrac{V_{cpi}}{C_{pi}} - \dfrac{V_{high}}{C}\right|}\,\mathrm{sign}\left(\dfrac{V_{cpi}}{C_{pi}} - \dfrac{V_{high}}{C}\right)
$$

$$
R_{lci} = \dfrac{12\mu}{\pi d h_c^3(1 + 1.5\varepsilon^2)}L_i
$$

$$
R_{lsi} = \dfrac{\mu}{\pi d_d^4 h_s^3}\left(6 d_d^4 \ln\dfrac{r_2}{r_1} + 128 h_s^3 L_d\right)
$$

$$
R_{lv} = \dfrac{12\mu}{\alpha_r h_v^3}\dfrac{\ln(R_2/R_1)\ln(R_4/R_3)}{\ln(R_2/R_1) + \ln(R_4/R_3)}
$$

各物理量单位均可由基本单位导出,基本单位包括长度(m)、质量(kg)和时间(s)等。无量纲化必须选取三个代表性的导出单位来确定参考单位尺度,确定导出单位为流量 Q_0、液阻 R_0 和液容 C_0,尺度分别为 $0.001\mathrm{m^3/s}$、$0.5\times10^{12}\ \mathrm{Pa\cdot s/m^3}$ 和 $2\times10^{-14}\ \mathrm{m^3/Pa}$。引入无量纲变换如下:

$$
l = \dfrac{L}{Q_0^2 C_0^2 R_0^3}; \quad v_{cpi} = \dfrac{V_{cpi}}{Q_0 C_0 R_0}; \quad v_{high} = \dfrac{V_{high}}{Q_0 C_0 R_0}; \quad \tau = \dfrac{t}{C_0 R_0}; \quad \omega' = \omega C_0 R_0
$$

其中,l 为无量纲角动量;v_{cpi} 为无量柱塞腔压缩体积;v_{high} 为无量纲高压腔压缩体积;τ 为无量纲时间;ω'为无量纲角速度。引入无量纲变换,推导得到柱塞泵无

量纲全耦合动力学模型为

$$\begin{cases} (\lambda_J + \lambda_\alpha)i = t_d - \mu_f \mu_J l - \lambda_\omega \mu_J l^2 - \mu_v \sum_{i=1}^{N} \lambda_{Hi} \mu_{cpi} v_{cpi} - t_{fvk} \\ \dot{v}_{cpi} = q_{si} - q_{di} + \mu_v \mu_J l \tan\alpha \sin\theta_i - \mu_{cpi} \zeta_{lcsi} v_{cpi}, \quad i = 1, 2, \cdots, N \quad (2.42) \\ \dot{v}_{high} = \sum_{i=1}^{N} q_{di} - \mu_{high} \zeta_{lv} v_{high} - q_m \end{cases}$$

式中，$t_d = \dfrac{T_d}{Q_0^2 C_0 R_0^2}$；$q_m = \dfrac{Q_m}{Q_0}$；$t_{fvk} = \dfrac{T_{fvk}}{Q_0^2 C_0 R_0^2}$；$\mu_f = \dfrac{R_f}{Q_0^2 C_0^2 R_0^3}$；$\mu_J = \dfrac{Q_0^2 C_0^3 R_0^4}{J_p}$；

$\mu_v = \dfrac{A_p R}{Q_0 C_0 R_0}$；$\mu_{high} = \dfrac{C_0}{C}$；$\mu_{cpi} = \dfrac{C_0}{C_{cpi}}$；$\zeta_{lcsi} = \dfrac{R_0}{R_{lci}} + \dfrac{R_0}{R_{lsi}}$；$\zeta_{lv} = \dfrac{R_0}{R_{lv}}$。

$$q_{si} = \xi_{si} \left| p'_L - \mu_{cpi} v_{cpi} \right|^{1/2} \text{sign}(p'_L - \mu_{cpi} v_{cpi})$$

$$q_{di} = \xi_{di} \left| \mu_{cpi} v_{cpi} - \mu_{high} v_{high} \right|^{1/2} \text{sign}(\mu_{cpi} v_{cpi} - \mu_{high} v_{high})$$

其中，$p'_L = \dfrac{p_L}{Q_0 R_0}$；$\xi_{di} = \sqrt{2} C_d \dfrac{R_0^{1/2} \rho^{-1/2}}{Q_0^{1/2}} A_{di}$；$\xi_{si} = \sqrt{2} C_d \dfrac{R_0^{1/2} \rho^{-1/2}}{Q_0^{1/2}} A_{si}$。

　　基于参考单位尺度，经无量纲变换得 $l=0.02L$，$v_{cpi}=V_{cpi}\times10^5$，$v_{high}=V_{high}\times10^5$，$\tau=100t$，$\omega'=0.01\omega$。通过无量纲变换，缩小了主轴角动量 L，放大了油腔压缩容积 V_{cpi} 和 V_{high}。刚性比是评价方程刚性程度的重要指标，刚性比越大，方程病态程度越大，解算效率越低。对于转速为 1500r/min，压力为 10MPa 的 HPV55 柱塞泵全耦合动力学模型，估算结果表明，模型原有刚性比高达 10^5，无量纲后仅为 1.2，可见模型无量纲化有效改善了原有模型的刚性比。

　　频率比是评定方程刚性程度的另一个重要指标，定性分析可知，柱塞设备压力脉动和转速波动频率刚好为柱塞腔压力变化频率的 N 倍，柱塞设备全耦合动力学模型频率比应为 N。由于柱塞设备柱塞数目一般为 7、9 和 11，则对应全耦合模型频率比为 7、9 和 11。在频率比角度，全耦合动力学模型刚性程度较小。因此，单方面降低模型刚性比，对于降低全耦合动力学模型程度是可行有效的。下面根据式（2.42）给出的无量纲全耦合动力学模型，建立柱塞泵全耦合动力学参数化仿真模型。

2.4.2　全耦合动力学计算机仿真模型

　　基于 MATLAB/Simulink 仿真环境的动力学系统参数化仿真建模，模块法最为直接简便。但是对于高维复杂系统，该方法操作繁复，出错率高，且仿真模型不易于优化重组，特别对于实际使用过程中模型维数需要变化的情况，如柱塞设备全耦合动力学模型维数随着柱塞数目的增加而加大。时变参数仿真建模[14]可综合运用 S-funcitons 和 MATLAB-Fcn 模块，待仿真模型以及外部时变参数仿真模型搭建完毕后,将其中有关参数进行归类整理,模型封装后由交互界面输入。

1. 时变参数仿真模型

首先对全耦合动力学模型中的时变参数进行仿真建模,其中包括角位移、过流面积、柱塞腔液容、各摩擦副泄漏液阻和黏性摩擦系数。归纳总结各时变参数后得出:角位移可直接通过全耦合动力学模型输出的角速度积分求得,过流面积、柱塞腔液容和柱塞副泄漏液阻与角位移有函数关系;各摩擦副泄漏液阻和黏性摩擦系数与油液动力黏度成正比;柱塞腔液容、柱塞副泄漏液阻和柱塞副黏性摩擦系数与斜盘倾角有关。

1)角位移

角位移虽然可以直接积分得到,但需要注意的是,其积分累积误差会随时间的增长而不断加大,因此,需要将积分结果限定在 $[0, 2\pi]$。各相邻柱塞腔过流面积之间的相位差为 $2\pi/N$,即

$$\theta_i = \theta + \frac{2\pi(i-1)}{N}$$

各柱塞腔进出口过流面仿真模型需要输入各自不同的角位移,考虑到吸排油过流面积模型输入的角位移相位差关系,分别建立针对吸油过流面积和排油过流面积的角位移模型。设定增益模块拓扑角位移为 $N=7$,$\omega_p=20\pi$rad/s,仿真时间为 0.1s,计算得到各柱塞角位移一个周期内的波形如图 2.9 所示。角位移为随时间变化的锯齿波函数,变化范围为 $0\sim2\pi$,柱塞 1 角位移视为与柱塞设备同步。

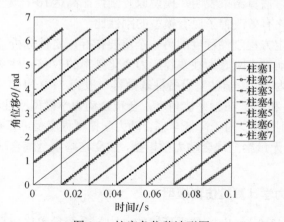

图 2.9　柱塞角位移波形图

2)过流面积

柱塞腔过流面积为随角位移变化的周期性函数。闭式液压回路中,需要通过切换柱塞泵进出油口实现系统换向功能,因此闭式液压柱塞泵的配流盘为点对称

结构，柱塞马达的配流盘为轴对称结构。吸排油过流面积模型输入为角位移，吸油过流面积与排油过流面积之间的相位差为 π。采用 S-functions 建立过流面积仿真模型，程序界面如图 2.10 所示。通过过流面积参数化仿真模型，可以方便地进行配流盘结构优化，对于后续分析配流盘对能量损耗、压力脉动和转速波动的影响规律也十分有利。输入 HPV55 柱塞泵配流盘结构参数，过流面积随角位移变化的仿真结果如图 2.11 所示。

图 2.10　过流面积仿真模型程序界面

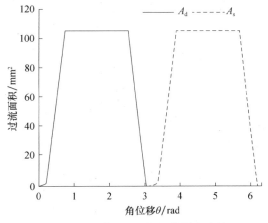

图 2.11　过流面积随角位移变化仿真结果

3）柱塞腔液容

首先，由角位移算得各柱塞位移；其次，算得各柱塞剩余长度；最后，求得各柱塞腔液容。模型输入为角位移，关键参数为斜盘倾角 α 和油液有效体积弹性模量 β，设定 $\alpha=21°$，$\beta=1.69\text{GPa}$，输入 HPV55 柱塞泵柱塞和柱塞腔结构参数，得各柱塞腔液容和柱塞位移仿真结果如图 2.12 和图 2.13 所示。可以看出，柱塞腔液容和柱塞位移都随时间产生周期性波动，柱塞腔液容随柱塞位移的增大而减小。

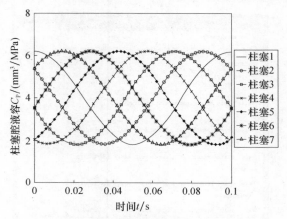

图 2.12　柱塞腔液容仿真结果

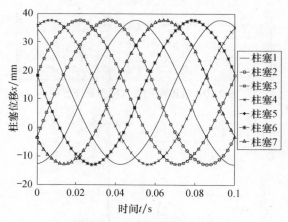

图 2.13　柱塞位移仿真结果

4）各摩擦副泄漏液阻

柱塞副泄漏液阻与柱塞含接长度有关。模型输入为角位移，关键参数为斜盘倾角和油液动力黏度，设定 $\alpha=21°$，$\mu=0.048\text{Pa·s}$，输入 HPV55 柱塞泵有关结构参数，得各摩擦副泄漏液阻仿真结果如图 2.14 所示。可以看出，柱塞副泄漏液阻呈周期性变化，配流副和滑靴副泄漏液阻为常数。

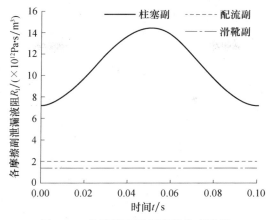

图 2.14　各摩擦副泄漏液阻仿真结果

5）各摩擦副黏性阻尼

由于各摩擦副黏性摩擦阻尼集中体现为黏性摩擦系数 R_f，关键参数为斜盘倾角和油液动力黏度，设定 $\alpha=21°$，$\mu=0.048\mathrm{Pa\cdot s}$，输入 HPV55 柱塞泵有关结构参数，得各摩擦副总黏性摩擦系数为 0.042 N/(rad/s)。建立时变参数仿真模型输出为时变参数，输入为角速度、斜盘倾角、油液动力黏度和油液有效体积弹性模量。

2. 全耦合动力学仿真模型

根据柱塞泵无量纲全耦合动力学模型，建立柱塞泵参数化仿真模型。由式（2.42）可知，仿真模型输入为角位移、斜盘倾角、驱动转矩、系统背压和柱塞马达需求流量，输出可以根据实际需求情况选取，一般为转速、转矩、压力和流量。为全面分析柱塞设备全耦合动力学特性，还要建立完整的柱塞泵状态变量输出模型，模型可以根据研究需要选择输出变量。柱塞泵参数化仿真模型由 S-functions 实现，程序界面如图 2.15 所示，程序详见附录 B。

柱塞泵全耦合动力学参数化仿真模型的优势主要体现在：①参数化仿真模型对多域参变量耦合特性分析有参考价值，同时对于柱塞泵动力学参数识别以及结构优化也有实用价值；②柱塞泵全耦合动力学参数化仿真模型结构简单、因果关系明确，仅通过输入柱塞数目即可改变仿真模型结构，不再需要添加模型模块；③具有系统的基础理论支持，可根据研究需要做更深层次的开发与应用。

3. 状态变量输出模型

柱塞泵状态变量输出模型主要进行状态变量的观测与分析，大体可以分为以下几部分：①转速、转矩、压力和流量等体现柱塞泵运行状态的变量；②柱塞泵内部子系统耦合过程中的关键状态变量，如柱塞压力、柱塞腔出口流量和柱塞副

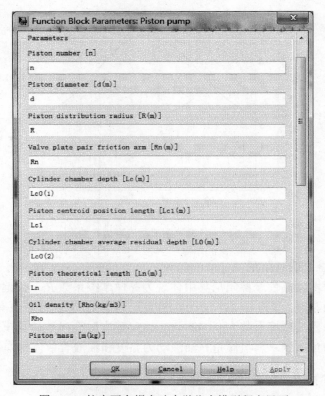

图 2.15　柱塞泵全耦合动力学仿真模型程序界面

摩擦力等；③各摩擦副能量损耗情况以及表征柱塞泵总体能量损耗的状态变量；④柱塞设备斜盘倾角控制方法研究中作为重要依据的斜盘倾覆力矩。部分状态变量，如柱塞泵转速和压力、柱塞压力，可通过直接求解柱塞泵全耦合动力学模型得到。

柱塞泵输出流量可以表示为

$$\Delta Q_{\mathrm{p}} = \sum_{i=1}^{N} Q_{di} - \frac{p_{\mathrm{high}}}{R_{\mathrm{lv}}} \tag{2.43}$$

柱塞腔出口流量可以表示为

$$Q_{\mathrm{pp}i} = Q_{di} - Q_{si} \tag{2.44}$$

各摩擦副能量损耗主要包括泄漏流量损失和库伦摩擦转矩损失。对于各摩擦副泄漏流量，仅考虑柱塞腔排油阶段的泄漏流量。配流副泄漏流量计算已由式（2.30）给出，柱塞副总泄漏流量和滑靴副总泄漏流量分别为

$$\sum_{i=1}^{N} Q_{lsi} = \sum_{i=1}^{N} \frac{p_{cpi}}{R_{lsi}} , \quad \sum_{i=1}^{N} Q_{lci} = \sum_{i=1}^{N} \frac{p_{cpi}}{R_{lci}} \tag{2.45}$$

式中，当 $v_p \geq 0$ 时，p_{cpi} 取高压腔压力；当 $v_p < 0$ 时，p_{cpi} 取低压腔压力。

其余状态变量，如柱塞副摩擦力、各摩擦副总库伦摩擦转矩和斜盘倾覆力矩等，则需进一步推导出系统状态变量表达的解析式。因此，在建立状态变量输出模型之前，对重点关注的柱塞副摩擦力、各摩擦副总库伦摩擦转矩和斜盘倾覆力矩进行理论推导。

2.3.2 小节已求得各摩擦副库伦摩擦力，在将其带入主轴-缸体子系统动力学模型的过程中，为便于推导各摩擦副总库伦摩擦转矩，对部分参数进行了处理，如 η_p 取值于高压工作区，平均处理 γ_1 和 γ_2。所求各摩擦副库伦摩擦力为近似值，对于进一步推导各摩擦副总库伦摩擦转矩尚可接受，但用于分析单柱塞副摩擦力，则会有较大偏差，其中影响最为明显的是 γ_1 和 γ_2。因此，改写式（2.12）得单柱塞副摩擦力表达式为

$$F_{fn} = \frac{f_n}{\eta_p} \gamma_1 \tan\alpha (p_{cp} A_p + \lambda_G m a_p) \mathrm{sign}(v_p) \tag{2.46}$$

式中，$\eta_p = 1 - \tan\alpha(\gamma_1 f_n + f_s)\mathrm{sign}(v_p)$；$\lambda_G = 1 + \frac{\gamma_2}{\gamma_1} \eta_p \cot^2\alpha$。

配流副库伦摩擦转矩已由式（2.22）给出，根据式（2.12）～式（2.14）推导得到柱塞副总库伦摩擦转矩和滑靴副总库伦摩擦转矩分别为

$$\sum_{i=1}^{N} T_{fni} = \frac{f_n}{\tilde{\eta}_p} \left\{ A_p \sum_{i=1}^{N} p_{cpi} |\sin\theta_i| + \bar{\lambda}_G F_G \tan\alpha \right\} \bar{\gamma} R \tan^2\alpha\, \mathrm{sign}(\omega_p) \tag{2.47}$$

$$\sum_{i=1}^{N} T_{fsi} = \frac{f_n}{\tilde{\eta}_p} \left\{ A_p \sum_{i=1}^{N} \left(\tan^2\alpha |\sin\theta_i| + 1 \right) p_{cpi} + F_G \tan^3\alpha \right\} R\, \mathrm{sign}(\omega_p) \tag{2.48}$$

式中，$F_G = mR[\dot{\omega}_p f_a(N, \theta) + \omega_p^2 f_b(N, \theta)]$。

斜盘倾覆力矩（包括滑靴作用于斜盘三个方向上的倾覆力矩）是有关斜盘倾角控制方法研究中重点关注的对象。其中，x 方向上的倾覆力矩为作用于主轴上的负载力矩，y 方向上的倾覆力矩最大，z 方向上的倾覆力矩为斜盘倾角控制系统负载力矩。根据式（2.4）、式（2.12）和式（2.13）导出各方向上的斜盘倾覆力矩分别为

$$\begin{aligned} M_{yy} &= R \sum_{i=1}^{N} F_{pi} \sin\theta_i \\ &= A_p R \sum_{i=1}^{N} \lambda_{Hsi} p_{cpi} + \frac{N}{2} m \dot{\omega}_p R^2 \tan\alpha + J_p (\lambda_a \dot{\omega}_p + \lambda_\omega \omega_p^2) \cot\alpha \end{aligned} \tag{2.49}$$

$$M_{zz} = R \sum_{i=1}^{N} F_{\mathrm{p}i} \cos \theta_i$$

$$= A_{\mathrm{p}} R \sum_{i=1}^{N} \lambda_{\mathrm{H}ci} p_{\mathrm{cp}i} + \frac{N}{2} m \dot{\omega}_{\mathrm{p}} R^2 \tan \alpha + J_{\mathrm{p}} [\lambda_\omega \dot{\omega}_{\mathrm{p}} + (\lambda_\alpha' - \lambda_\alpha) \omega_{\mathrm{p}}^2] \cot \alpha \quad (2.50)$$

$$M_{xx} = M_{yy} \tan \alpha$$

$$= \tan \alpha \left(A_{\mathrm{p}} R \sum_{i=1}^{N} \lambda_{\mathrm{H}si} p_{\mathrm{cp}i} + \frac{N}{2} m \dot{\omega}_{\mathrm{p}} R^2 \tan \alpha \right) + J_{\mathrm{p}} (\lambda_\alpha \dot{\omega}_{\mathrm{p}} + \lambda_\omega \omega_{\mathrm{p}}^2) \quad (2.51)$$

式中，$\lambda_{\mathrm{H}si} = \sin \theta_i \left[1 + \dfrac{\Delta_{\mathrm{p}}}{\tilde{\eta}_{\mathrm{p}}} \mathrm{sign}(v_{\mathrm{p}i}) \right]$；$\lambda_{\mathrm{H}ci} = \cos \theta_i \left[1 + \dfrac{\Delta_{\mathrm{p}}}{\tilde{\eta}_{\mathrm{p}}} \mathrm{sign}(v_{\mathrm{p}i}) \right]$；$\lambda_\omega' = A_{\mathrm{J}} f_{\mathrm{c}}(N, \theta)$，

$f_{\mathrm{c}}(N, \theta) = \begin{cases} 1, & \theta \in (0, \pi/N] \\ -1, & \theta \in (-\pi/N, 0] \end{cases}$。详细推导过程见附录 A。

　　柱塞泵状态变量输出模型既可直接嵌入柱塞泵全耦合动力学仿真模型中，也可独自建立，出于仿真模型简化的考虑，这里建议选择前者。根据前文关于状态变量的分类，对输出信号进行重组，完成柱塞泵全耦合动力学参数化仿真模型。模型包含时变参数仿真模型、全耦合动力学仿真模型和状态变量输出模型。状态变量输出模型输出的角速度作为反馈输入时变参数仿真模型，时变参数仿真模型输出为全耦合动力学仿真模型输入，全耦合动力学仿真模型输出为状态变量输出模型。

2.4.3　全耦合动力学分析

　　柱塞泵通过联轴器与电动机连接，考虑联轴器一般为柔性，建立其动力学模型为

$$\begin{cases} \dot{\theta}_{\mathrm{p}} = \omega_{\mathrm{e}} - \theta_{\mathrm{p}} \\ T_{\mathrm{d}} = k \theta_{\mathrm{p}} \end{cases} \quad (2.52)$$

式中，k 为柔性联轴器扭转刚度。联轴器动力学模型输入为电机角速度 ω_{e}，输出为柱塞泵驱动转矩 T_{d}，通过节流加载调节柱塞泵工作压力 p_{L}。

　　采用 Runge-Kutta 算法对柱塞泵仿真模型进行数值求解，模型仿真参数如表 2.1 所示。将柱塞泵流量 ΔQ_{p}、压力 p_{high}、转速 n_{p} 和转矩 T_{d} 作为模型输出，用于机液耦合动力学分析。柱塞腔出口流量 Q_{pp}、柱塞压力 p_{cp} 和柱塞副摩擦力 F_{fn} 作为模型输出，用于分析柱塞泵内部子系统耦合情况。各摩擦副总泄漏流量和总库伦摩擦转矩作为仿真模型输出，用于分析柱塞泵能量损耗情况。同时，考察斜盘倾覆力矩。设定 $\alpha = 20°$，电机转速 $n_{\mathrm{e}} = 2000 \mathrm{r/min}$，节流加载调节工作压力为 10MPa，运行平稳后在 100ms 内，节流加载工作压力至 20MPa；稳定运行 200ms 后在 100ms 内，降低 n_{e} 减载工作压力至 10MPa。柱塞泵流量 ΔQ_{p}、压力 p_{high}、转速 n_{p} 和转矩 T_{d} 瞬态响应波形如图 2.16 所示，稳态局部时域波形如图 2.17。

表 2.1　模型仿真参数

参数	取值	参数	取值
N	7	m	0.028kg
R	0.036m	J_p	0.0054kg·m²
d	0.019m	C	2×10⁻¹⁴m²/Pa
L_n	0.057m	C_d	0.75
L_c	0.033m	k	1×10⁴N·m/rad
f_v	0.02	h_s	30μm
f_n	0.05	ρ	876kg/m³
f_s	0.006	β	1690MPa
h_v	20μm	μ	0.048Pa·s
h_c	10μm	p_{low}	2MPa

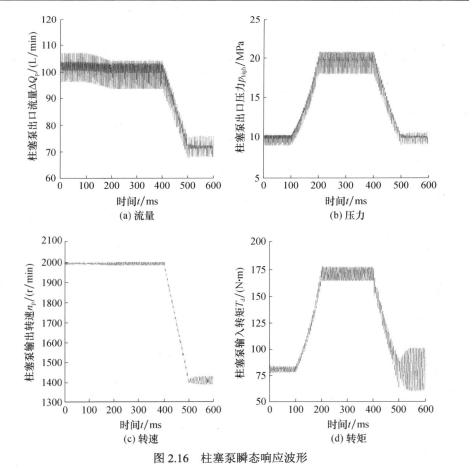

(a) 流量　　　　　　　　　　(b) 压力

(c) 转速　　　　　　　　　　(d) 转矩

图 2.16　柱塞泵瞬态响应波形

1. 机液耦合动力学分析

考虑柱塞泵压力脉动对系统的影响（噪声加大、可靠性降低），国内外学者重点关注柱塞泵流量脉动和机械振动。本小节重点分析机液耦合动力学下的柱塞泵压力、流量脉动和转速、转矩波动之间的影响机理。

柱塞泵功能在于实现机械能向液压能转换，功能形成过程中主轴-缸体子系统（机械物理子系统）和油腔-配流子系统（液压物理子系统）之间的机液耦合起关键作用。机液耦合动力学使得柱塞泵内部子系统相互影响，即在主轴-缸体子系统带动下完成油腔-配流子系统的泵油功能，同时油腔-配流子系统流量脉动产生的压力脉动也会对主轴-缸体子系统造成影响，表现为柱塞泵转矩和转速的波动，波动的转速又会造成流量脉动增大。

由图 2.17 可以看出，转速 n_e 一定时，柱塞泵流量 ΔQ_p 随工作压力 p_L 的升高而减小，转矩 T_d 随 p_L 的升高而增大，ΔQ_p、p_{high}、n_p 和 T_d 的脉动幅值均随 p_L 的升高而加大，n_p 和 T_d 的脉动未对 ΔQ_p 和 p_{high} 造成严重影响。

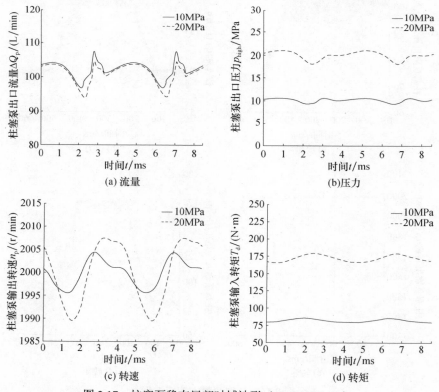

图 2.17　柱塞泵稳态局部时域波形（n_e=2000r/min）

对比分析全耦合模型与局部模型（油腔-配流子系统）ΔQ_p 和 p_{high} 响应波形（图 2.18），全耦合模型 ΔQ_p 和 p_{high} 大于局部模型，当 n_p 小于 n_e 时，全耦合模型 ΔQ_p 和 p_{high} 小于局部模型，说明柱塞泵子系统之间相互耦合。

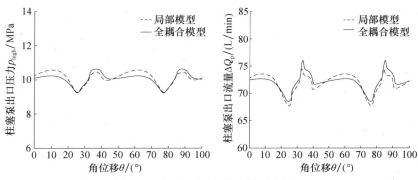

图 2.18　柱塞泵压力和流量响应波形

机液耦合分析表明，油腔-配流子系统流量脉动引起压力脉动，同时，在机液耦合作用下，压力脉动造成主轴-缸体子系统转速和转矩波动，转速波动幅度达到一定程度会对流量脉动产生严重影响，柱塞泵内部子系统之间的耦合作用随着负载的加大而增强。可见，分析柱塞泵流量脉动机理是从根本上探寻提高柱塞泵性能的有效途径。由图 2.17 可以看出，柱塞泵流量脉动幅值随着转速和压力的升高而加大，说明配流盘配流过程中，油液型性演变对柱塞泵流量有重要影响。

将柱塞泵出口流量仿真结果［图 2.17（a）］分别与文献[15]给出的流场仿真结果（图 2.19）和文献[8]给出的实测结果（图 2.20）进行对比，可以看出，全耦合动力学模型仿真结果与之相吻合，柱塞泵出口流量时域波形形态一致，脉动幅值随工作压力升高而加大。

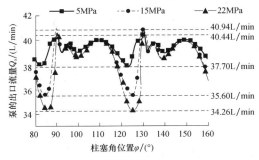

图 2.19　柱塞泵出口流量流场仿真结果

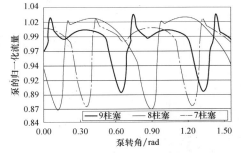

图 2.20　柱塞泵出口流量实测结果

2. 内部子系统耦合分析

全面了解柱塞泵全耦合动力学特性，需更深层次地分析柱塞泵内部子系统耦合情况，其中包括柱塞腔流量、柱塞腔出口压力和柱塞副摩擦力，仿真结果如图 2.21 和图 2.22 所示。由图可知，工作压力越大，柱塞腔倒灌流量越大，射流量越小，完全进入高压工作区后，p_{cp} 跟随 p_{high} 变化，F_{fn} 跟随 p_{cp} 变化。n_e 越大，柱塞腔射流量越大，压力冲击现象也越发明显。

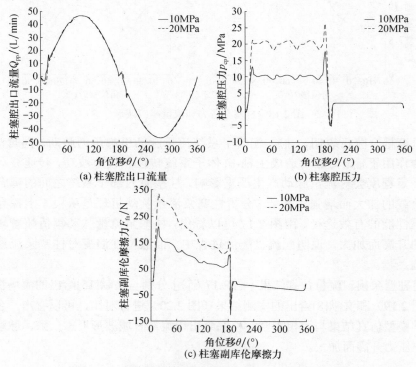

(a) 柱塞腔出口流量　　　　　　(b) 柱塞腔压力

(c) 柱塞副库伦摩擦力

图 2.21　柱塞泵内部耦合仿真结果（n_e=2000r/min）

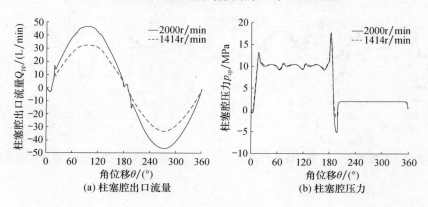

(a) 柱塞腔出口流量　　　　　　(b) 柱塞腔压力

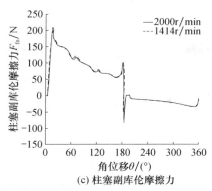

(c) 柱塞副库伦摩擦力

图 2.22　柱塞泵内部耦合仿真结果（p_L=10MPa）

上述分析结果表明，柱塞腔流量倒灌与射流是加剧流量脉动的主要原因，因此，随着转速和压力的升高，柱塞泵流量脉动幅值加大。受流量倒灌与射流的影响，柱塞泵转速和压力越高，柱塞腔压力冲击越明显，柱塞副库伦摩擦力变化越剧烈。可见，柱塞泵内部子系统之间存在着强耦合作用，其耦合界面服役环境恶劣，非线性载荷、高应力集中等复杂因素集中于此，极端工况下极易导致柱塞设备效率下降，摩擦副磨损加剧。

3. 能量损耗分析

柱塞泵各摩擦副泄漏流量仿真结果如图 2.23 所示，库伦摩擦转矩仿真结果如图 2.24 所示。其中，Q_l 为总泄漏量，Q_{lv} 为配流副泄漏量，Q_{lc} 为柱塞副泄漏量，Q_{ls} 为滑靴副泄漏量，T_f 为总扭矩损失，T_{fs} 为滑靴副扭矩损失，T_{fn} 为柱塞副扭矩损失，T_{fv} 为配流副扭矩损失。滑靴副泄漏流量占有较大比例，其次是配流副，最小是柱塞副，这主要是因为滑靴副有静压润滑的需要。配流副库伦摩擦转矩最大，其次是柱塞副，最小是滑靴副。滑靴副泄漏流量和配流副库伦摩擦转矩均与 p_{cp} 有关，表现

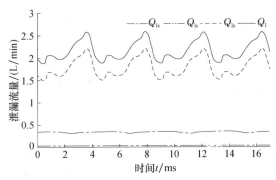

图 2.23　柱塞泵各摩擦副泄漏流量仿真结果（n_e=2000r/min，p_L=20MPa）

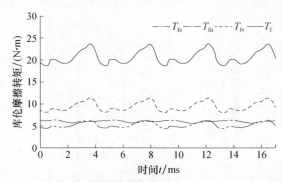

图 2.24　柱塞泵各摩擦副库伦摩擦转矩仿真结果（n_e=2000r/min，p_L=20MPa）

为极为相似的时域波形。仿真结果均值如表 2.2 所示。由于困油及油液压缩性，柱塞泵理论吸油流量 Q_s 略小于理论排油流量 Q_p，且由于配流盘配流过程中的阻尼作用，柱塞泵实际驱动转矩 T_d 略大于柱塞泵主轴需求转矩 T_Ω。Q_l 和 T_f 受 p_L 的影响较大，受 n_e 的影响较小。

表 2.2　仿真结果均值

p_L/MPa	n_e/(r/min)	Q_p/(L/min)	Q_s/(L/min)	ΔQ_p/(L/min)	Q_l/(L/min)	T_d/(N·m)	T_Ω/(N·m)	T_c/(N·m)	T_f/(N·m)
10	1414	73.5	73.2	72.0	1.2	80.8	80.1	66.7	13.4
10	2000	104.0	103.4	102.3	1.2	81.9	80.6	66.7	13.9
20	2000	104.0	103.2	101.1	2.2	172.1	171.5	148.8	22.7

柱塞泵效率仿真结果如表 2.3 所示，在 n_e 一定时，随柱塞泵工作压力 p_L 的加大，容积效率降低，机械效率升高；在 p_L 一定时，随 n_e 的升高，容积效率升高，机械效率降低。通过能量损耗分析，可以推断导致高负荷下柱塞泵效率下降的主要原因是各摩擦副泄漏与库伦摩擦。

表 2.3　柱塞泵效率仿真结果

p_L/MPa	n_e/(r/min)	容积效率/%	机械效率/%	总效率/%
10	1414	97.9	82.7	81.0
10	2000	98.3	81.4	80.1
20	2000	97.2	86.5	84.0

4. 斜盘倾覆力矩

图 2.25 为斜盘倾覆力矩时域波形，可以看出斜盘倾覆力矩均值和幅值波动随 p_L 升高而增大，其中 M_{xx} 最为平稳，M_{yy} 均值最大，M_{zz} 幅值最大。作为主轴-缸体子系统负载转矩，平稳的 M_{xx} 意味着平稳的 n_p，这是转速波动随 p_L 升高而加剧的动力学

内因。M_{yy} 由柱塞泵壳体承担，壳体强度校核与模态分析中应予以考虑，考虑到 M_{zz} 波动幅值随 p_L 升高而加大，高压下斜盘倾角控制系统稳定性将会受到严重影响。

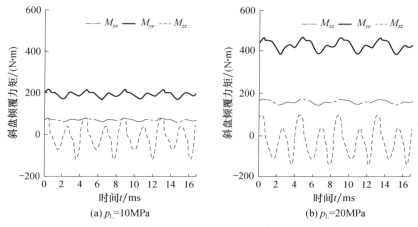

图 2.25　斜盘倾覆力矩时域波形图（n_e=2000 r/min）

2.5　本 章 小 结

本章给出一种适用于柱塞设备的数组键合图建模方法，同时分别建立油腔-配流子系统动力学模型、柱塞-滑靴子系统的摩擦学与动力学模型、柱塞-滑靴子系统动力学模型；并根据柱塞泵与柱塞马达能量转换方向互逆这一关系，归纳出具有通用性的轴向柱塞设备全耦合动力学模型。然后，采用无量纲化的模型处理方法，将刚度比降低为 1.2；基于 S-functions 建立了柱塞泵参数化仿真模型。

（1）通过轴向柱塞泵/马达数组键合图模型，明确了柱塞-滑靴子系统内部复杂的摩擦学-动力学界面耦合关系，考虑斜盘倾角、柱塞缸体内含接长度、柱塞副和滑靴副动摩擦系数等参量的影响，经摩擦学与动力学解耦分析导出的能量损耗因子表征了柱塞-滑靴子系统机械能与液压能转换过程中的能量损耗程度。

（2）包含各子系统动力学方程参数的全耦合动力学模型，使柱塞设备子系统之间耦合关系得到有效体现，模型具有明显的非光滑非线性特征：①分段非线性函数表达的过流面积；②柱塞腔进出高压腔的非连续性总流量，柱塞压力形成的非连续性总转矩；③各摩擦副耦合界面上的库伦摩擦转矩和泄漏流量损失。

（3）非连续性的流量和转矩是柱塞设备压力脉动与转速波动的根本成因。配流盘结构设计（过流面积）合理性与否，直接影响压力脉动和转速波动。各摩擦副耦合界面上的能量损耗在柱塞设备总能耗中占有较大比例，对分析极端工况下柱塞设备效率下降以及性能退化机理有指导意义。

（4）柱塞泵内部子系统耦合情况分析结果表明，柱塞腔流量倒灌与射流是加剧流量脉动的主要原因。受其影响，柱塞泵的转速和压力越高，柱塞腔压力冲击越明显，柱塞副库伦摩擦力变化越剧烈。分析耦合界面能量损耗机理，对于深入研究极端工况下柱塞设备能量损耗预测有重要指导意义。

参 考 文 献

[1] 谷立臣,刘沛津,陈江城.基于电参量信息融合的液压系统状态识别技术[J].机械工程学报, 2011, 47(24): 141-150.

[2] NIE S L , HUANG G H , LI Y P . Tribological study on hydrostatic slipper bearing with annular orifice damper for water hydraulic axial piston motor[J]. Tribology International, 2006, 39(11):1342-1354.

[3] ZEIGER G, AKERS A. Dynamic analysis of an axial piston pump swashplate control[J]. Proceedings of the Institution of Mechanical Engineers, Part C: Journal of Mechanical Engineering Science, 1986, 200(1): 49-58.

[4] ZHANG X, CHO J, NAIR S S, et al. New swash plate damping model for hydraulic axial piston pump[J]. Journal of Dynamic Systems, Measurement and Control, 2001, 123(3): 463-470.

[5] OUYANG XIAO P, FANG X, YANG H Y. An investigation into the swash plate vibration and pressure pulsation of piston pumps based on full fluid-structure interactions[J]. Journal of Zhejiang University-SCIENCE A, 2016, 17(3):202-214.

[6] 许睿,谷立臣.轴向柱塞泵全局耦合动力学建模[J].农业机械学报, 2016, 47(1): 369-376.

[7] BEHZADIPOUR S, KHAJEPOUR A. Causality in vector bond graphs and its application to modeling of multi-body dynamic systems[J].Simulation Modelling Practice and Theory, 2006, 14(3): 279-295.

[8] SCHARF S, MURRENHOFF H. Measurement of friction forces between piston and bushing of an axial piston displacement unit[J]. International Journal of Fluid Power, 2005, 6(1): 7-17.

[9] JEONG H. A novel performance model given by the physical dimensions of hydraulic axial piston motors: model derivation[J]. Journal of Mechanical Science and Technology, 2007, 21(1):83-97.

[10] 付永领,李祝锋,祁晓野,等.轴向柱塞式电液泵能量转化效率研究[J].机械工程学报, 2014, 50(14): 204-212.

[11] 王彬,周华,杨华勇.轴向柱塞泵平面配流副的摩擦转矩特性试验研究[J]. 浙江大学学报(工学版), 2009, 43(11): 2091-2095.

[12] MA J, FANG Y, XU B, et al. Optimization of cross angle based on the pumping dynamics model[J]. Journal of Zhejiang University-SCIENCE A, 2010, 11(3): 181-190.

[13] 胡琳静,孙政顺. SIMULINK 中自定义模块的创建与封装[J].系统仿真学报, 2004, 16(3): 488-491.

[14] XU B, SONG Y, YANG H. Pre-compression volume on flow ripple reduction of a piston pump[J]. Chinese journal of mechanical engineering, 2013, 26(6): 1259-1266.

[15] NOAH D. The discharge flow ripple of an axial piston swash plate type hydrostatic pump[J]. Journal of Dynamic Systems,Measurement and Control, 2000, 122(2): 263-268.

第3章 机电液系统全局建模及仿真分析

3.1 概　　述

　　建模是研究系统的重要手段和前提。根据对系统或设备的特性分析以及有关的基础数据，建立描述系统性能的数学模型称为建模，建立系统模型的过程又称模型化，是为了理解系统而对系统做出的一种抽象。凡是用模型描述系统的因果关系或相互关系的过程都属于建模，因描述的关系各异，所以实现这一过程的手段和方法也是多种多样的。可以通过对系统本身运动规律的分析，根据事物的机理来建模；也可以通过对系统的实验或统计数据的处理，并根据关于系统的已有的知识和经验来建模；还可以同时使用几种方法。

　　机电系统动力学首先强调结构，并从系统结构角度来分析其功能和行为，即系统的结构决定了系统的功能和行为。机电液系统动力学也是通过寻找系统的较优结构，来获得较优的系统行为模式，系统的行为模式可以看成是由系统内部的信息反馈机制决定的。通过建立系统动力学模型，可以研究系统的结构、功能和行为之间的动态关系，以便寻求较优的系统结构和功能。常见的建模方法可分两大类：

　　（1）机理分析建模方法。该方法依据基本的物理、化学等定律，进行机理分析，确定模型结构、参数。使用该方法的前提是对系统的运行机理完全清楚。

　　（2）实验统计建模方法。该方法也称基于实验数据的建模方法，使用的前提是必须有足够正确的实验数据，所建的模型也只能保证在这个范围内有效。足够的数据不仅仅指数据量多，而且数据的内容要丰富，能够充分激励要建模系统的特性。

　　系统建模主要用于以下三个方面：

　　（1）分析和设计实际系统。例如，工程界在分析设计一个新系统时，通常先进行数学仿真和物理仿真实验，再到现场做实物实验。用仿真方法来分析和设计一个实际系统时，必须有一个描述系统特征的模型。对于复杂的机电系统和工业控制过程，建模往往是最关键和最困难的任务。对社会和经济系统的定性或定量研究也是从建模着手的。例如，在人口控制论中，建立各种类型的人口模型，改变模型中的某些参量，可以分析研究人口政策对于人口发展的影响。

　　（2）预测或预报实际系统的某些状态的未来发展趋势；预测或预报基于事物发展过程的连贯性。例如，根据以往的测量数据建立设备运行状态变化的数学模型，用于预报未来可能的发展趋势。

（3）对系统实行最优控制。运用控制理论设计控制器或最优控制律的关键或前提是有一个能表征系统特征的数学模型。在建模的基础上，根据极大值原理、动态规划、反馈、解耦、极点配置、自组织、自适应和智能控制等方法，设计各种各样的控制器或控制律。

对于同一个实际系统，人们可以根据不同的用途和目的建立不同的模型。但建立的任何模型都只是实际系统原型的简化，因为既不可能也没必要把实际系统的所有细节都列举出来。如果在简化模型中能保留系统原型的一些本质特征，那么就可认为模型与系统原型是相似的，是可以用来描述原系统的。因此，实际建模时，必须在模型的简化与分析结果的准确性之间做出适当的折中，这常是建模遵循的一条原则。

机电液系统的运行过程伴随着电能、液压能以及机械能等多域能量之间的相互转换。高效的多域能量转换机制能提高设备服役期间的工作可靠性及元件性能寿命，因此，机电液系统的功率分布及多域能量高效转换机制是国内外学者研究的重点。本章以交流电机拖动的液压泵驱动液压马达系统为研究对象，充分考虑油液体积弹性模量、非线性摩擦力等不确定变量对系统响应的影响规律，建立系统的非线性动力学模型。

3.2　机电液系统多刚度非线性数学模型

3.2.1　系统全局简化模型

机电液系统是典型的非线性系统，又是多刚体系统（等效），多能域耦合关系复杂。电机拖动液压泵驱动液压马达作为典型的机电液系统，被广泛应用于工程车辆行走驱动系统、机床加工系统、回转驱动系统以及卷扬举升系统等。通过简化液压管路、仅考虑主要元器件之间的传动关系及耦合效应，可得如图 3.1 所示的机电液系统简化模型，以此作为研究对象，建立其动力学模型。

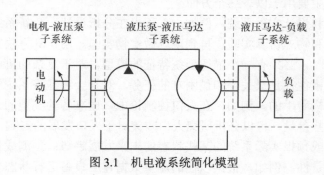

图 3.1　机电液系统简化模型

　　图 3.1 所示的机电液系统模型可划分为电机-液压泵子系统、液压泵-液压马达子系统以及液压马达-负载子系统。系统运行的目的在于将电机输出的功率流（即输出转速与转矩的乘积），有效作用于物质流（传动链），进行多能域转换和传递，最终驱动液压马达带动负载工作。在能量的转换和传递过程中，由于油液有效体积弹性模量、摩擦阻尼等影响能量转换效率的传动参数随环境工况呈非线性变化以及联轴器和负载刚度的共同作用，使机电液系统呈现非线性多能域耦合的特点。因此综合考虑非线性因素，引入联轴器及负载刚度模型，建立机电液系统的多刚度非线性数学模型，为分析变环境工况下系统的多域能量转换机制提供系统动力学模型。

3.2.2　子系统数学模型

1. 三相异步电机

三相异步电机集中参数数学模型的建立过程如下。

三相静止 ABC 坐标系下动态数学模型集中参数建模假设：忽略空间谐波，设三相绕组对称，在空间中互差 120°电角度，所产生的磁动势沿气隙周围按正弦规律变化；忽略磁饱和，认为各相的自感和互感都是恒定的；忽略铁心损耗；不考虑频率变化和温度变化对绕组电阻的影响[1]。异步电动机的动态数学模型主要由电压方程、磁链方程、转矩方程和运动方程组成。电压方程为

$$\begin{bmatrix} u_A \\ u_B \\ u_C \\ u_a \\ u_b \\ u_c \end{bmatrix} = \begin{bmatrix} R_s & 0 & 0 & 0 & 0 & 0 \\ 0 & R_s & 0 & 0 & 0 & 0 \\ 0 & 0 & R_s & 0 & 0 & 0 \\ 0 & 0 & 0 & R_r & 0 & 0 \\ 0 & 0 & 0 & 0 & R_r & 0 \\ 0 & 0 & 0 & 0 & 0 & R_r \end{bmatrix} \begin{bmatrix} i_A \\ i_B \\ i_C \\ i_a \\ i_b \\ i_c \end{bmatrix} + p \begin{bmatrix} \psi_A \\ \psi_B \\ \psi_C \\ \psi_a \\ \psi_b \\ \psi_c \end{bmatrix} \tag{3.1}$$

磁链方程为

$$\begin{bmatrix} \psi_A \\ \psi_B \\ \psi_C \\ \psi_a \\ \psi_b \\ \psi_c \end{bmatrix} = \begin{bmatrix} L_{ms}+L_{ls} & -\frac{1}{2}L_{ms} & -\frac{1}{2}L_{ms} & L_{ms}\cos\theta & L_{ms}(\cos\theta+120^\circ) & L_{ms}(\cos\theta-120^\circ) \\ -\frac{1}{2}L_{ms} & L_{ms}+L_{ls} & -\frac{1}{2}L_{ms} & L_{ms}(\cos\theta-120^\circ) & L_{ms}\cos\theta & L_{ms}(\cos\theta+120^\circ) \\ -\frac{1}{2}L_{ms} & -\frac{1}{2}L_{ms} & L_{ms}+L_{ls} & L_{ms}(\cos\theta+120^\circ) & L_{ms}(\cos\theta-120^\circ) & L_{ms}\cos\theta \\ L_{ms}\cos\theta & L_{ms}(\cos\theta-120^\circ) & L_{ms}(\cos\theta+120^\circ) & L_{ms}+L_{lr} & -\frac{1}{2}L_{ms} & -\frac{1}{2}L_{ms} \\ L_{ms}(\cos\theta+120^\circ) & L_{ms}\cos\theta & L_{ms}(\cos\theta-120^\circ) & -\frac{1}{2}L_{ms} & L_{ms}+L_{lr} & -\frac{1}{2}L_{ms} \\ L_{ms}(\cos\theta-120^\circ) & L_{ms}(\cos\theta+120^\circ) & L_{ms}\cos\theta & -\frac{1}{2}L_{ms} & -\frac{1}{2}L_{ms} & L_{ms}+L_{lr} \end{bmatrix} \begin{bmatrix} i_A \\ i_B \\ i_C \\ i_a \\ i_b \\ i_c \end{bmatrix}$$

$$\tag{3.2}$$

转矩方程为

$$T_e = n_p L_{ms}[(i_A i_a + i_B i_b + i_C i_c)\sin\theta + (i_A i_b + i_B i_c + i_C i_a)\sin(\theta + 120°)$$
$$+ (i_A i_c + i_B i_a + i_C i_b)\sin(\theta - 120°)] \tag{3.3}$$

运动方程为

$$\begin{cases} T_e = T_L + \dfrac{J}{n_p}\dfrac{\mathrm{d}\omega_r}{\mathrm{d}t} \\[3mm] \omega_r = \dfrac{\mathrm{d}\theta}{\mathrm{d}t} \end{cases} \tag{3.4}$$

式（3.1）～式（3.4）组成三相静止坐标系下的动态数学模型。式中，u_A、u_B、u_C、u_a、u_b、u_c 分别为定、转子相电压瞬时值；i_A、i_B、i_C、i_a、i_b、i_c 分别为定、转子相电流瞬时值；ψ_A、ψ_B、ψ_C、ψ_a、ψ_b、ψ_c 为各相绕组全磁链；R_s、R_r 分别为定、转子绕组电阻；L_{lr}、L_{ls}、L_{ms}、L_{mr} 为定、转子自感和互感；θ 为定子 A 相绕组与转子 a 相绕组之间的夹角；ω_r 为转子角速度；J 为转动惯量；n_p 为极对数；p 为微分算子。

从上述方程可以知道，异步电动机的数学模型为高阶、非线性、强耦合的多变量系统，因此必须简化模型。

交流电机坐标变换从物理概念角度是产生相同合成磁势的三相、两相电机模型之间的等效变换；从几何和矢量代数角度是同一空间矢量在不同坐标系上的表示；从系统控制论角度是系统状态方程的等价变换[2]。

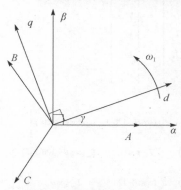

图 3.2　空间坐标变换关系

根据产生磁动势相等的原则，建立异步电动机三相定子电流 i_A、i_B、i_C 与两相垂直正交电流 i_α、i_β 之间的矢量变换关系，称为 3s/2s 变换；通过磁场定向的旋转变换，可以得到同步旋转坐标系下的直流电流 i_d、i_q，即 2s/2r 变换；变换的实质是将定子电流分解为直轴励磁分量 i_d 和交轴转矩分量 i_q[3]。空间坐标变换关系如图 3.2 所示。

从三相静止 ABC 坐标系到两相静止 $\alpha\beta$ 坐标系的变换，根据功率不变原则，通过 Clark（3s/2s）变换实现，其变换矩阵为

$$C_{ABC\text{-}\alpha\beta} = \sqrt{\dfrac{2}{3}}\begin{bmatrix} 1 & -\dfrac{1}{2} & -\dfrac{1}{2} \\[3mm] 0 & \dfrac{\sqrt{3}}{2} & -\dfrac{\sqrt{3}}{2} \end{bmatrix} \tag{3.5}$$

从两相静止 $\alpha\beta$ 坐标系到两相同步旋转 dq 坐标系的变换，通过 Park（2s/2r）

变换实现，其变换矩阵为

$$C_{\alpha\beta\text{-}dq} = \begin{bmatrix} \cos\gamma & \sin\gamma \\ -\sin\gamma & \cos\gamma \end{bmatrix} \tag{3.6}$$

通过坐标变换得到两相静止 $\alpha\beta$ 坐标系下的动态数学模型，其中电压方程为

$$\begin{bmatrix} u_{s\alpha} \\ u_{s\beta} \\ u_{r\alpha} \\ u_{r\beta} \end{bmatrix} = \begin{bmatrix} R_s + pL_s & 0 & pL_m & 0 \\ 0 & R_s + pL_s & 0 & pL_m \\ pL_m & -\omega_r L_m & R_r + pL_r & -\omega_r L_r \\ \omega_r L_m & pL_m & \omega_r L_r & R_r + pL_r \end{bmatrix} \begin{bmatrix} i_{s\alpha} \\ i_{s\beta} \\ i_{r\alpha} \\ i_{r\beta} \end{bmatrix} \tag{3.7}$$

磁链方程为

$$\begin{bmatrix} \psi_{s\alpha} \\ \psi_{s\beta} \\ \psi_{r\alpha} \\ \psi_{r\beta} \end{bmatrix} = \begin{bmatrix} L_s & 0 & L_m & 0 \\ 0 & L_s & 0 & L_m \\ L_m & 0 & L_m & 0 \\ 0 & L_m & 0 & L_m \end{bmatrix} \begin{bmatrix} i_{s\alpha} \\ i_{s\beta} \\ i_{r\alpha} \\ i_{r\beta} \end{bmatrix} \tag{3.8}$$

转矩方程为

$$T_e = n_p L_m (i_{s\beta} i_{r\alpha} - i_{s\alpha} i_{r\beta}) \tag{3.9}$$

运动方程为

$$T_e = T_L + \frac{J}{n_p}\frac{d\omega_r}{dt} \tag{3.10}$$

式中，$u_{s\alpha}$、$u_{s\beta}$、$u_{r\alpha}$、$u_{r\beta}$ 分别为两相静止α、β轴定、转子端电压；$i_{s\alpha}$、$i_{s\beta}$、$i_{r\alpha}$、$i_{r\beta}$ 分别为α、β轴定、转子电流值；$L_m = 3L_{ms}/2$ 为α、β轴系下定、转子互感；$L_s = L_m + L_{ls}$，$L_r = L_m + L_{lr}$ 为α、β轴定、转子自感。

两相同步旋转 dq 坐标系下动态数学模型中，电压方程为

$$\begin{bmatrix} u_{sd} \\ u_{sq} \\ u_{rd} \\ u_{rq} \end{bmatrix} = \begin{bmatrix} R_s + pL_s & -\omega_1 L_s & pL_m & -\omega_1 L_m \\ \omega_1 L_s & R_s + pL_s & \omega_1 L_m & pL_m \\ pL_m & -(\omega_1-\omega_r)L_m & R_r + pL_r & -(\omega_1-\omega_r)L_r \\ (\omega_1-\omega_r)L_m & pL_m & (\omega_1-\omega_r)L_r & R_r + pL_r \end{bmatrix} \begin{bmatrix} i_{sd} \\ i_{sq} \\ i_{rd} \\ i_{rq} \end{bmatrix} \tag{3.11}$$

磁链方程为

$$\begin{bmatrix} \psi_{sd} \\ \psi_{sq} \\ \psi_{rd} \\ \psi_{rq} \end{bmatrix} = \begin{bmatrix} L_s & 0 & L_m & 0 \\ 0 & L_s & 0 & L_m \\ L_m & 0 & L_m & 0 \\ 0 & L_m & 0 & L_m \end{bmatrix} \begin{bmatrix} i_{sd} \\ i_{sq} \\ i_{rd} \\ i_{rq} \end{bmatrix} \tag{3.12}$$

转矩方程为

$$T_e = n_p L_m (i_{sq} i_{rd} - i_{sd} i_{rq}) \tag{3.13}$$

运动方程为

$$T_e - T_L = \frac{J}{n_p}\frac{\mathrm{d}\omega_r}{\mathrm{d}t}$$ （3.14）

式中，$T_L = B_r\dot{\theta}_r + K_r(\theta_r - \theta_p)$，$B_r$ 为电机机械阻尼系数，K_r 为电机-液压泵连接扭转刚度，θ_r 为电机输出角位移，θ_p 为泵输入角位移；u_{sd}、u_{sq}、u_{rd}、u_{rq} 分别为 d、q 轴定、转子端电压；i_{sd}、i_{sq}、i_{rd}、i_{rq} 分别为 d、q 轴定、转子电流；ω_1 为同步转速。

在上述的模型中，只规定了两相坐标系的垂直关系和与定子频率同步旋转的关系，而 mt 坐标系又规定了旋转坐标轴与转子磁场的相对位置关系，即 m 与转子磁链方向相同，t 与转子磁链方向垂直。此时 $\psi_{rm} = \psi_r$，$\psi_{rt} = 0$。又因转子回路短路，$u_{rm} = u_{rt} = 0$。其数学模型中，电压方程为

$$\begin{bmatrix} u_{sm} \\ u_{st} \\ 0 \\ 0 \end{bmatrix} = \begin{bmatrix} R_s + pL_s & -\omega_sL_s & pL_m & -\omega_sL_m \\ \omega_sL_s & R_s + pL_s & \omega_sL_m & pL_m \\ pL_m & 0 & R_r + pL_r & 0 \\ s\omega_sL_m & 0 & s\omega_sL_r & R_r \end{bmatrix}\begin{bmatrix} i_{sm} \\ i_{st} \\ i_{rm} \\ i_{rt} \end{bmatrix}$$ （3.15）

磁链方程为

$$\begin{bmatrix} \psi_{sm} \\ \psi_{st} \\ \psi_{rm} \\ 0 \end{bmatrix} = \begin{bmatrix} L_s & 0 & L_m & 0 \\ 0 & L_s & 0 & L_m \\ L_m & 0 & L_r & 0 \\ 0 & L_m & 0 & L_r \end{bmatrix}\begin{bmatrix} i_{sm} \\ i_{st} \\ i_{rm} \\ i_{rt} \end{bmatrix}$$ （3.16）

由电压方程式（3.15）的转子侧推出

$$pL_mi_{sm} + (R_r + pL_r)i_{rm} = R_ri_{rm} + p\psi_r = 0$$

则将 $i_{rm} = -\dfrac{p\psi_r}{R_r}$ 代入磁链 ψ_r 的表达式得

$$\psi_r = L_r\left[-\frac{p\psi_r}{R_r}\right] + L_mi_{sm}$$

化简得

$$\psi_r = \frac{L_m}{1 + T_rP}i_{sm}$$ （3.17）

其中，$T_r = L_r / R_r$ 为电机转子回路时间常数。

又由电压方程式（3.15）转子侧推出

$$s\omega_sL_mi_{sm} + s\omega_sL_ri_{rm} + R_ri_{rt} = s\omega_s\psi_r + R_ri_{rt} = 0$$

则由 $\psi_{rt} = L_m i_{st} + L_r i_{rt} = 0$ 得

$$
\begin{cases}
i_{rt} = -\dfrac{L_m}{L_r} i_{st} \\[3mm]
s\omega_s = \dfrac{L_m}{T_r \psi_r} i_{st}
\end{cases}
\tag{3.18}
$$

将式（3.17）代入转子磁场定向的电磁转矩方程 $T_e = n_p \dfrac{L_m}{L_r} \vec{i_s} \times \vec{\psi_r} = n_p \dfrac{L_m}{L_r}$ $(i_{st}\psi_{rm} - i_{sm}\psi_{rt})$，得

$$
T_e = n_p \frac{L_m}{L_r} i_{st} \psi_r = n_p \frac{L_m^2}{L_r(1 + T_r p)} i_{st} i_{sm}
\tag{3.19}
$$

由式（3.17）和式（3.19）可以知道，转子磁链定向的交流异步电动机方程同直流电机转矩方程一样，其定子电流励磁分量 i_{sm} 与转矩分量 i_{st} 完全正交解耦，可以对其分别控制。

作为液压系统动力源的异步电机，铁损是真实存在的，它对电机性能特别是效率影响较大[4-6]。随着运行及节能控制方式的进一步优化，传统模型已不能准确模拟异步电机复杂的非线性行为。因此，充分考虑异步电机运行时铁损影响因素，建立更为接近其真实物理行为又兼具工程可实现的精确仿真模型，对于进行效率与转矩性能优化控制的研究具有重要意义。

电机铁损包括磁滞损耗和涡流损耗两部分，并且与电机铁芯的结构参数、电压、频率及磁通密度有关，很难精确计算。在电机模型中，通常将铁损用等效电阻绕组的损耗表示。在同步旋转坐标系中，除了原有的定、转子轴上的 4 个绕组外，在定子 dq 轴上增加了 2 个铁损等效电阻，这 6 个绕组的电压方程为

$$
\begin{cases}
u_{sd} = R_s i_{sd} + p\psi_{sd} - \omega_1 \psi_{sq} \\
u_{sq} = R_s i_{sq} + p\psi_{sq} + \omega_1 \psi_{sd} \\
0 = R_r i_{rd} + p\psi_{rd} - s\omega_1 \psi_{rq} \\
0 = R_r i_{rd} + p\psi_{rq} + s\omega_1 \psi_{rd} \\
0 = R_{Fe} i_{dFe} - p\psi_{sq} + \omega_1 \psi_{sd} \\
0 = R_{Fe} i_{qFe} - p\psi_{mq} - \omega_1 \psi_{md}
\end{cases}
\tag{3.20}
$$

单个大括号电流方程为

$$
\begin{cases}
i_{sd} + i_{rd} = i_{dFe} + i_{md} \\
i_{sq} + i_{rq} = i_{qFe} + i_{mq}
\end{cases}
$$

磁链方程为

$$\begin{cases} \psi_{sd} = L_{sl}i_{sd} + \psi_{md} = L_{sl}i_{sd} + L_{m}i_{md} = L_{s}i_{sd} + L_{m}(i_{rd} - i_{dFe}) \\ \psi_{sq} = L_{sl}i_{sq} + \psi_{mq} = L_{sl}i_{sq} + L_{m}i_{mq} = L_{s}i_{sq} + L_{m}(i_{rq} - i_{qFe}) \\ \psi_{rd} = L_{rl}i_{rd} + \psi_{md} = L_{rl}i_{rd} + L_{m}i_{md} = L_{r}i_{rd} + L_{m}(i_{sd} - i_{dFe}) \\ \psi_{rq} = L_{rl}i_{rq} + \psi_{mq} = L_{rl}i_{rq} + L_{m}i_{mq} = L_{sl}i_{sq} + L_{m}(i_{sq} - i_{qFe}) \end{cases} \tag{3.21}$$

电磁转矩方程为

$$T_{e} = N_{p}\frac{L_{m}}{L_{rl}}(i_{mq}\psi_{rd} - i_{md}\psi_{rq}) \tag{3.22}$$

运动方程为

$$T_{e} - T_{L} = \frac{J}{N_{p}}\frac{d\omega_{r}}{dt} \tag{3.23}$$

式中，u_{sd}、u_{sq} 分别为 d、q 轴定子电压；R_{s}、R_{r} 分别为定、转子电阻；R_{Fe} 为铁损等效电阻；L_{s}、L_{r} 分别为定、转子电感；L_{sl}、L_{rl} 分别为定、转子漏感；L_{m} 为互感；i_{sd}、i_{sq} 分别为 d、q 轴定子电流；i_{rd}、i_{rq} 分别为 d、q 轴转子电流；i_{md}、i_{mq} 分别为 d、q 轴励磁电流；i_{dFe}、i_{qFe} 分别为 d、q 轴铁损等效绕组电流；ψ_{sd}、ψ_{sq} 分别为 d、q 轴定子磁链；ψ_{rd}、ψ_{rq} 分别为 d、q 轴转子磁链；ψ_{md}、ψ_{mq} 分别为 d、q 轴主磁链；ω_{1} 为同步转速；ω_{r} 为转子的电气角速度；s 为转差率；T_{e}、T_{L} 分别为电磁转矩和负载转矩；N_{p} 为极对数；J 为转动惯量。

根据方程画出考虑铁损的电机等效电路如图 3.3 所示。

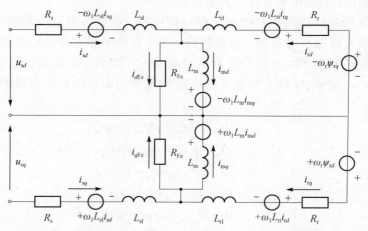

图 3.3　考虑铁损的异步电动机任意旋转坐标系动态等效电路

从式（3.20）看出，考虑铁耗异步电动机在 dq 轴上的电压方程为 6 阶的方程，所以其对应的状态方程也应该是 6 阶的，在此，选择 6 个中间状态变量：i_{sd}、i_{sq}、i_{md}、i_{mq}、ψ_{rd} 及 ψ_{rq}，那么方程中应消去的变量有：i_{rd}、i_{rq}、i_{dFe}、i_{qFe}、ψ_{sd}、ψ_{sq}、ψ_{md} 及 ψ_{mq}。解方程组（3.21）得

$$
\begin{cases}
i_{rd} = \dfrac{\psi_{rd} - L_{m} i_{md}}{L_{rl}} \\[3mm]
i_{rq} = \dfrac{\psi_{rq} - L_{m} i_{mq}}{L_{rl}}
\end{cases}
\tag{3.24}
$$

$$
\begin{cases}
i_{dFe} = i_{sd} - i_{md} + i_{rd} = i_{sd} - i_{md} + \dfrac{\psi_{rd} - L_{m} i_{md}}{L_{rl}} \\[3mm]
i_{qFe} = i_{sq} - i_{mq} + i_{rq} = i_{sq} - i_{mq} + \dfrac{\psi_{rq} - L_{m} i_{mq}}{L_{rl}}
\end{cases}
\tag{3.25}
$$

$$
\begin{cases}
\psi_{md} = L_{m} i_{md} \\
\psi_{mq} = L_{m} i_{mq}
\end{cases}
\tag{3.26}
$$

$$
\begin{cases}
\psi_{sd} = L_{sl} i_{sd} + L_{m} i_{md} \\
\psi_{sq} = L_{sl} i_{sq} + L_{m} i_{mq}
\end{cases}
\tag{3.27}
$$

将式（3.24）～式（3.27）代入电压方程组（3.20）得

$$
\begin{cases}
u_{sd} = R_{s} i_{sd} + p(L_{sl} i_{sd} + L_{m} i_{md}) - \omega_{1}(L_{sl} i_{sq} + L_{m} i_{mq}) & \textcircled{1} \\[2mm]
u_{sq} = R_{s} i_{sq} + p(L_{sl} i_{sq} + L_{m} i_{mq}) + \omega_{1}(L_{sl} i_{sd} + L_{m} i_{md}) & \textcircled{2} \\[2mm]
0 = R_{r}\left(\dfrac{\psi_{rd} - L_{m} i_{md}}{L_{rl}}\right) + p\psi_{rd} - s\omega_{1}\psi_{rq} & \textcircled{3} \\[3mm]
0 = R_{r}\left(\dfrac{\psi_{rq} - L_{m} i_{mq}}{L_{rl}}\right) + p\psi_{rq} - s\omega_{1}\psi_{rd} & \textcircled{4} \\[3mm]
0 = R_{Fe}\left(i_{sd} - i_{md} + \dfrac{\psi_{rd} - L_{m} i_{md}}{L_{rl}}\right) - pL_{m} i_{md} + \omega_{1} L_{m} i_{mq} & \textcircled{5} \\[3mm]
0 = R_{Fe}\left(i_{sq} - i_{mq} + \dfrac{\psi_{rq} - L_{m} i_{mq}}{L_{rl}}\right) - pL_{m} i_{mq} - \omega_{1} L_{m} i_{md} & \textcircled{6}
\end{cases}
\tag{3.28}
$$

由式（3.28）的⑤、⑥两式求得 $pL_{m} i_{md}$ 和 $pL_{m} i_{mq}$ 并代入①、②两式，整理得到异步电动机状态方程如下：

$$
\begin{cases}
pi_{sd} = -\dfrac{R_{s} + R_{Fe}}{L_{sl}} i_{sd} + \omega_{1} i_{sq} + R_{Fe}\dfrac{L_{r}}{L_{sl}L_{rl}} i_{md} - \dfrac{R_{Fe}}{L_{sl}L_{rl}}\psi_{rd} + \dfrac{1}{L_{sl}} u_{sd} \\[3mm]
pi_{sq} = -\omega_{1} i_{sd} - \dfrac{R_{s} + R_{Fe}}{L_{sl}} i_{sq} + R_{Fe}\dfrac{L_{r}}{L_{sl}L_{rl}} i_{mq} - \dfrac{R_{Fe}}{L_{sl}L_{rl}}\psi_{rq} + \dfrac{1}{L_{sl}} u_{sq} \\[3mm]
pi_{md} = \dfrac{R_{Fe}}{L_{m}} i_{sd} - \dfrac{L_{r}R_{Fe}}{L_{m}L_{rl}} i_{md} + \omega_{1} i_{mq} + \dfrac{R_{Fe}}{L_{m}L_{rl}}\psi_{rd} \\[3mm]
pi_{mq} = \dfrac{R_{Fe}}{L_{m}} i_{sq} - \omega_{1} i_{md} - \dfrac{L_{r}R_{Fe}}{L_{m}L_{rl}} i_{mq} + \dfrac{R_{Fe}}{L_{m}L_{rl}}\psi_{rq} \\[3mm]
p\psi_{rd} = \dfrac{L_{m}R_{r}}{L_{rl}} i_{md} - \dfrac{R_{r}}{L_{rl}}\psi_{rd} + s\omega_{1}\psi_{rq} \\[3mm]
p\psi_{rq} = \dfrac{L_{m}R_{r}}{L_{rl}} i_{mq} - s\omega_{1}\psi_{rd} - \dfrac{R_{r}}{L_{rl}}\psi_{rq}
\end{cases}
\tag{3.29}
$$

式（3.29）写成矩阵形式为

$$
p\begin{bmatrix} i_{sd} \\ i_{sq} \\ i_{md} \\ i_{mq} \\ \psi_{rd} \\ \psi_{rq} \end{bmatrix} = \begin{bmatrix}
-\dfrac{R_s + R_{Fe}}{L_{sl}} & \omega_1 & \dfrac{L_r R_{Fe}}{L_{sl} L_{rl}} & 0 & -\dfrac{R_{Fe}}{L_{sl} L_{rl}} & 0 \\
-\omega_1 & -\dfrac{R_s + R_{Fe}}{L_{sl}} & 0 & \dfrac{L_r R_{Fe}}{L_{sl} L_{rl}} & 0 & -\dfrac{R_{Fe}}{L_{sl} L_{rl}} \\
\dfrac{R_{Fe}}{L_m} & 0 & -\dfrac{L_r R_{Fe}}{L_m L_{rl}} & \omega_1 & \dfrac{R_{Fe}}{L_m L_{rl}} & 0 \\
0 & \dfrac{R_{Fe}}{L_m} & -\omega_1 & -\dfrac{L_r R_{Fe}}{L_m L_{rl}} & 0 & \dfrac{R_{Fe}}{L_m L_{rl}} \\
0 & 0 & \dfrac{L_m R_r}{L_{rl}} & 0 & -\dfrac{R_r}{L_{rl}} & s\omega_1 \\
0 & 0 & 0 & \dfrac{L_m R_r}{L_{rl}} & -s\omega_1 & -\dfrac{R_r}{L_{rl}}
\end{bmatrix} \begin{bmatrix} i_{sd} \\ i_{sq} \\ i_{md} \\ i_{mq} \\ \psi_{rd} \\ \psi_{rq} \end{bmatrix}
$$

$$
+\begin{bmatrix}
\dfrac{1}{L_{sl}} & 0 \\
0 & \dfrac{1}{L_{sl}} \\
0 & 0 \\
0 & 0 \\
0 & 0 \\
0 & 0
\end{bmatrix} \begin{bmatrix} u_{sd} \\ u_{sq} \end{bmatrix}
\qquad (3.30)
$$

式（3.30）即为含铁损的异步电机 dq 坐标轴下的状态方程。

2. 液压马达

　　从系统角度来看，机电液系统整体行为不完全取决于各独立子系统的动力学特性。为保证系统在服役期间能高精度、高性能运行，不仅需要掌握子系统较为精细的非线性动力学特性，还需要从系统层面上对系统内在力学性质及外在力学表征进行充分认知和总体把握。因此，研究柱塞设备全耦合动力学建模方法的一个潜在目的是便于以后将机电液系统各子系统通过柱塞设备全耦合动力学模型联系起来，继而研究柱塞设备内部子系统非线性环节对于机电液系统全局动力学特性的影响规律。由于柱塞设备全耦合动力学模型维数随柱塞数目的增加而成倍增加，加之变频电机、液压管路等其他系统子系统动力学模型，精细化的机电液系统多能域耦合动力学模型必将是高维非线性动力学系统，无论对于模型求解，还是机理分析，都需要简化。对柱塞设备全耦合动力学模型进行降维简化处理，不仅可以拓宽模型的应用范围，还可以在简化过程中总结提炼表征柱塞设备能量损耗的关键参数与变量。

本节采用积分平均法对全耦合模型进行降维简化，以柱塞马达为例，首先，分析柱塞腔和主轴-缸体子系统平均功率构成，提取柱塞腔压力过渡过程中配流盘引起的能量损耗；其次，对描述柱塞腔压力过渡的压力过渡角进行修正，在此过程中考虑内泄和油液压缩，继而基于柱塞腔压力近似表达式推导得到油液压缩性导致的流量损失、库伦摩擦引起的转矩损失和配流盘能量损耗解析式；最后，将以上各类能量损耗解析式导入积分平均处理后的全耦合动力学模型，以及将代入以上各类能量损耗解析式的单柱塞腔平均吸油流量表达式导入高压腔压力特性方程，实现全耦合动力学模型的降维简化。对比分析全耦合模型和简化模型，检验简化模型的准确性，同时指明简化模型适用的研究方向。

1）功率构成分析

实现全耦合动力学模型降维简化的关键在于分析柱塞设备的功率构成，尤其是能量损耗。基于对功率构成的深入分析，可将作为中间能量传递环节的柱塞腔子系统归纳为单纯的能量损耗单元，并将与柱塞腔吸油流量和柱塞腔压力有关的液压与机械损耗，分别纳入以高压腔为主的液压子系统和主轴-缸体机械子系统之中。

柱塞马达各柱塞腔从高压腔吸进的流量除主要用于推动柱塞运动外，还将有部分损失于柱塞副和滑靴副。第 2 章中的柱塞泵能量损耗分析结果已表明，库伦摩擦导致高负荷作用下柱塞泵机械损耗加剧，但配流盘配流过程中存有的阻尼作用还未探明。考虑油液压缩性以及三角阻尼槽的节流作用，柱塞腔压力过渡非理想矩阶跃变化[4]，配流盘导致的压力损失可等效为柱塞马达转矩损失[5]。

以上分析表明，与传统动力学模型相比，全耦合动力学模型虽能更为实际地反映柱塞设备能量损耗情况，但仍有部分能量损耗（如困油与压缩流量损失、配流盘配流过程中的柱塞腔压力损失）的变化规律尚未完全把握。下面将以单柱塞腔压力特性方程为切入点，分析单柱塞腔吸油功率构成。

单柱塞平均吸油流量为

$$\bar{Q}_{si} = \frac{1}{2\pi}\int_0^{2\pi} Q_{si}\,\mathrm{d}\theta_i \tag{3.31}$$

将单柱塞腔压力特性方程式（2.26）代入式（3.31）得

$$\bar{Q}_{si} = \frac{1}{2\pi}\int_0^{\pi} A_p v_{pi}\mathrm{d}\theta_i - \frac{1}{\pi}\int_0^{-\varphi_1} A_p v_{pi}\mathrm{d}\theta_i + \frac{\omega_m}{2\pi}V_{cpi}\Big|_{-\varphi_1}^{\pi-\varphi_1}$$
$$+ \frac{1}{2\pi}\int_{-\varphi_1}^{\pi-\varphi_1}\left(\frac{p_{cpi}}{R_{lci}}+\frac{p_{cpi}}{R_{lsi}}\right)\mathrm{d}\theta_i + \frac{1}{2\pi}\left(\int_{-\varphi_1}^{\varphi_1} Q_{di}\,\mathrm{d}\theta_i + \int_{\pi-\varphi_1}^{\pi+\varphi_1} Q_{si}\,\mathrm{d}\theta_i\right) \tag{3.32}$$

其中，第一项为单柱塞理论排量，进一步推导为

$$\frac{1}{2\pi}\int_0^{\pi} A_p v_{pi}\mathrm{d}\theta_i = \frac{A_p R \tan\alpha}{\pi}\omega_m \tag{3.33}$$

第二项为配流盘影响下柱塞腔不完全吸排油导致的困油流量损失，进一步推导为

$$-\frac{1}{\pi}\int_0^{-\varphi_1}A_p v_{pi}\mathrm{d}\theta_i = -\frac{A_p R\tan\alpha}{\pi}(1-\cos\varphi_1)\omega_m \qquad (3.34)$$

第三项为压缩流量损失，进一步推导为

$$\frac{\overline{\omega_m}}{2\pi}V_{cpi}\bigg|_{-\varphi_1}^{\pi-\varphi} \approx \frac{\omega_m}{2\pi\beta}\{V_T(p_{high}-p_{low})-[(V_T+V_B)\Delta p_1+V_B\Delta p_{high}]\} \qquad (3.35)$$

式中，Δp_{high} 为柱塞马达吸油压力脉动幅值；V_T 和 V_B 分别为位于上下死点时的柱塞腔容积。其中，第 1 项为柱塞腔高低压差导致的压缩流量损失，并随压力和转速的升高而增大，第 2 项为配流盘影响下柱塞腔不完全吸排油导致的压缩流量损失。

第四项为单柱塞副和单滑靴副平均泄流流量，第五项为单柱塞腔配流盘内泄。第四项和第五项的进一步推导需要预测柱塞腔压力。

配流盘影响下柱塞腔不完全吸排油导致的困油流量损失以及压缩流量损失均为负，直接降低了柱塞马达有效容积，容积损失为

$$V_{loss} \approx V_m(1-\cos\varphi_1)+\frac{N}{\beta}[(V_T+V_B)\Delta p_1+V_B\Delta p_{high}] \qquad (3.36)$$

对式（2.29）给出的高压腔压力特性方程进行积分平均处理：

$$\frac{V_{h0}}{\beta}\frac{\mathrm{d}p_{high}}{\mathrm{d}t}=Q_m-\frac{p_{high}}{R_{lv}}-N\overline{Q_{si}} \qquad (3.37)$$

式中，V_{h0} 为高压腔容积。

对式（2.25）给出的主轴-缸体子系统动力学模型进行积分平均处理：

$$\lambda_J J_m\frac{\mathrm{d}\omega_m}{\mathrm{d}t}=\frac{NA_p R}{2\pi}\int_0^{2\pi}p_{cpi}\lambda_{Hi}-R_f\omega_m-T_{fvk}-T_1$$

$$=\frac{V_m}{2\pi}(p_{high}-p_{low})-\frac{V_m}{2\pi}\left[(p_{high}-p_{low})-\frac{1}{2}\int_0^{2\pi}p_{cpi}\sin\theta_i\mathrm{d}\theta_i\right] \qquad (3.38)$$

$$-\left[\frac{V_m}{4\pi}\int_0^{2\pi}p_{cpi}\left(\sin\theta_i-\frac{\lambda_{Hi}}{\tan\alpha}\right)\mathrm{d}\theta_i+T_{fvk}\right]-R_f\omega_m-T_1$$

其中，第一项为理想柱塞腔压力形成的总驱动转矩；第二项为柱塞腔压力过渡过程中配流盘导致的转矩损失；第三项为各摩擦副总库伦摩擦转矩；第四项为各摩擦副总黏性摩擦转矩；第五项为负载转矩。

分析柱塞马达功率构成，分解出柱塞腔压力过渡过程中配流盘导致的能量损失，包括流量损失和转矩损失。

2）柱塞腔压力预测

建立柱塞腔压力数学表达式预测柱塞腔压力，其关键在于预测柱塞腔压力过渡。压力过渡角用于描述柱塞腔过渡，可以确定在压力过渡的第四阶段柱塞腔压力初始进入平稳状态的角位置。在压力过渡角范围内，压力近似线性变化。文献[6]的

压力过渡角表达式为

$$\gamma_j = \left(\frac{4\omega_m V_j}{k_A \beta} \Delta p_j^{1/2} + \varphi_3 \right)^{1/2} - \varphi_3 \tag{3.39}$$

式中，j=T 和 B，分别对应 TDC 和 BDC 过程；k_A 为一集中参数：

$$k_A = C_d \sqrt{\frac{2}{\rho}} \left. \frac{\partial A(\theta_i)}{\partial \theta_i} \right|_{\theta_i = 0}$$

而

$$\varphi_3 = A(\theta_i) / \left. \frac{\partial A(\theta_i)}{\partial \theta_i} \right|_{\theta_i = 0}$$

式中，$A(\theta_i)$ 为 $A_{si}(\theta_i)$ 和 $A_{di}(\theta_i + \pi)$ 的线性化函数，而

$$\Delta p_T^{1/2} \approx (p_{high} - p_{low} - \Delta p_1)^{1/2} - (\Delta p_{high} + \Delta p_2)^{1/2}$$

$$\Delta p_B^{1/2} \approx (p_{high} - p_{low} - \Delta p_{high} - \Delta p_1)^2 - \Delta p_2^{1/2}$$

可以看出，γ_j 对于 ω_m 更为敏感。由于柱塞马达柱塞腔位于下死点时的容积 V_B 大于位于上死点时的容积 V_T，则可以推断 γ_B 大于 γ_T。式（3.39）描述的压力过渡角并未考虑内泄和柱塞腔容积变化，压力过渡角估计值将小于实际值。

首先，单独考虑内泄对压力过渡角的影响，如图 3.4 所示，图中，$p_1 = p_{low} + \Delta p_1$，$p_2 = p_{high} - \Delta p_{high} - \Delta p_2$。

单柱塞腔内泄截止于角位置 φ_1，根据三角形相似定理可得

$$\frac{\gamma_T'}{\gamma_T} = \frac{p_2'' - p_1}{p_2' - p_1} \tag{3.40}$$

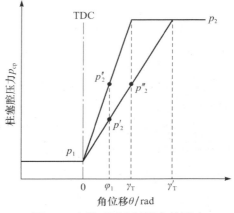

图 3.4　内泄对压力过渡角的影响

式中，γ_T' 为实际压力过渡角；$p_2' = p_2'' - \Delta p_{inner}$，$p_2'' = p_1 + \dfrac{\Delta p_3}{\gamma_T} \varphi_1$，$\Delta p_3 = p_2 - p_1$，$\Delta p_{inner}$ 为内泄导致的柱塞腔压力降落，根据体积弹性模量定义得

$$
\begin{aligned}
\Delta p_{inner} &= \frac{\beta}{\omega_m V_T} \int_0^{\varphi_1} Q_{di} \mathrm{d}\theta_i \\
&= \frac{\beta}{\omega_m V_T} \int_0^{\varphi_1} C_d A_{di} \sqrt{\frac{2}{\rho}(p_{cpi} - p_d)} \mathrm{d}\theta_i \\
&\approx \frac{A_{di}(0) C_d \beta}{\omega_m V_T} \int_0^{\varphi_1} \left(1 - \frac{\theta_i}{\varphi_1}\right) \sqrt{\frac{2}{\rho}\left(\Delta p_1 - \frac{\Delta p_3}{\gamma_T}\theta_i\right)} \mathrm{d}\theta_i
\end{aligned}
\tag{3.41}
$$

同理，单独考虑柱塞腔容积变化对压力过渡角的影响，根据三角形相似定理得

$$\frac{\gamma_{\mathrm{T}}'}{\gamma_{\mathrm{T}}} = \frac{p_2 - p_1}{p_2''' - p_1} \tag{3.42}$$

式中，$p_2''' = p_2 - \Delta p_{\mathrm{comp}}$，$\Delta p_{\mathrm{comp}}$为柱塞腔容积变化导致的柱塞腔压力降落，根据体积弹性模量定义得

$$\Delta p_{\mathrm{comp}} = \frac{V_{\mathrm{m}}(1 - \cos\gamma_{\mathrm{T}})\beta}{2NV_{\mathrm{T}}} \tag{3.43}$$

综合考虑以上两种影响因素，将压力过渡角修正为

$$\gamma_j' = \frac{\gamma_j}{(1 - k_{j1})(1 - k_{j2})} \tag{3.44}$$

式中，k_{j1}表征了内泄导致的压力降落对压力过渡角的影响程度，k_{j2}表征了柱塞腔容积变化导致的压力降落对压力过渡角的影响程度，分别表示为

$$k_{j1} = \frac{4}{15} \frac{\zeta k_{\mathrm{A}} \beta}{\omega_{\mathrm{m}} V_j} \frac{\varphi_3}{\Delta p_3^{1/2}} (\gamma_j \varphi_1)^{1/2} , \quad k_{j2} = \frac{V_{\mathrm{m}}(1 - \cos\gamma_j)\beta}{2NV_j \Delta p_3}$$

其中，$\zeta = (\zeta_j + 1)^{2.5} - \zeta_j^{2.5} - 2.5\zeta_j^{1.5}$，$\zeta_{\mathrm{T}} = \frac{\Delta p_1}{\Delta p_3} \frac{\gamma_{\mathrm{T}}}{\varphi_1}$，$\zeta_{\mathrm{B}} = \frac{\Delta p_{\mathrm{high}} + \Delta p_1}{\Delta p_3} \frac{\gamma_{\mathrm{B}}}{\varphi_1}$。

可以看出，k_{j1}随着转速的升高而降低，说明高转速下γ_j'更接近实际值，这是因为柱塞腔压力过渡第3阶段的内泄随着转速的升高而降低。

对比分析柱塞腔压力过渡预测结果和全耦合模型仿真结果，如图3.5所示，可以看出修正了的压力过渡角有更高的预测精度。

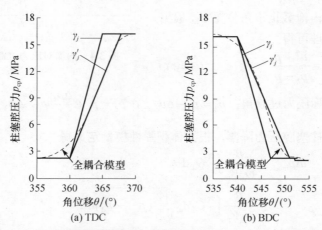

图3.5　柱塞腔压力过渡预测结果与全耦合模型仿真结果对比（n_{L}=600r/min，p_{L}=17MPa）

将压力过渡角用于描述柱塞腔压力，柱塞腔压力表达式如下：

$$
p_{cpi}^* \approx
\begin{cases}
p_{\text{low}} + \Delta p_1, & 2\pi - \varphi_1 \leqslant \theta_i < 2\pi \\[2mm]
p_{\text{low}} + \Delta p_1 + \dfrac{\theta_i}{\gamma_{\text{T}}'} \Delta p_3, & 0 \leqslant \theta_i < \gamma_{\text{T}}' \\[2mm]
p_{\text{high}} - \Delta p_{\text{high}} - \Delta p_2, & \gamma_{\text{T}}' \leqslant \theta_i < \varphi_2 \\[2mm]
p_{\text{high}}, & \varphi_2 \leqslant \theta_i < \pi - \varphi_1 \\[2mm]
p_{\text{high}} - \Delta p_{\text{high}} - \Delta p_1, & \pi - \varphi_1 \leqslant \theta_i < \pi \\[2mm]
p_{\text{high}} - \Delta p_{\text{high}} - \Delta p_1 - \dfrac{\Delta p_3 (\theta_i - \pi)}{\gamma_{\text{B}}'}, & \pi \leqslant \theta_i < \gamma_{\text{B}}' + \pi \\[2mm]
p_{\text{low}} + \Delta p_2, & \gamma_{\text{B}}' + \pi \leqslant \theta_i < \pi + \varphi_2 \\[2mm]
p_{\text{low}}, & \pi + \varphi_2 \leqslant \theta_i < 2\pi - \varphi_1
\end{cases}
\tag{3.45}
$$

式（3.45）描述的柱塞腔压力如图 3.6 所示。

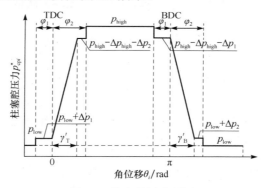

图 3.6　柱塞腔压力预测

对比分析柱塞腔压力预测结果（实线）和全耦合模型仿真结果（虚线），如图 3.7 所示，可以看出，在不同工况下，柱塞腔压力预测结果能与仿真结果较好吻合。

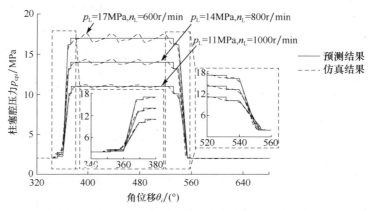

图 3.7　柱塞腔压力预测结果与仿真结果对比分析

3）模型简化

将式（3.45）代入式（3.32），得到单柱塞内泄流量为

$$
\begin{aligned}
Q_{\text{inner}} &= \frac{1}{2\pi}\left(\int_{-\varphi_1}^{\varphi_1} Q_{\text{d}i}\,\mathrm{d}\theta_i + \int_{\pi-\varphi_1}^{\pi+\varphi_1} Q_{\text{s}i}\,\mathrm{d}\theta_i\right) \\
&\approx \frac{\varphi_1}{2\pi} k_{\text{A}}\varphi_3\left\{\frac{4}{15}(\varphi_1\Delta p_3)^{1/2}\sum_{j=\text{T}}^{\text{B}}\zeta_j(\gamma_j')\gamma_j'^{1/2}\right. \\
&\quad \left. +\left(1+\frac{\varphi_1}{2\varphi_3}\right)\left[\Delta p_1^{1/2}+(\Delta p_{\text{high}}+\Delta p_1)^{1/2}\right]\right\}
\end{aligned}
\tag{3.46}
$$

其中，第一项为柱塞腔压力过渡第 3 阶段内泄流量，第二项为柱塞腔压力过渡第 2 阶段内泄流量。可以看出，第 3 阶段内泄流量随着转速的升高而降低，第 2 阶段内泄流量不随转速发生变化，保持为常数，式（3.46）从理论上对柱塞马达内泄过程进行了定性分析。

同时，推导得到单柱塞副和滑靴副平均泄漏流量为

$$
\begin{aligned}
\overline{Q}_{\text{lcs}} &= \frac{1}{2\pi}\int_{-\varphi_1}^{\pi-\varphi_1}\left(\frac{p_{\text{cp}i}}{R_{\text{lc}i}}+\frac{p_{\text{cp}i}}{R_{\text{ls}i}}\right)\mathrm{d}\theta_i \\
&\approx \frac{1}{2\pi}\left(\frac{1}{\overline{R}_{\text{ls}}}+\frac{1}{\overline{R}_{\text{lc}}}\right)\left[\pi p_{\text{high}}-\left(\varphi_1+\frac{1}{2}\gamma_{\text{T}}'\right)\Delta p_3-(\varphi_1+\varphi_2)(\Delta p_{\text{high}}+\Delta p_2)\right]
\end{aligned}
\tag{3.47}
$$

式中，$\overline{R}_{\text{lc}}=\dfrac{\mu}{h_{\text{c}}^3}\dfrac{12L'}{\pi d(1+1.5\varepsilon^2)}$，$L'=\overline{L}\sqrt{1-\left(\dfrac{R\tan\alpha}{\overline{L}}\right)^2}$。

由式（3.47）可以看出，单柱塞副和滑靴副平均泄漏流量随着转速的升高而略有降低，其主要原因是式中后两项为泄漏流量补偿项，由柱塞腔压力过渡非理想阶跃变化导致，泄漏流量补偿项随着转速的升高而略有增大，为便于数据处理，柱塞马达一般流量损失估计，可予以忽略。

柱塞腔压力过渡过程中，配流盘导致的流量损失包括内泄和困油与压缩流量损失，总流量损失为

$$
Q_{\text{damp}} \approx NQ_{\text{inner}}-\frac{\omega_{\text{m}}}{2\pi}V_{\text{loss}}
\tag{3.48}
$$

分析式（3.48）可知，Q_{damp} 随着转速的升高而减小，随着压力的升高而增大。

将式（3.45）代入式（3.38），推导得到柱塞腔压力过渡过程中配流盘导致的转矩损失为

$$T_{\text{damp}} = \frac{V_{\text{m}}}{2\pi}[(p_{\text{high}} - p_{\text{low}}) - \frac{1}{2}\int_0^{2\pi} p_{cpi}\sin\theta_i\mathrm{d}\theta_i]$$

$$\approx \frac{V_{\text{m}}}{4\pi}\left\{\left(2 - \sum_{j=\text{T}}^{\text{B}}\frac{\sin\gamma_j'}{\gamma_j'}\right)\Delta p_3 + 2(1-\cos\varphi_1)\Delta p_1 \right. \quad (3.49)$$

$$\left. + 2(1-\cos\varphi_2)\Delta p_2 + (2-\cos\varphi_1-\cos\varphi_2)\Delta p_{\text{high}}\right\}$$

分析式（3.49）可知，T_{damp} 随着压力和转速的升高而加大。

同时，推导得到各摩擦副平均总库伦摩擦转矩为

$$\overline{T}_{\text{f}} = \frac{V_{\text{m}}}{4\pi}\int_0^{2\pi} p_{cpi}\left(\sin\theta_i - \frac{\lambda_{\text{H}i}}{\tan\alpha}\right)\mathrm{d}\theta_i + T_{\text{fvk}}$$

$$\approx f_{\text{psv}}\frac{V_{\text{m}}}{2\pi}(p_{\text{high}}+p_{\text{low}})\text{sign}(\omega_{\text{m}}) + T_{\text{fvk}} \quad (3.50)$$

式中，

$$f_{\text{psv}} = \frac{\phi}{2\tan\alpha}\left(f_s\eta_{\text{p}} + \lambda_{\text{v}}f_{\text{v}}\frac{R_{\text{n}}}{R}\right) + \varepsilon\Delta p$$

$$\phi = \pi - (\varphi_1 - \varphi_2)\frac{\Delta p_{\text{high}}}{(p_{\text{high}}+p_{\text{low}})} - \frac{(\gamma_{\text{T}}' - \gamma_{\text{B}}')}{2}\frac{\Delta p_3}{(p_{\text{high}}+p_{\text{low}})}$$

$$\varepsilon = 1 + \left(\frac{\sin\gamma_{\text{T}}'}{\gamma_{\text{T}}'} - \frac{\sin\gamma_{\text{B}}'}{\gamma_{\text{B}}'}\right)\frac{\Delta p_3}{(p_{\text{high}}+p_{\text{low}})} - (2-\cos\varphi_1-\cos\varphi_2)\frac{\Delta p_{\text{high}}}{(p_{\text{high}}+p_{\text{low}})}$$

定义 f_{psv} 为复合库伦摩擦系数，用于表征各摩擦副库伦摩擦综合损耗程度。由于 γ_{T} 与 γ_{B} 大小十分接近，Δp_{high} 与 $p_{\text{high}}+p_{\text{low}}$ 之比小至可以忽略，ϕ 和 ε 可以分别近似为 π 和 1。柱塞腔压力过渡过程中，配流盘导致的压力损失对柱塞设备总库伦摩擦转矩的影响较小，可以忽略不计。

将式（3.31）代入式（3.37），综合包含以上各类流量损失，将柱塞马达油腔-配流子系统降维简化为以高压腔为主的液压子系统动力学模型为

$$\frac{V_{\text{h0}}}{\beta}\frac{\mathrm{d}p_{\text{high}}}{\mathrm{d}t} = Q_{\text{m}} - \overline{Q}_l - \frac{\omega_{\text{m}}}{2\pi}V_{\text{m}} - \frac{\omega_{\text{m}}}{2\pi}\frac{N}{\beta}V_{\text{T}}(p_{\text{high}}-p_{\text{low}}) - Q_{\text{damp}} \quad (3.51)$$

式中，$\overline{Q}_l = N\overline{Q}_{\text{lcs}} + \dfrac{p_{\text{high}}}{R_{\text{lv}}}$。

将式（3.49）和式（3.50）代入式（3.38），将柱塞马达主轴-缸体子系统动力学模型降维简化为

$$\lambda_{\text{J}}J_{\text{m}}\frac{\mathrm{d}\omega_{\text{m}}}{\mathrm{d}t} = T_{\text{d}} - \frac{V_{\text{m}}}{2\pi}(p_{\text{high}}-p_{\text{low}}) - R_{\text{f}}\omega_{\text{m}}$$

$$- f_{\text{psv}}\frac{V_{\text{m}}}{2\pi}(p_{\text{high}}+p_{\text{low}})\text{sign}(\omega_{\text{m}}) - T_{\text{fvk}} - T_{\text{damp}} \quad (3.52)$$

至此，已将柱塞马达全耦合动力学模型降维简化为二维一阶微分方程。由柱塞马达结构参数和系统参数描述的简化模型包含了油液压缩导致的流量损失，库伦摩擦导致的转矩损失和柱塞腔压力过渡过程中配流盘导致的流量损失和转矩损失。

4）模型对比分析

因为流量与负载转速 n_L 成正比，转矩与负载压力 p_L 成正比，对比分析流量、转矩阶跃激励下，柱塞马达简化模型和全耦合模型动态响应结果，如图 3.8 所示。其中，图 3.8（a）为控制负载转速 n_L 为 800r/min，调整负载将系统压力 p_L 从 11MPa 阶跃至 17MPa 时，系统高压腔压力 p_{high} 及主轴转速 n_m 响应。图 3.8（b）为控制系统压力 p_L 为 14MPa，调整负载转速 n_L 从 600r/min 阶跃至 1000r/min，系统高压腔压力 p_{high} 及主轴转速 n_m 动态响应。

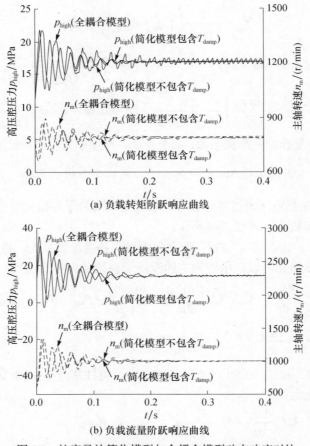

(a) 负载转矩阶跃响应曲线

(b) 负载流量阶跃响应曲线

图 3.8　柱塞马达简化模型与全耦合模型动态响应对比

对比分析结果显示，简化模型动态响应变化趋势与全耦合模型吻合较好，特别是在稳定状态下，但是简化模型固有频率略高于全耦合模型，分析其原因主要在于简化模型忽略了各柱塞腔液容，柱塞腔液容的存在势必降低全耦合模型动态刚度。另外，由于缺少了柱塞腔压力特性方程，简化模型不再有分析柱塞马达压力脉动与转速波动的能力。

为了揭示配流盘流量损失 Q_{damp} 和转矩损失 T_{damp} 对柱塞马达的阻尼作用，对比分析了包含与不包含 Q_{damp} 和 T_{damp} 的简化模型动态响应结果。可以看出，包含 Q_{damp} 和 T_{damp} 的简化模型与全耦合模型更为吻合，稳定状态下吻合程度更好；包含 Q_{damp} 和 T_{damp} 的简化模型阶跃响应振动幅值略小于不包含 Q_{damp} 和 T_{damp} 的简化模型。

上述分析结果表明，简化模型同样可以反映柱塞马达能量损耗情况，揭示机液耦合动力学特性。

3. 液压泵

同理，可将柱塞泵主轴-缸体动力学模型降维简化为

$$
\begin{aligned}
\lambda_{\mathrm{J}} J_{\mathrm{p}} \frac{\mathrm{d}\omega_{\mathrm{p}}}{\mathrm{d}t} = &\ T_{\mathrm{d}} - \frac{V_{\mathrm{p}}}{2\pi}(p_{\mathrm{high}} - p_{\mathrm{low}}) - R_{\mathrm{f}}\omega_{\mathrm{p}} \\
&\ - f_{\mathrm{psv}}\frac{V_{\mathrm{p}}}{2\pi}(p_{\mathrm{high}} + p_{\mathrm{low}})\mathrm{sign}(\omega_{\mathrm{p}}) - T_{\mathrm{fvk}} - T_{\mathrm{damp}}
\end{aligned}
\tag{3.53}
$$

将柱塞泵-油腔-配流子系统动力学模型降维简化为

$$
\frac{V_{\mathrm{h0}}}{\beta}\frac{dp_{\mathrm{high}}}{\mathrm{d}t} = \frac{\omega_{\mathrm{p}}}{2\pi}V_{\mathrm{p}} - \frac{\omega_{\mathrm{p}}}{2\pi}\frac{N}{\beta}V_{\mathrm{T}}(p_{\mathrm{high}} - p_{\mathrm{low}}) - Q_{\mathrm{p}} - \bar{Q}_{\mathrm{l}} - Q_{\mathrm{damp}}
\tag{3.54}
$$

式中，$\bar{Q}_{\mathrm{l}} = N\bar{Q}_{\mathrm{lcs}} + \dfrac{p_{\mathrm{high}}}{R_{\mathrm{lv}}}$。

集中式（3.15）、式（3.16）、式（3.19）以及式（3.51）～式（3.54）可构建机电液系统全局动力学模型。

3.2.3　系统非线性参数数学模型

1. 有效体积弹性模量

油液特性是影响液压系统性能的重要因素之一，其中油液的有效体积弹性模量受系统油液压力、温度以及含气量的影响强烈[7]。有研究表明：系统在低压段，油液的有效体积弹性模量呈较为显著的非线性，且随着油液含气量的改变，变化较大[8]。为充分考虑油液有效体积弹性模量随含气量、系统压力的变化规律，选取经实验验证的 IFAS 模型对机电液系统的数学模型进行修正[9]，如式（3.55）所示。

$$\beta(P,\alpha) = \frac{(1-\alpha)\left(1+\dfrac{m\cdot(P-P_{\text{init}})}{\beta_0}\right)^{-\frac{1}{m}} + \alpha\left(\dfrac{P_{\text{init}}}{P}\right)^{\frac{1}{\kappa}}}{\dfrac{1}{\beta_0}(1-\alpha)\left(1+\dfrac{m\cdot(P-P_{\text{init}})}{\beta_0}\right)^{-\frac{m+1}{m}} + \dfrac{\alpha}{\kappa\cdot P_0}\left(\dfrac{P_{\text{init}}}{P}\right)^{\frac{\kappa+1}{\kappa}}} \tag{3.55}$$

式中，α 为初始压力时的含气量；P_{init} 为初始压力；P 为绝对压力；m 为压力相关系数；κ 为气体多变常数；β_0 为体积弹性模量常数。

取 $m=11.4$，$\kappa=1.4$，$\beta_0=1550\text{MPa}$，由式（3.55）可得油液有效体积弹性模量随系统压力和含气量的变化曲线，如图 3.9 所示。当油液的含气量一定时，油液有效体积弹性模量随负载增大而增大，且在低压段以非线性规律急剧增大，在中高压段，变化平缓；当油液的含气量增大时，相同压力时的有效体积弹性模量降低，且在非线性段区域内变化较大。

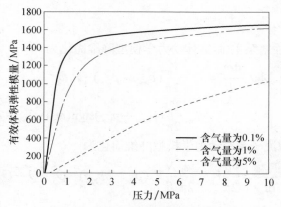

图 3.9　有效体积弹性模量变化曲线

在石油中，含气量一般在 5%～10%，而温度对于石油的气体溶解度影响小于 2%。液压系统工作过程中，回油冲击、泄漏等导致液压油的含气量上升，一般在 10%左右。油液的含气量过大，会对油液的弹性模量造成影响，降低液压系统的稳定性，加剧气穴的产生；影响油液的黏度，造成液压系统的异常温升，使油液氧化变质；产生"爬行"现象，缩短其使用寿命。

2. 非线性摩擦力

摩擦作为典型的复杂非线性现象，对系统的性能产生重要影响，会使系统出现低速稳定性、振动、爬行、稳态误差等现象。目前研究摩擦的模型较多，主要可分为[10]：①静态摩擦模型，如库伦模型、库伦+黏性模型、Stribeck 摩擦模型等；②动态摩擦模型，如 Dahl 模型、Bliman-Sorined 模型、Leuven 模型等。假设静摩擦阶段各元件的接触界面间无相对运动，则选择静摩擦模型对系统的非线性摩擦力进行描述。研究表明，Stribeck 摩擦模型能够较好刻画机械系统摩擦与速度之间的关系[11]，因此，选取 Stribeck 摩擦模型对机电液系统的数学模型进行修正，如式（3.56）和式（3.57）所示[11]。

$$T_f = \begin{cases} T(\omega), & \omega \neq 0 \\ T_d \, \mathrm{sgn}(T_d), & \omega = 0, \quad |T_d| < T_j \\ T_j \, \mathrm{sgn}(T_d), & \omega = 0, \quad |T_d| \geqslant T_j \end{cases} \tag{3.56}$$

$$T(\omega) = \mathrm{sgn}(\omega)\left[T_k + (T_j - T_k)\exp\left(-\frac{\omega}{\omega_s}\right)^{\tau} \right] + B\omega \tag{3.57}$$

式中，T_d 为驱动转矩；T_j 为最大静摩擦转矩；T_k 为库伦摩擦转矩；ω_s 为 Stribeck 角速度；B 为黏滞摩擦系数；τ 为经验参数，一般在 0.5～2 取值。

图 3.10 为 Stribeck 摩擦曲线，用于描述摩擦转矩与角速度之间的关系。

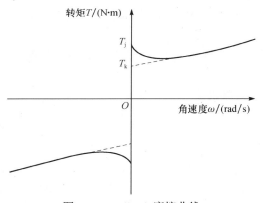

图 3.10　Stribeck 摩擦曲线

机械系统克服最大摩擦转矩后，摩擦力矩不连续下降，在低速段随转速增大而减小，呈现 Stribeck 效应；当转速继续增大时，摩擦转矩随转速线性增大。

3. 液压油的黏温、黏压特性

液压系统的泄漏对系统效率、振动以及稳定性等有很大影响，而液压油动力黏度对泄漏有很大影响。液压油动力黏度受温度、压力影响较大，比较准确反映液压油动力黏度随温度和压力变化规律的是 Roeland 公式，46 号液压油黏度随压力和温度变化规律为[12]

$$\mu(P,T) = 0.0457\exp\left\{6.58\times\left[(1+5.1\times10^{-9}P)^{2.3\times10^{-8}}\times\left(\frac{T+135.15}{303-138}\right)^{-1.16} - 1\right]\right\} \tag{3.58}$$

　　由式（3.58）可得 46 号液压油的黏温、黏压特性的变化规律，如图 3.11 所示。液压油黏度随着压力的上升而升高，但整体变化较小；随着温度降低而增加，黏度随温度变化的非线性特征明显。

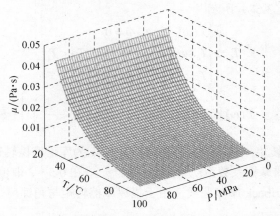

图 3.11　液压油黏度随温度与压力变化规律

3.3　变环境工况下机电液系统仿真分析

3.3.1　仿真模型及参变数设置

　　在 MATLAB/Simulink 环境下构建如图 3.12 所示的机电液系统全局模型。仿真参数如下。

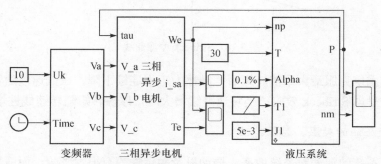

图 3.12　机电液系统 MATLAB/Simulink 仿真模型

　　（1）电机参数：J=0.12kg·m^2，p_n=2，R_s=1.85Ω，R_r=5.7Ω，L_s=0.2941H，L_m=0.2838H，L_r=0.2898H；

　　（2）液压系统参数：K_m=1500N·m/rad，V_m=11mL/r，J_p=0.08kg·m^2，V_p=11mL/r，t=50℃，t_0=30℃，V_{h0}=4.25×10^{4}m^3，μ_{to}=0.02592N·s/m^2，λ=−0.0427；

（3）负载参数：K_l=700N·m/rad，J_l=0.01kg·m^2，B_l=0.04N·m/(rad/s)；

（4）非线性因素：β_0=1550MPa，m=11.4，k=1.4，P_{init}=1bar(1bar=10^{5}Pa)，a=0.1%，T_j=10N·m，T_k=7.5N·m，ω_s=5rad/s，B=0.041N·m/(rad/s)，τ=0.8。

3.3.2　变转速工况

设置负载信号输入为 10N·m，负载转动惯量为 5×10^{-3}kg·m^2，油液温度和含气量分别为 30℃和 0.1%，通过改变变频器控制电压，实现电机的变转速控制。当电机转速分别为 300r/min、600r/min、900r/min、1200r/min 及额定值 1400r/min 时，可得变转速工况下，系统功率、输出转速及压力的变化曲线，如图 3.13 所示。

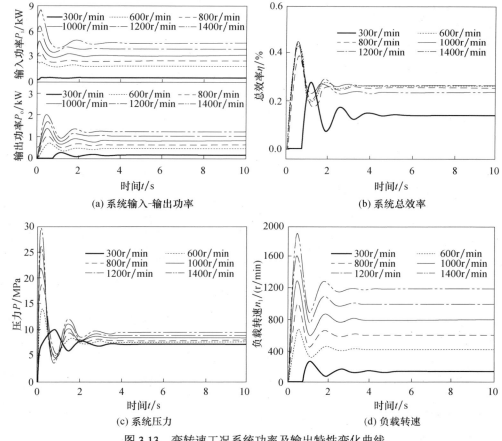

图 3.13　变转速工况系统功率及输出特性变化曲线

由图 3.14（a）可知，系统在启动阶段因油液体积弹性模量较低，且受到非线性摩擦力的影响，由图 3.13（a）可知系统输入功率、输出功率存在波动。随着启动转速的增大，系统摩擦力矩变化"离开"非线性区，油液体积弹性模量趋于定值，输入-输出功率逐渐收敛，且启动转速越大，收敛速度越快；由图 3.13（b）可知，随电机启动转速的升高，尤其以高转速启动时，系统输入功率充沛，系统效率增加；由图 3.13（c）、（d）可知，变转速工况下，系统运行伴随着输出转速、压力的大幅波动，尤其在低转速段（电机转速小于 600r/min）时，波动幅值较大，随着启动转速的增大，系统压力、输出转速逐渐收敛，且转速越高，收敛速度越快，低速时受系统摩擦转矩和泄漏的影响，液压马达运行不稳定。

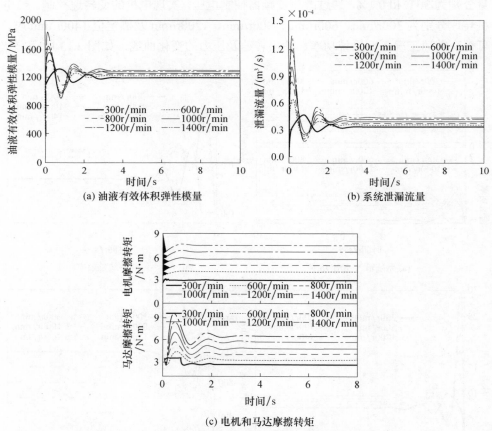

(a) 油液有效体积弹性模量　　　　　　(b) 系统泄漏流量

(c) 电机和马达摩擦转矩

图 3.14　变转速工况系统内部参数变化曲线

3.3.3　变负载工况

设置电机转速为额定值 1400r/min，初始负载为 10N·m，负载转动惯量为 5×10^{-3}kg·m²，油液温度和含气量分别为 30℃ 和 0.1%，当变负载信号分别输入 20N·m、30N·m、40N·m 时，可得变负载工况下，系统功率、输出转速及系统压力的变化曲线，如图 3.15 所示。

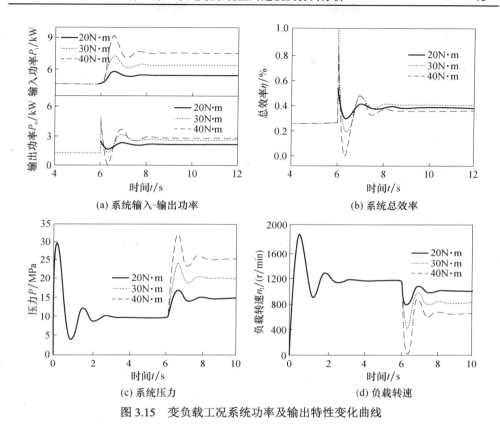

(a) 系统输入-输出功率　　　　　　(b) 系统总效率

(c) 系统压力　　　　　　(d) 负载转速

图 3.15　变负载工况系统功率及输出特性变化曲线

　　如图 3.15（a）所示，系统在冲击载荷作用下，由于油液体积弹性模量的作用，输入及输出功率波动。随负载增大，负载转速降低，摩擦力矩减小，功率波动加剧，且收敛速度变慢；由图 3.15（b）可知，系统受重载冲击时（30N·m），对功率的需求瞬时增加。由图 3.16（b）、（c）可知，随负载增大，系统输入功率增大，虽然液压泄漏损失增大，但各子系统转速降低，摩擦力矩减小，功率的机械损失减小。由图 3.15（c）、（d）可知，变负载工况下，系统的运行伴随着压力及输出转速波动。负载越大，各子系统转速越低，摩擦力矩越小，压力及输出转速波动越剧烈，且收敛速度越慢。

　　综合以上的仿真结果可知，机电液系统在转速突变或受冲击载荷时，由于系统刚度、油液体积弹性模量及非线性摩擦力等因素的影响，输入-输出功率出现振荡，尤其在低速重载工况下，呈现输入功率无法满足负载功率需要的现象。此外，系统输出转速与摩擦力矩相关，是系统运行过程中的重要参量，在小于 600r/min 时，输出转速越低，使系统内部参量在非线性区变化，引起输出特性振荡；在大于 1200r/min 时，输出转速越高，摩擦力矩增大。

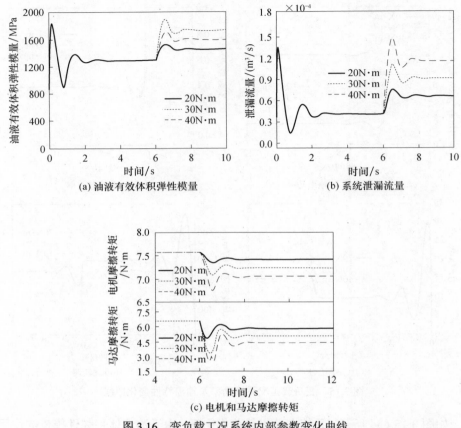

图 3.16　变负载工况系统内部参数变化曲线

3.3.4　变参量工况

　　机电液系统中有许多自身的结构参数和受环境工况影响的参变量,从 3.3.2 小节和 3.3.3 小节的仿真分析中可以看出,机电液系统运行工况的改变影响着这些参变量,同时这些参变量也影响着机电液系统的性能,只有了解这些参变量的变化对系统的作用规律才可以采取相应的对策提高系统动、静态性能。在对系统进行仿真时,采用控制变量法,分别对油液温度、负载转动惯量以及油液含气量变化对系统性能影响进行研究。

1. 油液温度的影响

　　设定电机转速为 1400r/min,油液含气量为 0.1%,负载大小为 10N·m,负载转动惯量 $5 \times 10^{-3} kg \cdot m^2$,在油液温度分别为 30℃、40℃、50℃下进行仿真得到的曲线如图 3.17 所示。

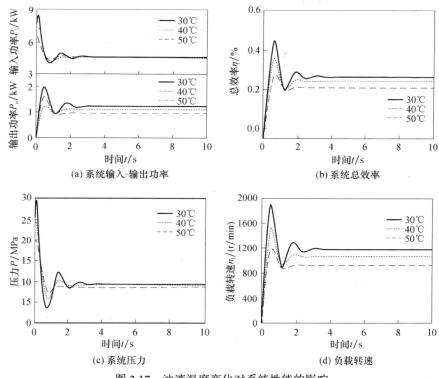

图 3.17　油液温度变化对系统性能的影响

从图 3.17 中可以看出：随着油液温度升高，液压马达死区变长，转速响应变慢，但超调量变小，转速变化更为平缓同时稳态值有较大幅度的减小；观察系统压力发现，压力响应时间基本相同，但压力超调量变小，调整时间变短，稳态值基本不变。温度对油液的黏度和有效体积弹性模量都有比较明显的影响，温度升高使油液黏度降低，系统泄漏增加，马达转速有较大的掉落，工作效率降低。因此，在实际工程中，要尽量将液压系统的温度控制在适合液压设备运行的温度区间内。

2. 负载转动惯量的影响

设定电机转速为 1400r/min，油液含气量为 0.1%，负载大小为 10N·m，油液温度为 30℃，在负载转动惯量分别为 $5 \times 10^{-3} \mathrm{kg \cdot m^2}$、$6 \times 10^{-3} \mathrm{kg \cdot m^2}$、$7 \times 10^{-3} \mathrm{kg \cdot m^2}$ 下进行仿真，得到的曲线如图 3.18 所示。

从图 3.18 中可以看出：负载转动惯量的变化主要会影响系统的稳定性，对马达转速和系统压力的稳态值影响较小。转动惯量增加，马达转速超调量减小，但响应速度变慢，系统压力超调量增加。增加负载惯量可以减小转速波动程度，但在系统启动和停止阶段会使压力产生较大的冲击，因此过大的转动惯量对系统是

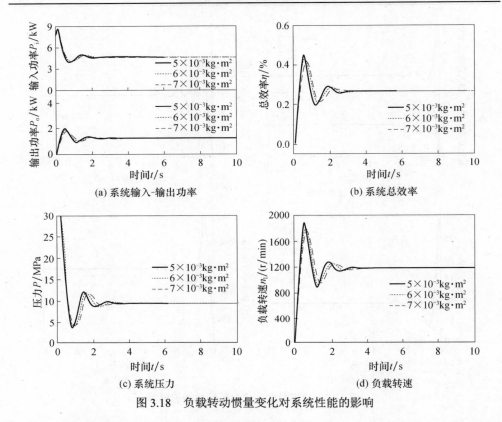

图 3.18　负载转动惯量变化对系统性能的影响

不利的。合适的转动惯量对于系统获得良好的动态性能是十分必要的。

3. 油液含气量的影响

设定电机转速为 1400r/min，负载大小为 10N·m，负载转动惯量为 $5×10^{-3}$kg·m²，油液温度为 30℃，在油液含气量分别为 0.1%、0.3%、0.5%下仿真得到的曲线如图 3.19 所示。

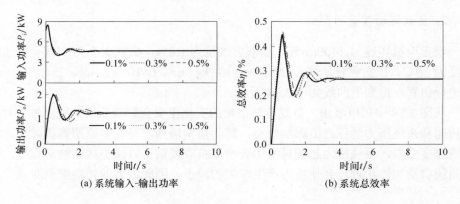

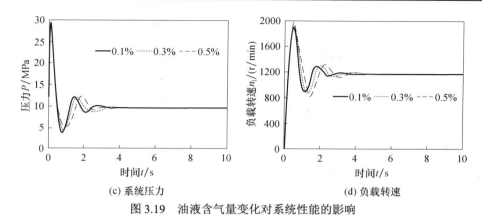

(c) 系统压力　　　　　　　　　　　　　(d) 负载转速

图 3.19　油液含气量变化对系统性能的影响

　　从图 3.19 中可以看出：油液含气量的变化对系统性能有明显的影响。随着油液含气量增加，马达启动时间变长，马达转速和系统压力的超调量增加，系统调节时间变长，动态特性变差，稳定性降低，但对马达转速和系统压力的稳态值影响较小。油液含气量对油液体积弹性模量有着重要的影响。含气量增大导致油液可压缩性增大，系统启动时随着压力不断增大，油液被迅速压缩，使系统产生震荡，并且加剧气穴的产生；影响油液的黏度，造成液压系统的异常温升，使油液氧化变质；产生"爬行"现象，缩短其使用寿命。因此在实际工作中，需严格控制油液含气量以保证系统安全高效工作。

3.4　本　章　小　结

　　以泵控马达机电液系统简化模型为研究对象，充分考虑系统的刚度、油液有效体积弹性模量、非线性摩擦力的影响，结合各子系统的动力学方程，构建了泵控马达机电液系统多刚度非线性数学模型。以动力学模型为驱动，进行了变油液温度、变负载端转动惯量和变油液含气量的仿真分析，得到以下结论：

　　（1）机电液系统运行过程复杂，多能域参变量的非线性变化对系统的能量转换及输出特性产生影响，鉴于系统多能域耦合的特点，应从能量流角度出发，对系统的功率分布及多域能量转换机制进行研究。

　　（2）系统在转速突变或受冲击载荷时，由于系统刚度、油液体积弹性模量及非线性摩擦力等因素的影响，输入-输出功率出现振荡，尤其在低速重载工况下，呈现输入功率无法满足负载功率需要的现象，输入-输出功率出现不匹配。

　　（3）系统输出转速与摩擦力矩相关，是系统运行过程中的重要参量，在小于 600r/min 时，输出转速越低，使系统内部参量在非线性区变化，引起输出特性振荡；在大于 1200r/min 时，输出转速越高，摩擦力矩越大。

　　（4）由于油液体积弹性模量、含气量以及摩擦系数受系统工作转速和压力影响，机电液系统的性能和效率由工作转速和压力决定。

参 考 文 献

[1]　BEMIADDADI M, TOUHAMI O, OLIVIERr G. Iron core losses impact in induction motor vector control [C]. IEEE Conference on Electrical and Computer Engineering, Waterloo, Ontario, 1998: 782-785.

[2]　LEVI E. Impact of iron loss on behavior of vector controlled induction machines [J]. IEEE Transactions on Industry Applications, 1995, 31(6): 1287-1296.

[3]　汤蕴璆,史乃.电机学[M].北京：机械工业出版社,2005.

[4]　YAMAGUCHI A. Studies on the characteristics of axial plunger pumps and motors: 2nd report, ripples in oil hydraulic systems composed of the pump and the motor[J]. Bulletin of Japan Society of Mechanical Engineers, 1966, 9(34): 314-327.

[5]　NOAH D. The torque on the input shaft of an axial piston swash plate type hydrostatic pump[J]. Journal of Dynamic Systems, Measurement and Control, 1998, 120(1): 57-62.

[6]　WANG S. Novel piston pressure carryover for dynamic analysis and designs of the axial piston pump[J]. Journal of Dynamic Systems, Measurement and Control, 2013, 135(2): 024504-1-7.

[7]　DASGUPTA K. Analysis of a hydrostatic transmission system using low speed high torque motor[J]. Mechanism and Machine Theory, 2000, 35(10): 1481-1499.

[8]　CHO B H, LEE H W, OH J S. Estimation technique of air content in automatic transmission fluid by measuring effective bulk modulus[J]. International Journal of Automotive Technology, 2002, 3(2): 57-61.

[9]　KIM S, MURRENHOFF H. Measurement of effective bulk modulus for hydraulic oil at low pressure [J]. Journal of Fluids Engineering, 2012, 134(2): 021201.

[10]　刘丽兰,刘宏昭,吴子英,等.机械系统中摩擦模型的研究进展[J].力学进展,2008,38(2):201-213.

[11]　LI C B, PAVELESCU D. The friction-speed relation and its influence on the critical velocity of stick-slip motion [J]. Wear, 1982, 82(3): 277-289.

[12]　ROELANDS C J A, VLUGTER J C, WATERMAN H I. The Viscosity-Temperature-Pressure Relationship of Lubricating Oils and Its Correlation with Chemical Constitution[J]. Journal of Fluids Engineering, 1963, 85(4): 601.

第4章 机电液系统实验平台设计及应用

4.1 概　　述

现代机械工程学科的内涵是以自然科学为基础，研究工业应用的复杂系统与制造过程的结构组成、能量传递与转换、构件与产品的几何及物理演变、系统与过程的调控、功能形成与运行可靠性等；用理论仿真与实验求证相结合的过程构造复杂系统设计与制造工程中共性和核心技术的基本原理和方法是其主要研究特点[1]。因此，机电液系统实验平台建设应充分考虑本学科的研究内容和特点，让研究者在平台上实践复杂系统的功能生成与多物理过程耦合机制，寻找和发现复杂机电系统集成、融合与演变过程的规律，特别是从系统科学的角度去研究"融合集成效应"，为创造功能极端强化、技术性能趋于极限的机电装备提供系统集成设计的科学理论与方法。机电液系统客观上以装备形式存在，因此，有实效的研究应该结合典型装备，体现出复杂系统设计与制造工程中某些共性科学问题以及核心技术的综合特性；实验平台的建设还要面向国家经济建设与社会发展中的重要装备，如空天运载工具、高速列车、大型舰船、连铸连轧机、工程车辆、机器人、数控机床、电子制造装备以及火、水、核电机组等，并从中提炼出共性理论与核心技术作为研究内容。

现代机电液系统研究的一般思路首先是对系统进行建模与仿真，即在建立能近似描述实际物理模型或数学模型的基础上，利用计算机进行运算和实验仿真，以此再现系统某些特性。这种利用计算机实现系统模型仿真的过程称为计算机仿真实验。建立的模型应能准确地反映实际系统的各种动、静态特性，且具有一定的鲁棒性要求，如果不满足要求，还将进行模型有效性验证以及相应的修正。因此，仿真实验完成后还要进行实际实验验证。仿真实验可以说是实际实验的初期理论探索，而实际试验又是对仿真实验的验证，二者的关系是相辅相成的。

模型的有效性是在模型发展的校核、验证及模型最终确认每个阶段反复进行验证的。概括地讲，模型校核是一个过程，在这个过程中要检查和确定计算模型是否可信以及是否准确地表达了理论模型（数学模型和物理模型）。模型验证是以建模目的为依据，检验模型能否准确地代表实际系统，有两个方面的含义：一是检查理论模型（数学模型和物理模型）是否正确地描述了实际系统；二是考察模型输出是否充分接近实际系统的行为。模型验证的目的不是使模型与实际系统完全一致，而是对实际系统的逼近，因此让模型百分之百地复现真实系统的行为是不可能的，也是不必要的。有效性是仿真技术的关键指标，缺乏足够有效性的仿真是没有意义的。针对研究内容并结合工程实际建立的实验平台可以对建模过程以及仿真结果进行标定和验证，让仿真更可信，有效避免模型、实验、实物之间的不确定因素带来的影响，能最大限度地保证模型的准确性。

　　针对目前机械电子工程专业研究生教学及科研训练培养过程中，系统建模与仿真脱离实际、实验验证环节缺乏且系统性不强等问题，以机电液系统动力学正反问题研究为主线，突出系统建模、测试、诊断与控制方法的综合应用，引入变转速电机驱动和电液模拟加载等新技术，研制变转速液压泵控马达系统测试、诊断与控制综合实验平台，提出以专业领域基础理论为主线构建突出专业核心技术综合实验平台的设计理念，把国内外研究动态以及科学方法融入实验平台。最后，通过一系列相关研究内容说明实验平台的功能特点；用研究成果证明以专业领域基础理论为主线构建突出专业核心技术综合实验平台的可行性和实用性[2]。

4.2　实验平台设计

　　在现代大型机电装备不断追求高效率、高精度、高品质和极限功能的进程中，催生了一系列结构复杂、工况极端、信息融通、高效节能和精确稳定的机电液系统。未来的机电液系统将不断提升多学科知识融合、高新技术集成的水平。科学地从系统角度对机电液系统进行设计、研发，需要设计人员精确掌握制造过程和装备运行中的自然科学规律，并从科学的意义上实现更有深度的数字化设计制造，从而实现制造尺度精度与服役品质的跨越。第2章和第3章的建模与仿真分析了机电液系统的功能生成与运行参数间的耦合机制，因此，寻找和发现系统集成、融合与演变过程的规律，特别是从系统科学的角度去研究融合集成效应——动能刚度的产生机理以及变化规律，为创造功能极端强化、技术性能趋于极限的机电装备提供系统集成设计的科学理论与方法，是实验环境是平台设计的首要目的。

4.2.1　总体方案设计

　　1. 设计目标

　　（1）可体现出复杂系统设计与制造工程中某些共性科学问题以及核心技术的综合特性。

　　（2）在机、电、液多物理场耦合生成的过程中，寻找和发现：极端工况下，机电液系统信息融合与演变过程的规律以及高效节能和精确稳定的集成设计方法。

　　（3）模拟机电液系统的典型和极端工况，追求高效率、高精度、高品质和极限功能实验时，观测机电液系统多域参数耦合特性、动能刚度效应以及对输出转速和功率波动的影响机理。

（4）能充分体现机电系统综合性、交叉性和设计性特点，适合开展研讨式学习和案例启发式教学及科学实验活动。

2. 设计方案

机电液系统的本质是"物质流-能量流-信息流"的有机结合，为详细分析物质流的变化规律（关键运行参数变化规律），采用子系统模块化的设计结构，配以测控系统以体现全局系统一体化，实验平台基本构成及耦合关系如图 4.1 所示，使实验装置可反映机电液装备的基本规律。

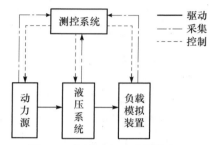

图 4.1　实验平台子系统构成及耦合关系

3. 子系统模块化设计

将实验系统划分为功能和结构两个相对独立的子系统，这样易于将子系统模型化、系列化、标准化，便于后期系统全局的优化和拓展。更重要的是，平台主要应用于实验室环境下，在对系统全局一体化设计研究的同时，还要对各子系统在实际应用中所表现出的科学问题进行实验模拟，模块结构及功能需要具有普遍性和可操作性。因此，子系统必须具备以下功能：

1）数据采集及测控功能

通过传感器、调理电路及数据采集卡，分别对电气、机械和液压参量等运行状态物理量进行监测并存储至主机，能够在线或离线对数据进行滤波、转换及必要的信号处理，实现运行状态参数的实时检测和反馈控制。通过计算机及控制元件能够对动力源和加载系统进行实时控制，实现自适应驱动和数字化加载。

2）工况模拟功能

机电液系统的动态特性受其内部参数的影响，对不同工况的响应也有所不同。为了模拟实际作业环境下的典型工况及极端工况，系统必须能够模拟符合实际工况的载荷形式，以便研究不同工况下电、液、机子系统的动态响应特性对系统全局的影响。因此，平台要能模拟出稳态、斜坡、正弦周期加载等典型负荷工况，还要能模拟阶跃、冲击、打滑以及极高、极低速运行等极端工况。

3）建模仿真功能

机电设备运行状态下故障建模和性能演化机理是多能量域参数的综合，需要用系统动力学理论揭示多物理场耦合作用下能量流对油液的作用原理与演变规律；实验系统动力学模型的建立既可以用于设备典型工况的故障机理分析，也适用于极端工况下设备早期故障演化机理的仿真模拟。

4）故障模拟功能

机电液系统在服役期间的故障大都是逐步演化的，为了辨识故障产生过程中系统参变量所反映出的信息特征，需要人为的模拟一些故障，如异步电机断条及匝间短路、转子不平衡及不对中、泵泄漏等。故障模拟实验应为系统运行状态监测及故障诊断研究提供大数据积累。

5）功能拓展

实验平台划分为机械系统总成、液压系统总成及电控系统、测控系统、面向大数据和人工智能的拓展系统 5 个标准模块，可以完成：机电液一体化、多能量域系统耦合特性、变转速机电系统性能退化机理、动能刚度原理、机电系统故障诊断及运行可靠性等方向的开放性实验，并具有学科的综合性、交叉性和前沿性特点。面对互联网、大数据、人工智能的发展趋势，可以根据人才培养、社会服务、学科建设以及培育学科新方向的需要进行功能拓展。

4.2.2　结构原理设计

经国内外调研、仿真论证，优选了大型机电装备中常见的变转速液压泵控马达原理作为实验平台的设计方案理论基础。以电机变转速驱动液压泵作为动力源，通过压力油控制马达及其负载的运动，其运动行为不仅与系统结构有关，而且受负载工况的影响。实验装置利用电液控制和磁粉制动器两种方式模拟典型和极端负载工况，并将在线测量系统的动力以及运动信息，反馈给控制器，实现马达（或油缸）拖动负载的运动模式。实验装置通过模拟变转速液压泵控马达系统的结构、功能和行为之间的动态关系、影响机理，寻求较优的系统结构和功能，用实测的实验数据验证建模和仿真结果；还可以针对变转速机电液系统动力学正反问题开展基础性科学研究。其原理如图 4.2 所示。实验平台实物图如图 4.3 所示。

按系统功能将实验平台的结构设计成以下 4 个相对独立的总成模块，各模块布置如图 4.4 所示。

（1）动力源总成模块，包括电机、液压泵、不平衡和不对中故障模拟装置，以及相应的多能量域动力学参数测试：如转速与转矩，电压与电流，压力与流量，振动与噪声，温度与黏度。为了能方便、可靠地获取到动力源外特性、伺服控制算法、故障机理、运行状态监测及可靠性研究方面的实验数据，既要考虑模块在系统全局的关联性，又要考虑到模块换装及操作方便，故采用了可浮动式滑道结构。电机和液压泵通过柔性联轴器相连，分别安装在两块滑块上，滑块与滑道通过螺栓固定，此种结构设计可以保障电机与泵的不对中故障定量模拟。通过微调装置可分别定量形成泵与电机间的角度不对中、平行不对中及混合不对中，这些常见故障模拟可通过厂家定制完成。

（2）液压传动系统模块，包括压力、流量、方向控制阀，流量、压力以及温度传感器，油液污染报警装置和蓄能器等。液压传动系统设计的原则是在保证系统功能完善的基础上，研究流体参数对机电液系统性能的影响。模块除了具有流量、压力及温度传感器等监测装置之外，还要能对液压系统的部分参数进行改变，如油温可通过加热器进行升温或通过调节冷却器功率降低温度；可通过设置不同长度的软管对液压系统中沿程阻力进行实验对比分析，并通过在管路上设置应变片对系统压力的波动进行实验分析；可在液压传动系统中设置蓄能器，研究在动力不足或载荷突变工况下蓄能器的匹配方法。

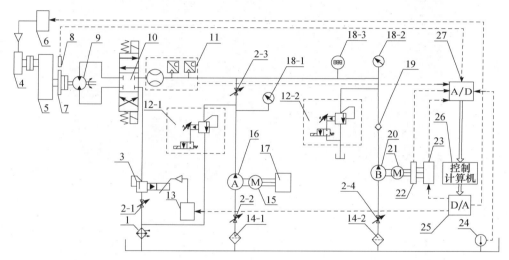

1-散热器； 2-1、2-2、2-3、2-4-截止阀；3-比例溢流阀；4-磁粉制动器；5-减速箱；6-电流变换器；7-测速齿盘； 8-磁电式转速传感器；9-柱塞马达；10-电液换向阀；11-压力、流量、温度组合传感器；12-1、12-2-电磁溢流阀；13-比例溢流阀控制器；14-1、14-2-过滤器；15-永磁电机/变频异步电机；16-齿轮泵；17-伺服控制器/通用变频器；18-1、18-2-机械式压力表；18-3-数字压力变送器；19-单向阀；20-齿轮/柱塞泵；21-永磁电机；22-霍尔电压、电流传感器；23-伺服控制器；24-温度传感器；25-D/A转换器；26-控制计算机；27-A/D转换器

图 4.2 实验平台液压系统原理图

图 4.3 实验平台实物图

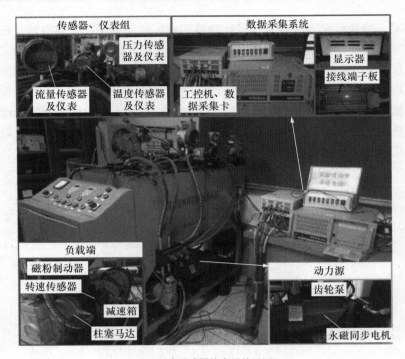

(a) 平台总成模块布置外观图

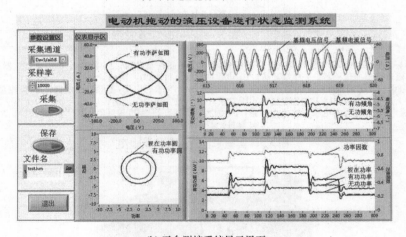

(b) 平台测控系统显示界面

图 4.4　实验平台功能结构及各子系统布置

（3）负载工况模拟装置，包括电磁比例溢流阀、磁粉制动器、惯量盘加载元件等。能模拟机电设备在阶跃、斜坡、正弦等工况下的载荷谱，利用加载装置测试液压泵和马达在典型工况激励下的输出特性；对比两种加载方式的静态和动态响应特性；通过在液压马达输出轴上增减惯性轮模拟负载惯量，研究不同载荷工况时负载转动惯量变化对马达输出转速波动的影响。通过实验条件的改变以及实际工况的模拟，用理论仿真与实验求证相结合的过程分析泵控马达系统中耦合界面的动力学现象以及不确定参数对系统性能退化及运行可靠性的影响机理。

负载工况模拟装置以极端工况模拟为主要设计目标，能够使系统按照设定的极端工况运行，追求设计工况与实际工况差异最小。负载模拟装置基本工作原理如图 4.2 所示：①电磁比例溢流阀接入液压系统回油油路，通过工控机所设定的电流-压力变化曲线，利用控制板卡输出的电流信号改变电磁比例溢流阀的开启压力，使液压系统产生负载压力，可实现对多种典型工况的模拟，如溢流、冲击、斜坡加载、减载、正弦等工况，也可对实际压力进行模拟，如注塑机、轧机的实际工况。②磁粉制动器及惯性装置，通过两个滑块安装在系统底板上，磁粉制动器利用贯穿轴将马达及惯性装置相连，且可与马达自由组合。磁粉制动器通过工控机主程序控制其制动力大小，可模拟系统极端工况，如紧急启停、打滑、爬行等低速重载设备的实际工况。

（4）多源参数测控模块，包括电控柜、工控机、采集板卡、变频器、控制板卡，放大电路板及配套软件。

测控系统主要分为两个部分，第一部分是工控机的信号采集及控制系统，利用 LabVIEW 自带的测控软件，配以采集板卡及控制板卡，对系统的多源传感器输出信号进行采集，并形成闭环或开环控制，以达到不同的控制目的；第二部分是对电控器件进行供配电及逻辑控制的 PLC 控制器。

模块化设计过程中，先进行总成模块设计，随着研究内容的不断深入，逐步完善和扩充模块库。例如，动力源总成模块可以由电机拖动齿轮泵变化到电机拖柱塞泵总成模块，通过变转速与变排量技术比较系统流量控制性能；载荷模拟机构总成可以由电磁比例溢流阀加载切换到磁粉制动器加惯量装置总成模块，分析载荷模拟方法的静动态特性。如图 4.4 所示，实验平台采用模块化开放式结构，实验者可以根据需要快速拆装模块总成组合，动力源输出、加载方式、参数设置、实验数据存储以及结果输出可以通过人机对话方式全部由计算机完成，能体现出复杂系统设计与制造工程中某些共性科学问题以及核心技术的综合特性。

4.3　实验平台工作原理及功能

4.3.1　实验平台工作原理

如图 4.2 所示，实验平台采用了双动力源供油形式，其中元件 15、16、17 组成 2.2kW 小功率永磁伺服同步电机驱动齿轮泵液压动力系统，为了与传统的变频异步电机驱动系统进行性能比较，实验中可将永磁电机 15、伺服控制器 17 换成变频异步电机和通用变频器，用于系统效率、节能特性、响应速度、流量闭环控制特性对比性实验研究；20、21、23 组成 11kW 电机驱动柱塞泵液压动力系统，用于恒功率、恒转矩、恒流量以及负载匹配特性实验研究。测量仪表主要有数字温度变送器、数字压力变送器，为了增强测量的准确性和稳定性，提高测量系统的抗干扰能力，增加了高精度压力传感器、流量传感器、转速传感器、振动传感器、电压和电流传感器等。在测控方面通过上位机和 A/D 数据采集卡采集系统压力、温度、流量、电压、电流等实时信号，实现对电机转速的直接控制以及对系统载荷的模拟，另外还可根据上位机设定程序，实现系统流量、压力、功率等开环、闭环控制及流量、压力的间接测量。截止阀 2-1、2-2、2-3、2-4 有三个功能：①防止平台长期不使用或检修情况下油液倒流，4 个截止阀同时关闭，系统油液不外溢；②保障平台实现 A、B、AB 三种供油模式的自由切换；③通过 2-2、2-4 的开口控制使泵不充分吸油，以此可对油液中的含气量进行调节。

1）A 泵单独供油模式

图 4.2 中，A 泵 16 是齿轮定量泵，关闭截止阀 2-4，打开截止阀 2-1、2-2、2-3，此时液压系统完全由齿轮泵 16 单独供油。齿轮泵 16 提供的油液经过压力表 18、截止阀 2-3、组合传感器 11、电磁换向阀 10、马达 9、电磁比例溢流阀 3、截止阀 2-1、散热器 1 回油箱。电磁比例溢流阀 3 用来控制液压马达背压，模拟压力负载变化过程；电磁溢流阀 12-1 控制液压系统的安全压力。当电磁溢流阀 12-1 的 3DT 闭合得电时，液压系统加载，电磁溢流阀 12-1 起安全阀作用，控制液压系统的最高工作压力，这时无论电磁比例溢流阀 3 怎样模拟加载，系统压力都不可能大于电磁溢流阀 12-1 或 12-2 设定的安全压力。当 3DT 断开失电时，液压系统处于卸荷状态，这时无论怎样调节电磁比例溢流阀，系统压力都不会升高，保持在卸荷状态。

2）B 泵单独供油模式

图 4.2 中，B 泵 20 是齿轮泵（或柱塞泵），关闭截止阀 2-3，打开截止阀 2-1、2-4，此时液压系统完全由泵 20 供油。泵 20 提供的油液经过单向阀 19、压力表 18-2、组合传感器 11、电磁换向阀 10、液压马达 9、电磁比例溢流阀 3、截止阀 2-1、散热器 1 回油箱。其工作原理与 A 泵单独工作模式相同。

3）A、B 双泵同时供油模式

如图 4.2 所示，打开所有截止阀 2-1、2-2、2-3、2-4，此时液压系统由 A、B 双泵同时供油。电磁溢流阀 12-1 和 12-2 共同控制液压系统的加载和卸荷，只有当 12-1 的 3DT 和 12-2 的 4DT 同时闭合得电时，液压系统才能处于模拟加载状态，这时系统的最高压力由电磁溢流阀 12-1 和 12-2 设定的较小安全压力决定；

当 12-1 的 3DT 或 12-2 的 4DT 任一个断开失电时，液压系统会处于卸荷状态。使用 A、B 双泵同时供油模式可以进行多动力源匹配、故障特征提取、动能刚度在线检测等方面的实验分析，模拟加载原理与 A、B 泵单独供油模式相同。

4.3.2　工况载荷谱数字化模拟原理

负载模拟系统在工程领域通常被称为加载装置，加载装置如何按设定程序模拟机电系统一个工作循环内载荷谱的变化过程是领域研究热点。在实验室条件下利用软件编程模拟出不同设备在一个工作循环中接近实际工况的载荷谱，可以保障科学研究实验数据与仿真试验数据在相同的载荷条件下进行比较，不仅能数字化模拟出工程中难以复现的极端工况，还能保证实验数据的实时性、可重复性，降低实验过程中随机因素的影响。

图 4.2 中，先导式比例溢流阀 3 是模拟典型工况加载的关键元件。将比例元件引入加载系统中，通过电信号控制所加载荷大小，可以大幅提升和增强加载系统的加载精度和可操作性。通过压力、流量和温度组合传感器 11 测量加载系统工况实际载荷变化过程，经 A/D 转换器 27 后将数字信号反馈给控制计算机 26，控制计算机完成 PID 控制算法后发出指令，通过 D/A 转换器 25 输出模拟信号调节比例溢流阀 3，实现压力、流量和温度参数闭环控制。

通过比例溢流阀 3 的闭环控制可以实现液压马达 9 回油压力的阶跃、斜坡、连续冲击以及正弦周期变化规律的在线模拟；再通过伺服控制器 23 控制电机 21 的转速，即控制液压泵 20 的输出流量实时跟踪马达 9 的负载变化，这样，既可以通过对电机转速的伺服控制实现液压马达的恒转速、恒扭矩以及恒功率载荷形式，又可以通过对比例溢流阀的闭环控制模拟轧钢机、挖掘机、注塑机等具体机电液装备在一个工作循环内的载荷谱。详细工作原理请参考文献[3]～[5]。

4.3.3　检测与控制系统原理

实验平台的检测与控制系统的主要功能是完成对比例溢流阀（或磁粉制动器）加载系统和液压泵转速跟踪系统运行状态的在线检测以及伺服控制。测控系统通过上位机和数据采集卡采集系统压力、温度、流量、电压、电流等信息，实现对电机转速的直接控制和对系统的载荷模拟；还可根据上位机设定程序，实现系统流量、压力、功率等开环、闭环控制及流量、压力的间接测量。电气控制系统由驱动液压系统的电机（异步电机/永磁同步电机）、变频器/伺服控制器、比例溢流阀控制器等部分组成。测控系统主要功能如下：

（1）选用了异步电机和永磁同步电机两种动力源，可以通过切换动力源模块和载荷谱研究电机+液压泵+液压马达/油缸+载荷谱不同组合形式的匹配性能。每台电机都配备了单独的变频调速装置\伺服控制器，对电机的调速可以由内部指令设定，也可由外部模拟输入信号控制。

（2）具有比例溢流阀 3 和磁粉制动器 4（图 4.2）两种模拟加载模块。可以根据加载系统动力学特性匹配要求选择加载模块，通过调节溢流阀比例放大器的或磁粉制动器的控制信号，利用程序控制在线模拟机电装备的典型和极端工况，如阶跃、斜坡、正弦、冲击及实际设备载荷谱等，使机电液系统建模仿真、状态监测、故障诊断以及智能控制方面的研究效果接近实际工况实验结果[6]。

（3）配置了多种传感器，可以对包括电机电流、电压、系统流量、压力、温度、转速、振动在内的机、电、液参数进行在线测量，适合不同工况下多传感器信息融合以及系统动力学正反问题研究。

（4）各子系统均采用模块化设计和安装，可以有效保证实验数据的可靠性和可比性，实验装置的机动性和易维护性，实验方法及步骤的程序化和规范化。拓展后可以实现面向互联网、大数据以及人工智能的机电系统测控平台。

基于 LabVIEW 软件平台的计算机测控系统构成如图 4.5 所示，工控机测控系统原理框图如图 4.6 所示。

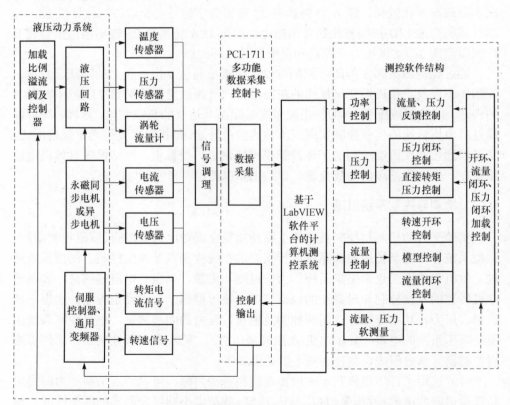

图 4.5　基于 LabVIEW 软件平台的计算机测控系统构成

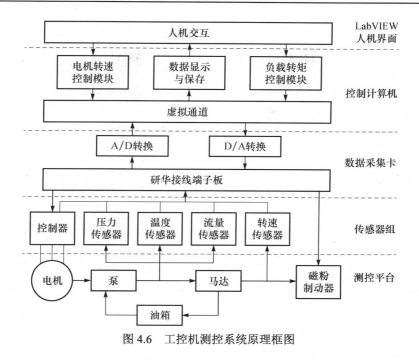

图 4.6　工控机测控系统原理框图

4.4　实验内容设计及应用

4.4.1　科学实验的重要意义

高等教育，尤其是研究生教育不仅仅是把书本上的知识进行传承，同时要对受教育者进行探索式、实践性的教学，受教育者可以在此过程中学到书本以外的新东西，或者把书本上的一些理论理解得更深入，并且部分地会应用。这就是实践教学，不局限于课堂上按照教学计划的内容讲授。目前我国的研究生教育越来越重视实践性和综合性教学，有些高校还提出了缩短理论课讲授时间，强化实验能力训练，严格论文要求以及招收专业学位研究生等改革措施。然而，让研究生"验证理论、掌握实验操作技能"的实验教学方式已经落伍，现代实验教学必须在传统的观察性、操作性与分析性实验基础上，向设计性、综合性、探索式实验内容转变，而转变的前提是实验设备要跟上时代发展的步伐。

将科研成果转化为综合性实验平台是我国普通高校解决研究生实验条件不足、水平不高的有效途径。高校中的科研活动是具有较高学术水平的教师在本学科及交叉学科的更深层次的研究和探索活动，每一个科研课题的确立和完成都预示着要探索未知和取得前所未有的科研成果。将国家自然科学基金项目取得的科研成果转化为研究生专业实验平台的实践过程证明：高校教师在开展高水平科研工作并取得高水平研究成果的同时，若及时把自己的研究成果开发成新的实验或实验设备，把自己科研工作的新进展、国际上研究领域的最新内容及时补充到教材中、实验室，使教学内容得到补充和更新，再将开发综合、创新型实验项目和开展的科研工作直接挂钩，不仅有利于培养研究生的创新思维和动手能力、升级实验条件，而且能为课题组申报科研项目、培养师资队伍奠定基础。

4.4.2　实验教学体系及内容设计

　　在长期教学和科研实践的基础上，作者所在研究团队在机电液一体化设计方向形成了一些实践教学经验和科研成果。在研究生的培养中采用了校内、外两个实践模块，如图 4.7 所示。校内实践模块主要依赖实验平台，重点培养研究生在进入企业前能用综合性专业知识分析技术难题、设备结构原理、标准规范，以及阐述研究方法、总结科学结论的能力；校外实践模块主要依赖企业在新技术、新工艺、新设备、新材料、新产品开发以及技术改造方面的优势，重点培养研究生在了解企业产品设计方法、制造工艺以及标准规范的基础上，能针对企业需求提出学位论文研究内容和技术路线的能力，校内、校外两个实践模块具有互补和互动机制。由于研究生在进入企业前已经有针对性地训练了用综合性专业知识分析技术难题的能力，进入企业后有利于研究生独立分析产品设计方法和制造工艺，更有利于训练研究生按照国家或企业的标准规范阐述研究内容、验证和总结科学

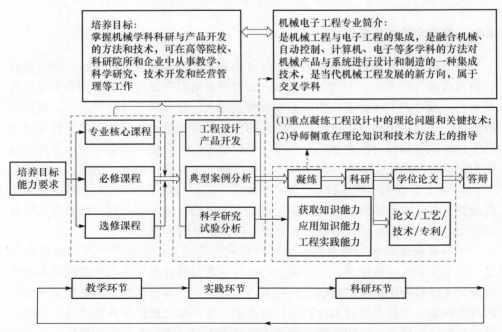

图 4.7　研究生教学及科研培养体系

结论的能力。为此，根据机械电子工程和机械设计与理论的专业特点，将硕士研究生的实验教学内容分解为专业基础性、综合设计性和创新研究性 3 个实验模块；针对博士研究生的培养则设计了专题研讨性实验模块。

（1）专业基础性实验能力主要指应用本学科专业基础理论和知识分析实际问题的能力，侧重培养学生掌握坚实的基础知识，用理论仿真与实验求证相结合的过程培养学生对专业的认知和分析能力，为下一步顺利开展论文实验打下坚实的基础。

（2）综合设计性实验能力是指综合应用多学科知识和技术解决复杂实际问题的能力。综合设计性实验应强调综合性和学科交叉性，培养学生多学科知识综合应用的能力以及拓展学科的视野；与工程实际接轨，充分利用实验室和科研团队的资源，有针对性地训练学生通过基础理论解决实际问题的实验设计能力。

（3）创新研究性实验能力是指提出、分析和解决问题的独特见解的能力。创新研究性实验主要依托导师的科研项目和平台开展创新性实验研究，研究生可以针对自己感兴趣领域的工程难题以及科学问题设计实验方案，开展创新性实验研究。创新性研究实验模块主要针对部分思维比较活跃，对科技创新有浓厚兴趣的学生，为他们提供施展才能的平台以及必要的指导和支持，充分调动学生的创新意识和科学研究兴趣，尽快熟悉了解科研课题，实现与科学研究或工程开发完全接轨。

（4）专题研讨性实验中的专题是指研究内容，研讨是指研究方法。该模块是在导师的引导下，针对某一个专题或方向把研究课题拿来供研究生讨论，指导研究生运用探索、调查、思考、总结等科研行为去认识并掌握一个科研领域，让研究生从被动接受导师知识灌输的客体转变成为主动自觉和自主进行知识学习的主体，并懂得"科研"意味着要"实验"，但是科研绝不仅仅是实验，还有解释和深层理解。要求博士研究生在这个领域要发现建立和使用优化机制的新技术，要寻找新算法、新规则、新机制，为在博士论文中开创新理论、新方法奠定基础。

实验内容设计以培养研究生的实验技能和实际操作能力为基本目的，通过基础知识系统化、共性关键技术综合化、系统功能模块化、性能评价全局化的功能，使研究生根据选题需要有针对性地自由选择有关机电系统动力学、液压传动与伺服控制、传感技术、信号处理、控制理论、电机拖动、变频技术、故障诊断技术等课程涉及的综合性和设计性实验项目。针对机电液系统在复杂载荷工况下表现出的多能域强耦合、非线性等科学问题，研究生还可以使用该实验平台对学习重点、难点以及论文研究内容节点问题讨论，通过研讨式学习和案例式实验教学的启发，为开展下述领域的研究提供支持。

（1）系统的动力学建模、分析、设计与控制方法。

（2）多领域建模与多学科优化理论和方法。

（3）机电系统检测、诊断与控制。

（4）机电液系统一体化设计。

（5）液压设备服役可靠性与预示技术。

4.4.3 变转速液压动力系统恒流量控制——专业基础性实验案例

1. 概述

在液压传动与伺服控制系统中，大部分需要对执行机构的速度进行控制，也就是要对液体流量及其响应速度进行控制，以实现负载运行速度的精确性和快速性。传统的节流调速方式效率低、能耗大；变量泵容积调速方式结构复杂、抗污染能力差、故障率较高且调速范围和精度有限。永磁伺服电机驱动定量泵的变转速容积调速系统具有效率高、可靠性好、抗污染能力强、能够简化液压回路等优点，与变频异步电机驱动定量泵系统相比还具有电机效率和功率因数高、响应速度快、调速精确、负载匹配特性好等优点，在工程实际中得到了广泛应用[7-10]。液压源流量的实际控制中，在工况复杂多变的情况下，系统流量会受到外界扰动而产生明显的波动，因此需要使用流量负反馈控制，在实际的液压系统中多采用流量闭环反馈控制，通过对液压动力源转速的控制实现对液压执行元件速度的控制。

2. 变转速液压动力系统恒流量控制原理

如图 4.2 所示，系统恒流量控制分为两种流量闭环控制方式：闭环控制电机 15 或 21 的转速以及闭环控制比例溢流阀 3 的开口大小都可以达到对系统流量的控制。

控制方式 1：控制电机 15 或 21 的转速达到对系统输出流量的控制。

图 4.8 为齿轮泵流量闭环反馈控制原理图，系统分为流量闭环调速和开环模拟加载两部分。两个部分在控制方式上相互独立，但又通过流体的压力和流量耦合特性而相互影响。系统输出的流量取决于电机转速与齿轮泵的排量，齿轮泵为定量泵，通过电机转速控制系统输出流量。模拟负载采用开环加载的控制方式，通过对比例溢流阀数字化加载可以实现阶跃、斜坡、正弦负载工况的模拟[11]。当负载增加时会引起系统压力变大，泵的内泄增加使输出流量变小，伺服控制器根据流量反馈信号 Q_p 与设定值 $Q_{目标}$ 进行对比，控制电机转速增加使系统流量接近设定值，以适应负载压力的要求。同理，当负载减小时会引起系统压力变小，泵的内泄减小使输出流量变大，伺服控制器根据流量反馈信号 Q_p 与设定值 $Q_{目标}$ 进行对比，控制电机转速降低使系统流量达到设定值，从而适应负载压力的要求。这种控制方式适用于负载变化较大而速度较为稳定的工况。

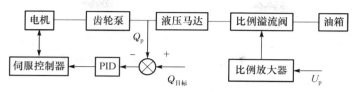

图 4.8　齿轮泵流量闭环反馈控制原理图

控制方式 2：控制比例溢流阀 3 的开口达到对系统回油流量的控制。

图 4.9 为比例溢流阀流量闭环反馈控制原理图，通过比例溢流阀开口的可控性实现系统恒流量控制。首先，给定电机伺服控制器一个模拟电压量 U_n，使电机保持一定转速，然后，通过工控机的控制程序设定一个目标流量 $Q_{目标}$，此时，当系统流量不变时，系统流量负反馈使系统流量保持在目标流量值。①当给定电机电压 U_n 不变时，电机转速保持不变，改变系统程序的 $Q_{目标}$，即改变比例溢流阀的控制电压，阀的开口大小发生变化，则系统流量发生改变，由于存在流量负反馈，系统流量值与目标流量值实时比较，通过 PID 控制器输出偏差模拟量，控制比例溢流阀开口改变，从而达到目标流量值。②当系统程序 $Q_{目标}$ 不变时，改变伺服控制器的电压 U_n，即改变电机的转速，由于齿轮泵是定量泵，则整个系统的流量发生改变，但是由于流量负反馈控制的存在，系统实时调节比例溢流阀的开口，使系统的流量始终维持在目标流量 $Q_{目标}$，达到系统流量输出恒定的目的。

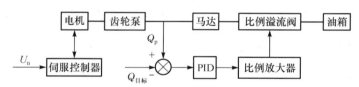

图 4.9　比例溢流阀流量闭环反馈控制原理图

3. 变转速液压动力系统恒流量控制实验及结果分析

实验方法 1：采用控制方式 1，B 泵单独供油模式，分析阶跃工况及斜坡工况下恒流量 PID 控制实验结果。电机伺服控制器 23 将流量反馈信号 Q_p 与设定值 $Q_{目标}$ 进行比较后输出电机控制信号 U_n，U_n 控制电机转速并改变液压动力系统输出流量，在适应负载压力要求的条件下保持接近目标流量 $Q_{目标}$。

1）阶跃加载

图 4.10 为空载情况下液压动力源流量 PID 控制的阶跃响应。控制效果可以通过调整控制器的参数来确定。从图 4.10 中可以看出，压力的响应快于流量，流量的总响应时间为 11s，但这并不是真正流量的响应时间，实验中采用了涡轮流量计检测流量，其中的数据采集与处理都会造成测试流量的响应滞后。另外，还可以看出压力的响应时间为 0.5s，流量的响应出现在 1.7s，所以可以推算出实验所用

涡轮流量计延迟的时间大概为 1.2s。由图 4.11 可见，传统 PID 控制很难达到十分满意的控制效果，系统如果没有超调，那么响应时间必然很长；如果响应快速，则必定存在较大的超调量，系统恢复稳定时间较长，严重时可造成系统振荡。

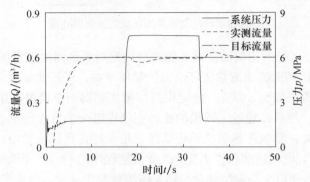

图 4.10　PID 控制阶跃加载时系统响应过程

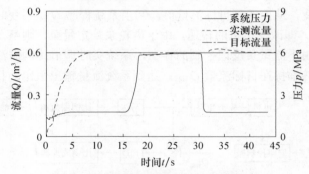

图 4.11　PID 控制斜坡加载时系统响应过程

2）斜坡加载

图 4.11 为液压动力源的斜坡加载工况，比例溢流阀模拟负载斜坡上升、斜坡下降负载压力，加载电压由 0V 斜坡上升到 3V，系统压力斜坡上升至 5.8MPa，温度为 20.6℃。斜坡上升加载时，系统压力的变化按照斜坡规律上升，流量减小。同阶跃加载道理相同，系统流量会通过 PID 闭环调节达到设定的目标值。

由上述实验结果可以看出：控制方式 1 证明了通过对电机转速的闭环控制可以稳定液压泵输出流量，即无论空载还是典型工况下加载，变转速液压动力源通过转速闭环控制可以输出恒定流量。

实验方法 2：采用控制方式 2、B 泵单独供油模式，分析典型工况下 PID 控制效果。

（1）设定目标流量为 0.65m³/h，泵输出流量稳定运行时，改变转速控制模式，转速变化过程为：1000r/min——1100r/min——1200r/min，PID 控制器参数设置为：K_p=2.5，K_i=0.1，K_d=0，系统温度为 21.7℃。实验结果如图 4.12 所示，观察系统流量、压力的变化规律。

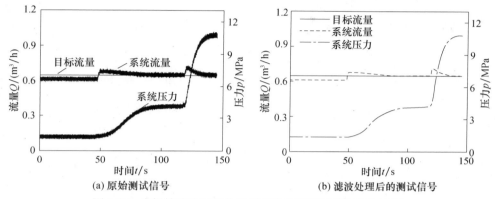

图 4.12　电机转速阶跃变化时系统输出流量和压力变化过程

　　设定目标流量后，对系统施加阶跃扰动信号，即电机转速阶跃上升，由 1000r/min 阶跃至 1100r/min，因为系统采用定量泵，系统流量大约在 48s 亦发生阶跃上升，根据恒流量闭环控制原理，此时目标流量低于系统流量；PID 控制器调节溢流阀开口变小，系统压力升高，从而流量变小，达到目标流量值，伴随着系统流量减小，系统压力上升。从图 4.12 中还可以看出，恒流量 PID 调节时间较长，大约需要 30s 左右，流量达到恒定；当电机转速由 1100r/min 阶跃至 1200r/min 时，系统流量变大，而此时目标流量小于系统流量，通过 PID 控制器，使比例溢流阀开口变小，以达到目标流量。由系统压力曲线可以看出，流量闭环调节范围非常小，系统转速在阶跃至 1200r/min 时，系统压力达到 11MPa，系统将会溢流，从而无法达到目标流量值。

　　（2）电机转速稳定在 1400r/min，泵输出流量稳定运行，当目标流量由 0.85m³/h——0.82m³/h——0.86m³/h 改变时，PID 控制器参数设置为：K_p=2.3，K_i=0.2，K_d=0，系统温度为 18.2℃。实验结果如图 4.13 所示，观察系统流量、压力的变化。

　　如图 4.13 所示，当目标流量下降，此时系统流量高于目标流量，由于 PID 控制器闭环控制比例溢流阀开口变小，系统流量变小，系统压力随之增大，达到目标流量调节时间为 20s；当目标流量升高，系统流量低于目标流量，此时 PID 控制器调节控制溢流阀口变大，流量增大，压力也随之降低，调节时间为 20s。

　　4. 实验结论

（1）实验方法 1 证明了通过对电机转速的闭环控制可以稳定液压泵输出流量，

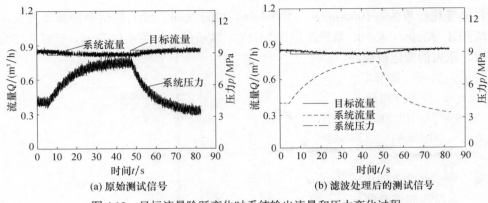

图 4.13　目标流量阶跃变化时系统输出流量和压力变化过程

即无论空载还是典型工况下加载,变转速液压动力源通过闭环控制可以输出恒定流量。实验方法 2 验证了比例溢流阀作为压力控制阀,也可以进行流量控制且操作简单。但是缺点也比较明显,从实验数据可以看出,流量调节范围小,即目标流量值不能偏离系统流量太大,否则系统超过安全压力,溢流阀阀口全开,不能达到目标流量;调节时间较长、能量损失大,不适用于工程实际。

（2）对比分析变转速动力源两种恒流量控制的原理及特点,可以从实验过程看到流体动力学伯努利方程中流体压力和流量耦合特性的工程应用。系统通过调整电机转速闭环控制系统输出流量和压力,通过控制比例溢流阀开口面积模拟负载压力变化过程,观测了机电液系统在多能量域转换过程中系统的电压和电流、压力和流量、扭矩和转速等参数的耦合过程和测控方法,启发研究生应用多学科系统知识分析和解决工程实际问题。

4.4.4　永磁同步电机与齿轮泵匹配性能——综合设计性实验案例

1. 概述

针对传统异步变频电机驱动液压动力源在实际应用中存在效率低、响应速度慢以及低速调节性能不稳定等缺陷,利用永磁同步电机节能,调速性能好,齿轮泵不能调速但可靠性高的技术特点,设计并开发了一种节能型液压动力源实验模块。通过永磁同步电机与齿轮泵的匹配实验,验证永磁伺服电机驱动的变转速液压动力源在负载功率匹配、响应速度、调速精度等方面优于传统异步变频电机驱动的液压动力源[12]。

2. 实验原理

为了综合比较永磁电机与三相异步变频电机驱动泵的性能指标,设定相同的实验环境：即在同一实验平台上最大限度保证系统压力、泵转速、负载工况等实验条件相同。

　　永磁同步电机驱动齿轮泵实验步骤如图 4.2 所示：①通过电磁换向阀 10 关闭液压马达 9，调节电磁溢流阀 12-2（这里当安全阀使用）设定系统最大压力为 10MPa，再打开电磁换向阀 10；②控制计算机 26 通过 D/A 转换器 25、伺服控制器 23 控制电机 21 的转速；③控制计算机通过 D/A 转换器调节比例溢流阀 3，即调节液压马达的回路压力来模拟负载工况；④重复②和③步骤，由计算机采集不同转速和不同负载工况时的数据。

　　异步电机驱动齿轮泵实验步骤与永磁同步电机相同。由于异步电机存在转差率，其转速随着负载的增加略有下降。为了保证相同的工况，异步电机加载时要同时缓慢增加电机转速，也就是进行转差频率补偿，直至与永磁电机实验时的转速、压力相同时再采集相关数据。由霍尔电压、电流传感器 22 采集的数据可计算出电机的输入功率 P_1 和功率因数 $\cos\varphi$。由组合传感器 11 测得的压力、流量信号可计算出泵的输出功率 P_3。泵的输入功率（也就是电机的输出功率）$P_2 = nD_p p_p$，其中 n 为泵的转速，D_p 为泵的排量，p_p 为泵的出口压力。电机的效率为 $\eta_1 = P_1 / P_2$；泵的效率为 $\eta_2 = P_2 / P_3$；液压动力源的总效率为 $\eta_3 = P_3 / P_1 = \eta_1 \eta_2$。

3. 实验内容与方法

1）电机的效率及空载时的输入功率

　　图 4.14 为同步电机和异步电机分别在齿轮泵出口压力为 1MPa 和 6MPa 时效率随转速变化的曲线。从图中可以看出，永磁同步电机在不同转速和不同负载时的效率都高于异步电机。从负载大小来看，系统压力为 1MPa 时，两者效率差距较大，当系统压力增加到 6MPa 时，两者差距减小，说明同步电机比异步电机在轻载时更加节能；从电机转速来看，低速时两者效率相差较大，高速时则越来越接近，说明同步电机在低速时比异步电机更加节能。异步电机效率低的主要原因是在低速轻载时输入的功率较小，而此时转子消耗功率所占比例增加，从而效率较低，随着转速和负载的增加，电机输入功率增加，转子消耗功率所占比例减少，效率与同步电机的效率逐步接近。

　　在空载（系统压力接近 0MPa）时，异步电机的输入功率为同步电机输入功率的 1.5 倍以上，如图 4.15 所示，说明同步电机空载时更为节能。

2）液压动力源的总效率

　　液压动力系统的总效率为电机效率和齿轮泵效率的乘积，虽然不同电机驱动时齿轮泵效率基本相同，但由于永磁同步电机的效率明显高于异步电机，因此永磁同步电机驱动的液压动力源的总效率也明显高于异步电机，如图 4.16 和图 4.17 所示，其总效率由电机和泵匹配特性共同决定。

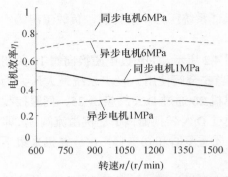

图 4.14　同步电机和异步电机的效率曲线

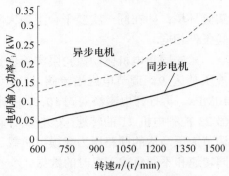

图 4.15　空载时电机输入功率

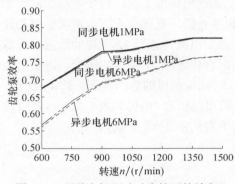

图 4.16　两种电机驱动时齿轮泵的效率

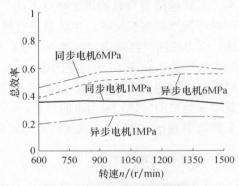

图 4.17　液压动力系统的总效率

3）功率因数

如图 4.18 所示，永磁同步电机的功率因数在不同转速和不同压力工况下始终接近于 1，而异步电机的功率因数受负载影响较大，在空载时还不到 0.2，在 6MPa 时为 0.5 左右。功率因数低会增加变频器的装机容量，增加无功功率，而无功功率在传输的过程中会在转子绕组中消耗功率，因此异步电机不适合较长时间空载或轻载运行。

4）流量刚度

图 4.19 为两种电机驱动的液压源流量-压力特性曲线（未进行转差频率补偿）。当系统压力升高时，泵的泄漏量增加，油液的压缩量也增加，因此齿轮泵的实际输出流量 Q 会减少，而流量减少会影响液压缸或液压马达的速度刚度。异步电机设定的是定子磁场的同步转速，由于转差率的存在，异步电机驱动的液压源除了泄漏和压缩量损失外还存在转差流量损失，随着负载增加，转差率增大，转差流量损失增大，实际输出流量减小，流量刚度降低；而同步电机的转速与设定转速一致，没有转差流量损失，因此同步电机驱动的液压源流量刚度要好于异步电机。

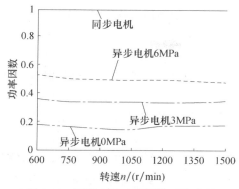

图 4.18　两种电机功率因数对比实验

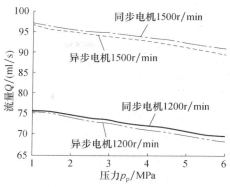

图 4.19　流量-压力特性曲线

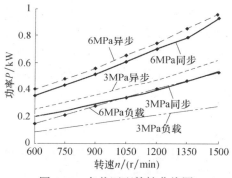

图 4.20　负载匹配特性曲线图

5）负载功率匹配特性

如图 4.20 所示，随着负载功率的增加，电机的输入功率也增加，两种电机驱动的液压源都能够与负载所需功率相匹配。输入功率与负载功率曲线之间为液压源自身损耗的功率，主要包括电机、泵和联轴器的功率损失，这种损失越小，负载匹配特性越好，越节能，而轻载时的节能性能更好。

4. 实验结论

（1）将永磁同步电机体积小、节能、调速性能好的特点与齿轮泵结构简单、运行可靠、抗污染能力强、易维护的优点相结合，设计了一种变转速节能型液压动力源实验装置，实验结果证明了这种新型液压动力源在负载功率匹配、响应速度、调速精度等方面均优于异步电机驱动的液压动力源，为研究齿轮泵的调速性能、拓展应用范围提供了设计参数，并可用于节能型液压动力系统设计。

（2）永磁同步电机驱动的液压动力源与异步电机变频调速驱动的液压动力源相比，无论是负载大小、转速高低都具有更好的负载匹配特性，并且转速越低、负载越小，节能效果越显著；转速越高、负载越大两者节能效果越接近。此外，永磁电机驱动的液压动力源还具有响应速度快、调速精度高、低速稳定性好、功率因数高等优点。

（3）用实验测试大数据对前期仿真实验模型进行了多次校核、验证后，最终确定的仿真计算模型为新型液压动力源一体化设计提供了理论支持。

4.4.5　机电液系统电功率状态图示化在线监测——创新研究性实验案例

1. 概述

机电液系统在运行过程中，其机、电、液参数是动态变化的且相互耦合，这些动态参数能从不同的角度（信息空间）不同程度地反映设备的设计制造水平和运行状态。若要全面了解设备的设计制造水平和运行状态，必须结合工况全面分析机电液多源参量的变化过程，如电流、电压、振动、力、转矩、转速、压力、流量等。目前对这些参量的观测大都采用嵌入式测量方法，测量成本高、不易获取、特征信息有限且易被干扰，有些属于非平稳信号，给工程应用带来困难和局限性。

理论分析和大量试验证明：在电动机拖动的液压设备中，由于电动机定转子系统的机电耦合作用，有关液压设备状况、负荷变化以及设计缺陷等特征信息会通过机械和流体参数耦合到电动机的三相电参量中[13,14]。由于交流电动机三相电参量都是随时间变化的交流正弦量，现有的利用电动机电参量进行设备状态监测的方法没有将三相电参量的幅值、相位和相序信息进行融合，故不能直观、全面、在线了解液压设备的运行状态。

本实验首先采用非嵌入式同步测量装置获取三相异步电机定子的电压、电流信号[14]，然后用李萨如方法进行单相及三相电气信息融合，充分利用电气参量提供的幅值、相位信息、相间和相序信息绘制单相和三相李萨如图，计算电功率与李萨如图特征量之间的定量关系。通过实时计算李萨如图形面积、外接矩形面积、形状、旋转方向的变化实现对拖动系统的运行状态、运行工况、负载功率以及功率匹配情况在线监测[15]。实验的创新性在于能在机电液系统输入端图示化在线观测三相交流电功率的耦合变化过程，从功率流角度监测系统的运行状态、运行工况以及系统全局功率匹配情况。

2. 实验原理

对电机输入的交流电信号提取工频成分，则电机定子侧的瞬时相电压 u_j 与对应的相电流 i_j 可表示为

$$\begin{cases} u_j = x = B\cos(\omega t + \varphi_u) \\ i_j = y = A\cos(\omega t + \varphi_i) \end{cases} \tag{4.1}$$

其中，j=a,b,c，代表三相电压和电流。

设 φ 为相电压和相电流的相位差，$\varphi = \varphi_u - \varphi_i$，则 $\cos\varphi$ 为功率因数。令 $\omega t + \varphi_i = \alpha$，则式（4.1）可写为

$$\begin{cases} u = x = B\cos(\alpha + \varphi) \\ i = y = A\cos\alpha \end{cases} \tag{4.2}$$

由此可得

$$\cos\alpha = \frac{y}{A} \tag{4.3}$$

将式（4.3）代入式（4.2）得

$$\sin\alpha = \left(\frac{y}{A}\cos\varphi - \frac{x}{B}\right)/\sin\varphi \tag{4.4}$$

通过式（4.3）和式（4.4）得

$$\frac{x^2}{B^2} - \frac{2xy}{AB}\cos\varphi + \frac{y^2}{A^2} - \sin^2\varphi = 0 \tag{4.5}$$

将式（4.1）的电压信号相位加 90°，即

$$\begin{cases} u = x = B\cos(\omega t + \varphi_u + 90°) \\ i = y = A\cos(\omega t + \varphi_i) \end{cases} \tag{4.6}$$

将式（4.6）合并得

$$\frac{x^2}{B^2} + \frac{2xy}{AB}\sin\varphi + \frac{y^2}{A^2} - \cos^2\varphi = 0 \tag{4.7}$$

通过式（4.5）和式（4.7）可在二维坐标平面内绘制轨迹为一中心位于原点的椭圆，如图 4.21 所示。并定义式（4.5）为电压、电流的无功李萨如方程，定义式（4.7）为电压、电流的有功李萨如方程，由此绘制的椭圆形状，称为单相电参量的有功、无功李萨如图，定义椭圆的外接矩形为视在外接矩形。

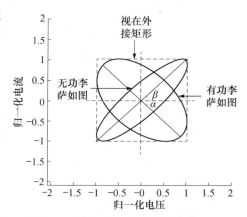

图 4.21　单相电参量李萨如功率图形

3. 图形特征量与电参量间的关系

通过定义的电参量李萨如图形及其特征反映系统运行状态，可直观、有效地观察到系统的实时性能。在前期研究中已经建立了图 4.21 中图形特征量与电参量间的函数关系[15]，如表 4.1 所示。

其中，有功李萨如图形反映了电机输出功率的变化规律，无功李萨如图形则反映了交流电机定转子电磁耦合所需功率，同时椭圆的长、短轴及倾角可反映出负载工况性质。

表 4.1　图形特征量与电参量间的关系

图形特征量	函数关系	物理意义
无功椭圆倾角 β	$\beta = \arctan \dfrac{(A^2 - B^2) \pm \sqrt{(A^2 - B^2)^2 + 4A^2 B^2 \cos^2 \varphi}}{2AB \cos \varphi}$	电动工况时，$\beta > 0$ 发电工况时，$\beta < 0$
有功椭圆倾角 α	$\alpha = \arctan \dfrac{(B^2 - A^2) - \sqrt{(B^2 - A^2)^2 + 4A^2 B^2 \sin^2 \varphi}}{2AB \sin \varphi}$	电动工况时，$\sin 2\alpha < 0$ 发电工况时，$\sin 2\alpha > 0$
无功椭圆面积 $S_{无功椭圆}$	$S_{无功椭圆} = \pi AB \sin \varphi$	与无功功率成正比变化
有功椭圆面积 $S_{有功椭圆}$	$S_{有功椭圆} = \pi AB \cos \varphi$	与有功功率成正比变化
视在外接矩形面积 $S_{矩形}$	$S_{矩形} = 4AB$	与视在功率成正比变化
y 轴截距 y_{p0}	$\pm \dfrac{y_{p0}}{L_y} = \dfrac{\cos \varphi}{2}$	纵轴截距与视在外接矩形边长之比决定电机电参量的功率因数角

电工原理中，交流电功率被定义为通过某节点的能量流动率，由有功功率和无功功率构成。一个完整周期内的平均能量在一个方向传递的功率流称为有功功率 P，被储备并返回电源的功率流称为无功功率 Q，视在功率 S 是有功功率和无功功率的矢量和，即

$$S^2 = P^2 + Q^2 \tag{4.8}$$

将图形特征方程进行联立得

$$\begin{cases} S_{外圆} = \pi S^2 = \pi \left(\dfrac{3}{8} S_{外接矩形} \right)^2 \\[2mm] S_{内圆} = \pi P^2 = \pi \left(\dfrac{3}{2\pi} S_{椭圆} \right)^2 \\[2mm] S_{圆环} = \pi Q^2 = \pi \left[\left(\dfrac{3}{8} S_{外接矩形} \right)^2 - \left(\dfrac{3}{2\pi} S_{椭圆} \right)^2 \right] \end{cases} \tag{4.9}$$

由方程（4.9）所绘制的功率圆图形如图 4.22 所示。图中外圆面积代表视在功率的平方，内圆面积代表有功功率平方，圆环面积代表无功功率平方。通过功率圆图形可以直接观测到电机拖动系统载荷及工况发生变化时三相电功率间的动态变化关系以及系统与负载的动态匹配过程。

单相电参量融合可反映系统正常运行工况。但是，供电系统出现电气故障或动力源设备故障时，会导致三相电参量不对称，此时单相电参量融合方式已不能完整反映系统运行工况，需对三相电参量进行融合分析。

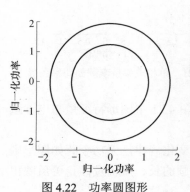

图 4.22　功率圆图形

图 4.23 为三相电参量李萨如图,当在正常运行状态下三相对称时,所形成的椭圆图形一致。因此,在 a 相图形的基础上,将 b、c 两相李萨如图进行坐标平移,置于同一坐标平面内,并将对应的电压、电流点连接。

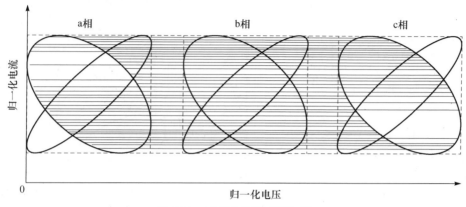

图 4.23　三相电参量李萨如图

4. 实验内容及方法

由于电动机的电功率变化过程中蕴含着机电液系统运行状态以及负载工况的特征信息,利用图 4.2 所示实验平台实现系统载荷恒定、加减载、周期载荷、溢流、卸荷等典型工况的模拟,实验过程中通过对电机定子侧三相电压、电流信号用李萨如图形融合成电功率信息,实现从动力源输入端电功率流变化规律中获取机电液系统负载工况、运行状态以及动能变化率的在线识别[13,15]。

1）实验环境及监测系统人机界面

如图 4.4 所示,在监测系统人机界面参数设置区设置采集通道和采样率;仪表显示区主要包括原始基频电信号、李萨如图图形及倾角、电功率图和功率圆。通过对三相电功率李萨如图形面积和倾角的时实计算,绘制三相电功率在不同工况下的功率变化曲线,为基于功率流分析的机电液系统动力学正反问题研究提供实验数据。

2）斜坡加、减载工况状态监测实验

由工控机设置比例溢流阀控制器 13,加载信号为斜坡加、减载控制方式,表示负载从 2.75MPa 斜坡增大至 9MPa,再从 9MPa 斜坡减小至 0MPa。斜坡加、减载工况下系统运行状态监测图形如图 4.24 和图 4.25 所示。

图 4.24 中,系统的有功功率、视在功率随着系统负载的增大而增大,且有功功率变化幅度大于视在功率,而无功功率随着系统负载的增大而减小;功率圆图形随着系统负载的增大,有功功率圆明显增大,无功功率圆环面积明显变小。负

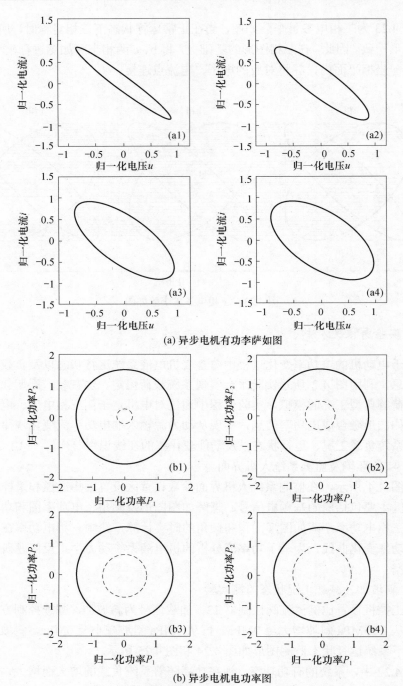

(a) 异步电机有功李萨如图

(b) 异步电机电功率图

图 4.24　斜坡加载工况系统运行状态监测图形

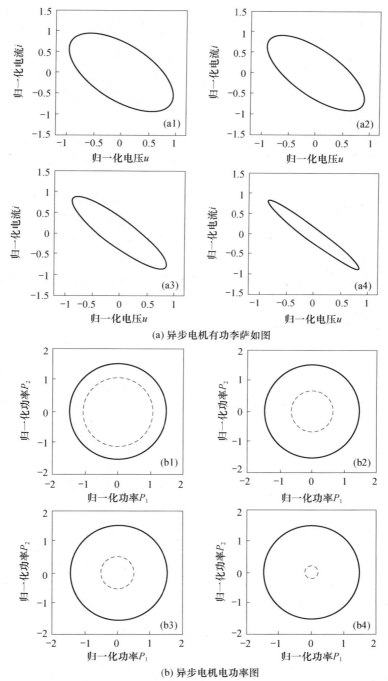

(a) 异步电机有功李萨如图

(b) 异步电机电功率图

图 4.25 斜坡减载工况系统运行状态监测图形

载斜坡增大时，电动机的功率因数也斜坡增大，负载减小时反之。因此，随着系统负载的增大，功率圆中的有功功率圆变大，圆环面积变小，系统的功率因数高；负载减小时，反之，如图 4.25 所示。这表明，功率圆图形可以直观地反映系统的功率匹配及运行状况。电功率图中的电压和电流坐标进行了归一化处理，处理方法以及利用电功率圆在线检测功率因数的算法详见文献[13]和[15]。

3）同步电机与异步电机功率因数对比实验

永磁同步电机靠转子永磁体产生电机主磁场，与感应式异步电机相比：转子不存在铜耗和铁损；定子无须提供滞后的励磁电流用于建立电机主磁场，一方面减小了定子电流和定子电阻损耗，提高了效率，另一方面使电机具备较高的功率因数，降低了装机容量。此外，永磁伺服电机还具有低速输出额定转矩、响应速度快、调速范围宽、功率密度大等优点。为了用电功率图对永磁同步电机与异步电机拖动下的液压传动系统进行能耗对比分析，需要给定相同的负载工况和实验环境。

（1）空载时两种电机功率状态对比实验。对比图 4.26（a）和（b）两种电机李萨如有功椭圆面积和椭圆外接矩形面积得出：空载（系统压力为 0MPa）时，异步电机功率因数仅为 0.170，而永磁同步电机为 0.999。由椭圆面积和外接

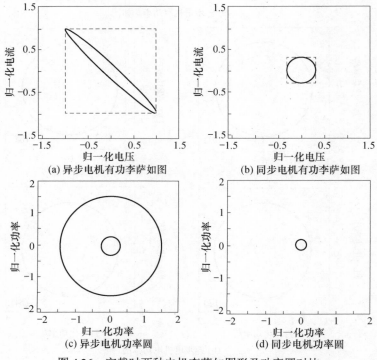

图 4.26　空载时两种电机李萨如图形及功率圆对比

矩形面积比可以直接得出功率因数[15]。

　　对比图 4.26（c）和（d）两种电机的电功率圆的实验结果可以得到：异步电机功率分解为两部分，一部分是用以在气隙中形成磁场的励磁功率（图 4.26（c）圆环面积），另一部分为空载损耗的有功功率（图 4.26（c）内圆面积）；异步电机无论是否有实际功率输出，励磁功率都存在，并且在低速或空载情况下励磁电流所占比例很大，而励磁电流的存在会消耗一定的电机功率，即使通过定子电流励磁分量的优化控制，起到一定的节能效果，但不能从根本上消除励磁电流的存在，因此使用异步电机节能效果有限。相比之下，永磁同步电机通过控制实现了定子电流的无励磁分量运行，从根本上消除了无功励磁电流，内圆和外圆几乎重合，说明同步电机空载时更为节能。

　　（2）恒定负载时两种电机功率状态对比实验。对比图 4.27（a）和（b）所示两种电机椭圆面积和椭圆外接矩形面积可看出：异步电机拖动恒定负载（10MPa）运行时，电机功率因数提高到 0.670，异步电机定子电流增大了 1.276 倍，永磁电机电流增大了 7.146 倍，功率因数为 0.989。可以看到：随着负载增大，永磁电机功率因数反而减小，与永磁电机理论分析结论一致[15]。

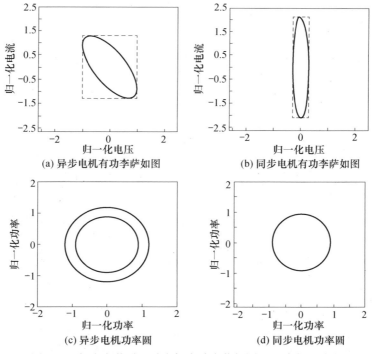

图 4.27　恒定负载时两种电机有功李萨如图形及功率圆对比

　　比较上述两种工况，异步电机的功率因数较低，在额定载荷时为 0.7～0.9，而在轻载或空载时只有 0.2～0.3；空载时永磁同步电机与异步电机的效率比为 1.92，带负载时为 1.43。对比图 4.27（c）和（d）所示两种电机功率圆可以看出：异步电机视在功率中输出给负荷的功率匹配过程可以从功率圆的变化中获取；永磁同步电机的视在功率和有功功率圆几乎重合，表明在相同工况下，永磁电机容量配备小于异步电机。

4）异步电机电气故障三相电功率图在线监测实验

（1）不对称故障的诊断。计算电机三相电压、三相电流的负序分量，以正常时电压、电流负序分量为基准值，对监测及诊断时的负序分量取其标幺值并进行李萨如融合，利用标幺值的融合消除电机固有不对称的影响，并将电机故障特征的提取转化为对相平面上图形的识别[16]。

图 4.28 为电压不平衡度 0.58%时，空子绕组匝间短路负序电压、负序电流李萨如图形。根据匝间短路研究李萨如方法的电压、电流融合过程，负序李萨如图形外接矩形的横纵边长之比代表负序视在阻抗的大小；纵轴截距与外接矩形纵轴边长之比则代表了视在阻抗角的大小；李萨如图形面积代表了负序无功功率的大小。

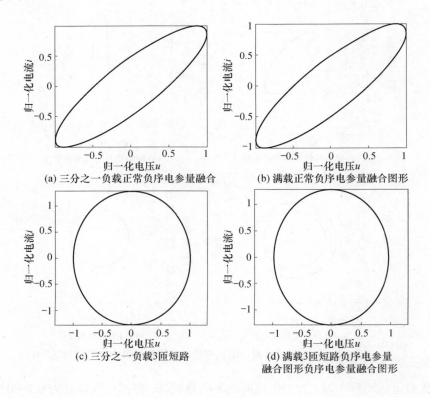

(a) 三分之一负载正常负序电参量融合　　　　(b) 满载正常负序电参量融合图形

(c) 三分之一负载3匝短路　　　　(d) 满载3匝短路负序电参量
融合图形负序电参量融合图形

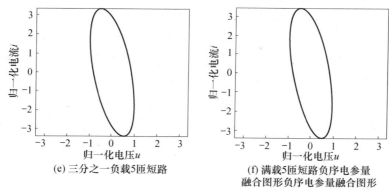

(e) 三分之一负载5匝短路　　　　　　　(f) 满载5匝短路负序电量
　　　　　　　　　　　　　　　　　　　融合图形负序电量融合图形

图 4.28　定子绕组匝间短路负序电压、负序电流李萨如图形

由上述分析得到椭圆特征量与负序电参量的关系如下：

$$|Z_n| = \frac{L_{xmax}}{L_{ymax}} \qquad (4.10)$$

$$\varphi_Z = \arcsin(y_0 / L_{y\max}) \qquad (4.11)$$

$$\tan 2\theta = \frac{2I_{nm}U_{nm}\cos\varphi_Z}{U_{nm}^2 - I_{nm}^2} \qquad (4.12)$$

$$S_{面积} = \pi ab = \pi I_{nm}U_{nm}\sin\varphi = 2\pi Q_{相} \qquad (4.13)$$

设正常时电机定子侧电源三相电压信号为

$$\begin{cases} u_a = \sqrt{2} \times 220 \times (1 + 0.01)\cos\omega_1 t \\ u_b = \sqrt{2} \times 220 \times \cos\left(\omega_1 t - \frac{2\pi}{3}\right) \\ u_c = \sqrt{2} \times 220 \times (1 - 0.01)\cos\left(\omega_1 t + \frac{2\pi}{3}\right) \end{cases} \qquad (4.14)$$

$$\begin{cases} u_a = \sqrt{2} \times 220 \times (1 + 0.01)\cos\omega_1 t \\ u_b = \sqrt{2} \times 220 \times \cos\left(\omega_1 t - \frac{2\pi}{3} + \frac{\pi}{60}\right) \\ u_c = \sqrt{2} \times 220 \times (1 - 0.01)\cos\left(\omega_1 t + \frac{2\pi}{3} + \frac{\pi}{60}\right) \end{cases} \qquad (4.15)$$

其中式（4.14）的电压不对称度为 0.58%，式（4.15）的电压不对称度为 1.54%，以式（4.14）作为一般正常运行情况基准值。分别仿真电机满载及三分之一负载下，正常、定子绕组 3 匝短路、定子绕组 5 匝短路情况，并进行融合，且以满载时电机正常运行下的负序电压和负序电流为基准值。

图 4.29 为电压不平衡度 1.54%时，定子绕组匝间短路负序电压、负序电流李萨如图形。可见，随着负载的变化，图形不发生变化，而随着故障严重程度的增加，椭

圆倾角快速增大，同时椭圆纵轴大幅增大，即负序电流与正常运行时负序电流比值大幅增大。椭圆的外接矩形比值 $L_{x\max}/L_{y\max}$，纵轴截距与纵轴最大值之比 $Y_0/L_{y\max}$ 及椭圆倾角 θ 在电机正常运行时，随着供电电源不对称度的大幅增大，变化率很小，因此这三个特征量均可作为故障特征量。

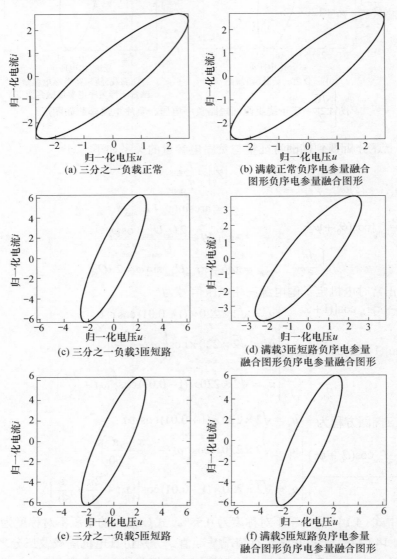

图 4.29　定子绕组匝间短路负序电压、负序电流李萨如图形

（2）边频故障诊断方法。转子断条及气隙偏心故障发生时，在基频两侧会出现边频分量，为了避免基波电流对故障特征成分的影响，更好地突出故障特征，

采用对变频分量进行融合的方法进行故障特征的提取。

由电机学知识可假设发生转子断条时，电机定子电流如下：

$$\begin{cases} i_a = I_m \cos(\omega t - \psi_i) + k_1 I_m \cos[(1-2s)\omega t - \psi_i'] + k_2 I_m \cos[(1+2s)\omega t - \psi_i''] \\ i_b = I_m \cos(\omega t - \psi_i - 120°) + k_1 I_m \cos[(1-2s)\omega t - \psi_i' - 120°] + k_2 I_m \cos[(1+2s)\omega t - \psi_i'' - 120°] \\ i_c = I_m \cos(\omega t - \psi_i + 120°) + k_1 I_m \cos[(1-2s)\omega t - \psi_i' + 120°] + k_2 I_m \cos[(1+2s)\omega t - \psi_i'' + 120°] \end{cases}$$

$$(4.16)$$

其中，I_m 和 ψ_i 分别为电流基波分量的幅值和初始相位。

将式（4.16）进一步转换到 dq 坐标系下得

$$\begin{aligned} i_d &= \cos(\omega t + \theta_0)\left\{\frac{\sqrt{6}}{2}I_m \cos(\omega t - \psi_i) + \frac{\sqrt{6}}{2}k_1 I_m \cos[(1-2s)\omega t - \psi_i'] + \right. \\ &\quad \left. \frac{\sqrt{6}}{2}k_2 I_m \cos[(1+2s)\omega t - \psi_i'']\right\} + \sin(\omega t + \theta_0)\left\{\frac{\sqrt{6}}{2}I_m \sin(\omega t - \psi_i) + \frac{\sqrt{6}}{2}k_1 I_m \right. \\ &\quad \left. \sin[(1-2s)\omega t - \psi_i'] + \frac{\sqrt{6}}{2}k_2 I_m \sin[(1+2s)\omega t - \psi_i'']\right\} \\ &= \frac{\sqrt{6}}{2}I_m[\cos(\theta_0 + \psi_i) + k_1 \cos(2s\omega t + \theta_0 + \psi_i') + k_2 \cos(2s\omega t - \theta_0 - \psi_i'')] \end{aligned} \quad (4.17)$$

$$\begin{aligned} i_q &= -\sin(\omega t + \theta_0)\left\{\frac{\sqrt{6}}{2}I_m \cos(\omega t - \psi_i) + \frac{\sqrt{6}}{2}k_1 I_m \cos[(1-2s)\omega t - \psi_i'] + \right. \\ &\quad \left. \frac{\sqrt{6}}{2}k_2 I_m \cos[(1+2s)\omega t - \psi_i'']\right\} + \cos(\omega t + \theta_0)\left\{\frac{\sqrt{6}}{2}I_m \sin(\omega t - \psi_i) + \frac{\sqrt{6}}{2}k_1 I_m \right. \\ &\quad \left. \sin[(1-2s)\omega t - \psi_i'] + \frac{\sqrt{6}}{2}k_2 I_m \sin[(1+2s)\omega t - \psi_i'']\right\} \\ &= \frac{\sqrt{6}}{2}I_m[-\sin(\theta_0 + \psi_i) - k_1 \sin(2s\omega t + \theta_0 + \psi_i') + k_2 \sin(2s\omega t - \theta_0 - \psi_i'')] \end{aligned} \quad (4.18)$$

相应椭圆方程为

$$\begin{aligned} & \frac{\left[i_d - \frac{\sqrt{6}}{2}I_m \cos(\theta_0 + \psi_i)\right]^2}{\left(\frac{\sqrt{6}}{2}I_m A\right)^2} - \frac{2\left[i_d - \frac{\sqrt{6}}{2}I_m \cos(\theta_0 + \psi_i)\right]\left[i_q + \frac{\sqrt{6}}{2}I_m \sin(\theta_0 + \psi_i)\right]}{\frac{\sqrt{6}}{2}I_m A \cdot \frac{\sqrt{6}}{2}I_m B} \\ & \cos(\beta_1 + \beta_2) + \frac{\left[i_q + \frac{\sqrt{6}}{2}I_m \sin(\theta_0 + \psi_i)\right]^2}{\left(\frac{\sqrt{6}}{2}I_m B\right)^2} - \sin^2(\beta_1 + \beta_2) = 0 \end{aligned} \quad (4.19)$$

　　通过计算可知椭圆方程（4.19）的长半轴和短半轴分别为

$$a^2（或）b^2 = \frac{(A^2+B^2) \pm \sqrt{(A^2+B^2)^2 - 4A^2B^2\sin^2\phi}}{2} \times \left(\frac{\sqrt{6}}{2}I_{\mathrm{m}}\right)^2 \quad （4.20）$$

其中，

$$a = \frac{\sqrt{6}}{2}I_{\mathrm{m}}(k_1+k_2) \quad （4.21）$$

$$b = \frac{\sqrt{6}}{2}I_{\mathrm{m}}|k_1-k_2| \quad （4.22）$$

　　由式（4.22）可知，$k_1 = \dfrac{I_{(1-2s)f_1}}{I_{\mathrm{m}}}$，$k_2 = \dfrac{I_{(1+2s)f_1}}{I_{\mathrm{m}}}$，因此

$$a = \frac{\sqrt{6}}{2}(I_{(1-2s)f_1} + I_{(1+2s)f_1}) \quad （4.23）$$

其中，$I_{(1-2s)f_1}$ 和 $I_{(1+2s)f_1}$ 分别为 $(1-2s)f_1$ 和 $(1+2s)f_1$ 故障分量的幅值。

　　可见所形成椭圆的长半轴与上述两个故障分量的幅值之和成正比，在分离边频分量的同时，亦放大了故障分量成分，可以反映故障的程度。

$$RB = \frac{a}{I_{\mathrm{m}}} = \frac{\sqrt{6}}{2}(k_1+k_2) \quad （4.24）$$

　　RB 作为故障特征量，对其进行仿真，其结果如图 4.30 和图 4.31 所示，其中 i_{2sq} 和 i_{2sq} 分别为 dq 坐标系下空子电流故障边频分量。不同负载情况下（半载、满载），电机转子断条故障时，a 随负载变化的灵敏度大于 RB。因此，将 RB 作为转子断条故障的特征量是可行的。

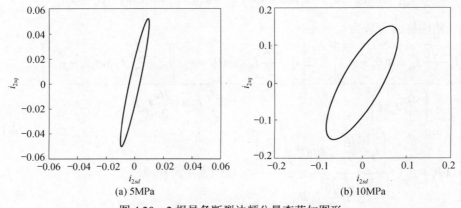

图 4.30　2 根导条断裂边频分量李萨如图形

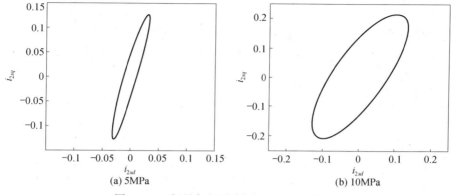

(a) 5MPa   (b) 10MPa

图 4.31   3 根导条断裂边频分量李萨如图形

5. 实验结论

（1）从三相电功率流耦合变化实验过程可以看出：电动机瞬时功率可以反映机电液系统的负载变化过程及运行状态，为从功率流角度在系统输入端分析多能量域系统动力学正反问题提供了创新实验方法。

（2）机电液系统典型工况（恒载工况、斜坡加、减载，阶跃加、减载，以及冲击、周期载荷等）下三相电功率状态监测结果表明：有功李萨如图形面积和倾角可以精确反映系统输出功率的消耗过程；无功李萨如图形及倾角可以反映系统运行过程的功率储备情况；功率圆图形反映系统的功率储备以及机电耦合状态。通过对电功率李萨如图形以及功率圆图形特征量在线/离线观测，不仅可以直观地了解系统全局运行状态及功率匹配情况，还可以通过三相电参量的全息融合拓展到机电液系统动力学、状态监测、故障诊断以及节能控制等研究方面的实验内容。

（3）本实验方法应用范围不局限于电动机拖动的液压设备，对电动机拖动的水泵、机床、起重机、提升机、印刷机械等设备，以及交流变压器、电焊机、加热炉等设备同样适用，为开展机电设备故障诊断、节能控制等方面研究提供新思路。

（4）异步电机虽然应用广泛，但是很多情况下运行于额定负载之下，损失严重，其节能运行一直是领域研究热点。目前在电机运行效率优化方面通常采用基于损耗模型的方法，但是需要离线构建数学模型，而且运行当中，由于电机参数变化的影响，往往达不到预期优化效果。利用本实验提供的方法监测电机功率状态不需要构建数学模型，既能直观显示电机运行效率优化控制效果，又能全面反映拖动设备运行工况。

（5）实践出真知。电机定子三相电流与拖动负载成正比变化是基本常识，最初的实验中利用交流电压和电流都是同频电信号的特点，根据物理学中李萨如原理将定子电压和电流融合成平面封闭图形，反复实验后发现图形的特征与负载变化过程密切相关，最后通过理论建模及仿真实验完善了基于李萨如图的交流电功率在线检测理论及技术。该技术的完成也为机电液系统在极端工况下三相电信号的时频特性、电功率与流体和机械功率的耦合关系以及多能域系统动能刚度等方面的研究提供了创新性实验方法。

4.4.6　变转速液压系统输出流量主动控制——专题研讨性实验案例

1. 概述

永磁电机驱动定量泵具有结构简单、可靠性高、调速范围宽、节能低噪、容易实现闭环控制等优点，在大功率、大惯性工况下呈现了广阔的应用前景，但变转速液压动力源在负载扰动时，系统瞬时流量波动较明显，目前在控制上仍然广泛采用 PID 反馈控制策略。反馈控制主要起校正偏差的作用，消除系统扰动和不确定性引起的响应误差，其缺点是对元件特性变化不敏感。而前馈控制是针对某一特定的干扰进行补偿，控制作用发生在干扰产生的瞬间而不需等到偏差出现以后，比反馈控制更加及时、有效。文献[16]通过控制电液比例溢流阀输出流量来控制液压执行元件动作，加上前馈-反馈复合控制环节，提高了控制系统的动态响应品质和静态控制精度，在工程应用中取得了良好的控制效果。文献[17]利用前馈-反馈的复合校正方法大幅度提高了液压电梯的速度控制精度，降低了速度响应时间。

经过专题研究和讨论两个重要环节，针对变转速液压动力源在负载压力扰动变化时系统流量出现较大瞬时波动，对收集的文献进行整理、分析、综合、概括，提出采用负载前馈-反馈和输入前馈-反馈复合补偿的两种主动控制策略实现变转速液压动力系统恒流量控制实验方案。拟通过实验途径探索主动控制策略中前馈控制器的设计方法，旨在提高系统流量的响应速度、抗干扰能力，改善鲁棒性[18,19]。

2. 前馈-反馈复合补偿控制原理及控制器设计

在反馈控制中，不管出于什么原因（外部扰动或系统内部参数变化），只要被控量偏离设定值，就会产生相应的控制机制去消除偏差，因此它具有抑制干扰的能力。反馈控制的缺点是时滞、波动问题，控制机制是事后调节，从出现偏差到开始校正有时间延迟，在进行整定调节作用时，实际被控量已发生很大变化了。前馈控制有以下特点：①基于扰动来消除对被控量的影响，动作及时；②只要模型是可靠的，则控制系统必然稳定；③具有指定性补偿的局限性；④控制规律取决于控制对象的特性。前馈控制器有两种结构形式：①静态前馈控制系统，控制器采用比例控制，是前馈模型中最简单的结构形式；②动态前馈控制系统，能显著地提高系统的控制品质，但结构往往比较复杂，只有当工艺上对控制精度要求很高，且存在一个"可测不可控"的主要扰动时，才考虑使用动态前馈方案。前馈控制属于开环控制方式，不变性原理是实现前馈控制的理论基础，完全补偿很难满足。

前馈-反馈复合控制系统既发挥了前馈及时主动控制扰动对被控量影响的优点，又保持了反馈控制能克服多个扰动影响的长处，降低了系统对前馈控制器的要求，使其在工程上更容易实现。前馈控制的设计原则：实现前馈控制的必要条件是扰动量的"可测不可控性"，可测是扰动量可以通过测量装置在线准确地将其转换为前馈控制器所能接受的信号类型；"不可控"是指扰动量难以或不允许通过专门的控制回路予以控制，如生产中的负荷。文献[17]和[20]表明，选用静态前馈-反馈控制方案，工程应用中可取得满意的控制效果。

1）负载前馈-反馈复合补偿控制原理及控制器设计

负载前馈-反馈复合补偿控制原理如图 4.32 所示，是在反馈控制的基础上，利用系统压力信号超前流量信号的特点，由压力传感器获取系统压力值，经过前馈控制器作用，把系统压力扰动变化量转化为系统流量的补偿量 q_f[21]。由于 PID 反馈控制器的输出为控制电机转速的电压信号，必须把系统流量补偿量 q_f 转化为电机控制补偿量 U_f。

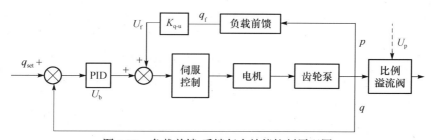

图 4.32　负载前馈-反馈复合补偿控制原理图

定量泵的流量和转速的关系如下：

$$q_f = V_p \cdot n_f \tag{4.25}$$

式中，V_p 为泵的排量。

永磁同步电机控制电压信号 V_n 与实际转速值 n 的关系如下：

$$n = K \cdot V_n \tag{4.26}$$

由式（4.25）和式（4.26）可得出电机转速控制电压信号前馈补偿量如下：

$$U_f = \frac{n_f}{K} = \frac{q_f}{V_p \cdot K} = K_{q-u} q_f \tag{4.27}$$

系统采用比例溢流阀模拟加载，通过设定加载电压 U_p，模拟不同载荷工况变化规律。反馈控制是通过流量传感器获取系统流量信号，与目标流量信号 q_{set} 进行对比并计算偏差，偏差经过 PID 控制器运算，输出电压信号 U_b 给伺服控制器，进而控制电机转速，从而达到调节液压源输出流量的目的。负载前馈-反馈复合补偿控制是在反馈控制的基础上，由压力传感器主动感知系统压力值，经过负载前馈控制器作用转化为流量前馈补偿量 q_f，再将其转化为前馈补偿电压值 U_f。此时，将反馈控制输出电压信号 U_b 与前馈控制输出电压信号 U_f 共同输给伺服控制器，实现改变液压源输出流量的目的。

前馈控制器是由系统对象的扰动通道特性和控制通道特性决定的，而要实现对干扰的完全补偿，必须十分精确地知道被控对象的干扰通道特性和控制通道特性，这在工业过程中是十分困难的，也是不现实的。研究表明，大部分工业过程具有非周期与过阻尼特性，常常可表示为一阶或二阶惯性加纯延迟环节[18]。假定系统控制通道的传递函数为

$$G_0(s) = \frac{K_1}{T_1 s + 1} e^{-t_1 s} \tag{4.28}$$

干扰通道的传递函数为

$$G_d(s) = \frac{K_2}{T_2 s + 1} e^{-t_2 s} \tag{4.29}$$

式中，K_1、K_2 分别为控制通道和干扰通道比例环节比例系数；T_1、T_2 分别为控制通道和干扰通道惯性环节时间常数；t_1、t_2 分别为控制通道和干扰通道延迟时间。

则前馈控制器的传递函数可有如下形式：

$$G_{ff}(s) = -\frac{G_d(s)}{G_0(s)} = -K_{ff} \cdot \frac{T_1 s + 1}{T_2 s + 1} e^{-ts} \tag{4.30}$$

式中，$K_{ff} = K_2 / K_1$；$t = t_2 - t_1$。

实验中控制和干扰通道的纯迟延差别并不明显，为了简化前馈补偿装置，采用如下简化形式：

$$G_{ff}(s) = -K_{ff} \cdot \frac{T_1 s + 1}{T_2 s + 1} \tag{4.31}$$

当 $T_2 \neq T_1$ 时，称为动态前馈控制，适用于对动态误差控制精度要求很高的场合，同时由于动态前馈控制是时间的函数，必须采用专门的控制装置。

当 $T_2 = T_1$ 时，称为静态前馈控制，目标是在稳态下实现对扰动的补偿作用，使被控量的静态偏差接近或等于零，而不考虑两通道时间常数的不同而引起的动态偏差。工程上常将反馈控制的误差不变性与静态前馈控制的稳态不变性结合起来应用，这样的系统不仅能消除静态偏差，而且能满足工艺上对动态偏差的要求。变转速系统在反馈控制下，流量输出会逐渐达到稳态，在此基础上，利用前馈控制对由加载扰动引起的流量波动进行补偿，使系统响应的静态偏差趋于0。结合动态前馈控制和静态前馈控制各自的适用工况，实验中选用静态前馈控制器，其传递函数最终可简化为

$$G_{ff}(s) = -K_{ff} \tag{4.32}$$

则系统压力 p 和流量前馈补偿量 q_f 之间的关系为

$$q_f = K_{ff} \cdot p \tag{4.33}$$

将式（4.33）代入式（4.27）可得

$$U_f = K_{q-u} \cdot K_{ff} \cdot p = \frac{K_{ff}}{V_p \cdot K} \cdot p \tag{4.34}$$

式中，$K_{q-u} = \dfrac{1}{V_p \cdot K}$，由伺服控制器特性确定，此处 $K=200(\text{r/min})/\text{V}$。

2）输入前馈-反馈复合补偿控制原理及控制器设计

输入前馈-反馈复合补偿控制原理如图 4.33 所示。输入前馈-反馈控制是将目标流量值 q_{set} 给反馈控制器的同时，将 q_{set} 经过前馈控制器作用转化为系统流量的前馈补偿量，再经过流量-电压转换环节 K_{q-u}，最终前馈补偿电压值 U_f 和 PID 控制器输出电压值 U_b 相加，一起通过伺服控制器控制电机转速，进而控制系统输出流量。

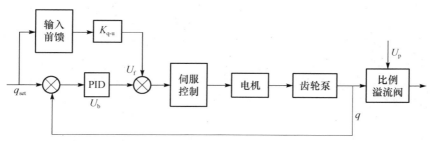

图 4.33 输入前馈-反馈复合补偿控制原理图

如图 4.34 所示，控制系统除了原有的反馈控制外，给定的目标输入 $R(s)$ 还通过前馈（补偿）装置 $F_r(s)$ 对系统输出 $C(s)$ 进行开环控制。$G_1(s)$ 为控制环节，$G_2(s)$ 为被控对象，对于线性系统可以应用叠加原理，则有

$$C(s) = [(R(s)-C(s))G_1(s) + R(s)F_r(s)]G_2(s) \tag{4.35}$$

或

$$C(s) = \frac{F_r(s)G_2(s) + G_1(s)G_2(s)}{1 + G_1(s)G_2(s)} R(s) \tag{4.36}$$

如选择前馈装置，$F_r(s)$ 的传递函数为

$$F_r(s) = 1/G_2(s) \tag{4.37}$$

则可使输出响应完全复现给定目标输入，于是达到系统暂态稳态误差为零，理想情况下前馈环节应该是一个微分（甚至高阶的）环节[19]。$G_2(s)$ 很难准确知道，所以输入全补偿在物理上往往无法准确实现，又因为研究对象是变转速液压动力系

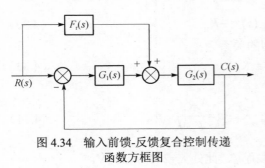

图 4.34　输入前馈-反馈复合控制传递
函数方框图

统，可看作三阶系统[20]。因此，$F_r(s)$ 为高阶微分环节和比例环节的组合。但在实验中绝大多数系统的输入变化程度是有限的，通常情况下，输入前馈控制环节 $F_r(s)$ 可用比例环节代替。实验中设定跟踪的目标流量 q_{set} 分别是阶跃、斜坡、正弦信号，为了简化前馈补偿装置，故将 $F_r(s)$ 设置为比例环节。

3. 实验内容及方法

首先对研究方案进行仿真实验分析，其目的是通过理论建模聚焦关键科学问题，节省资金和时间；再将仿真实验的结果和实际实验的结果进行比较，旨在检验仿真实验中归纳出来的假设、定理、定律以及各种参数是否正确，是否充分接近实际系统的行为。

目前，机电液系统建模的方法大致有两类：机理分析法（又称理论建模）和实验测试法（又称试验建模）。机理分析法是通过分析系统的运动规律，在一些合理假设下，运用一些已知的定理、定律和原则建立起机电液系统的数学模型，其中包括传统理论建模、通用建模法、专业建模软件（如 AMESim、Flunt、Ansis、MATLAB 等）；而实验测试法则是通过合理的实验方法，利用输入输出数据所提供的信息建立系统模型，估计系统参数。

1）负载前馈-反馈复合补偿控制的仿真实验

由建立的变转速液压动力系统流量控制数学模型[18,21]，在 MATLAB/Simulink 环境中搭建变转速液压动力系统前馈-反馈复合控制的仿真模型，分析系统流量负载前馈-反馈复合补偿控制的控制性能与控制精度。设定目标流量值从 0.02s 开始由 0 阶跃升至 0.4m³/h，系统稳定后在 0.05s 施加 0.2MPa 的加载压力。系统流量响应仿真结果如图 4.35 所示。

仿真结果中，在目标流量阶跃变化时，由于 PID 反馈控制器选取了较为合适的参数，系统流量经过调整后迅速达到稳态，没有出现超调，控制精度在 ±2% 以内。在负载压力阶跃处，由于液压系统泄漏量和油液体积压缩量的突然增加，输出流量会突然减少，但由于系统是闭环控制，通过 PID 调整又重新回到目标流量稳态值。在此基础上加入前馈补偿控制作用，在压力加载的同时，负载压力值经过前馈控制运算后与 PID 输出量相加，此时电机模拟输入量增大，电机转速增大，液压动力源输出流量增大，使系统流量快速恢复到稳态值。由图 4.35 可以看出：负载压力阶跃变化时，负载前馈-反馈复合补偿控制的流量响应调整时间由 PID 反馈控制时的 11ms 减少到 6ms，流量波动由 PID 反馈控制下的 0.36m³/h 减小到复

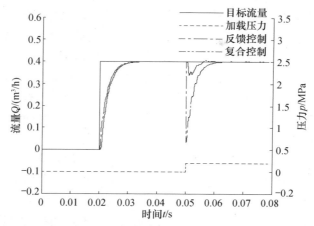

图 4.35　流量和压力阶跃输入时系统输出流量响应仿真曲线

合控制下的 0.06m³/h，系统的抗负载扰动性能得到明显提升，但出现了较小的超调量，可以通过共同调节 PID 参数和前馈控制器参数，达到更好的控制效果。在负载压力阶跃变化时，负载前馈-反馈复合补偿控制策略在减小系统流量波动以及缩短调整时间上的可行性和有效性，且控制效果优于 PID 反馈控制。

2）输入前馈-反馈复合补偿控制的仿真实验

根据输入前馈-反馈复合控制的原理及数学模型[19,20]，在软件 MATLAB 环境下，利用 Simulink 仿真工具搭建控制系统模型。

图 4.36 为 PID 反馈控制下系统流量的斜坡跟踪响应仿真曲线。目标流量斜坡输入，系统流量从 0m³/h 开始斜率为 25(m³/h)/s 升至 0.5m³/h，系统响应稳定后，

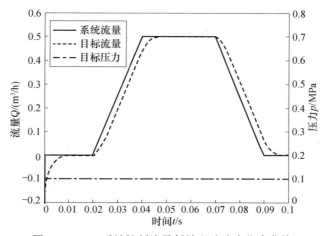

图 4.36　PID 反馈控制流量斜坡跟踪响应仿真曲线

在 70ms 改变目标流量从 0.5m³/h 斜坡降至 0，斜率为–25(m³/h)/s，系统流量响应如图 4.36 所示。目标流量斜坡上升过程出现了较大的动态误差，为 0.04～0.05m³/h。这是因为 PID 反馈控制是基于偏差调节的，属于被动控制，虽然经过 PID 控制器使偏差减小，但由于目标流量斜坡输入不断增加，使得偏差一直存在；在仿真时间 40～70ms，目标流量为 0.5m³/h，经过 PID 控制调节后，系统输出流量达到稳态，与目标流量之间的稳态误差基本为 0；在 70～100ms 时间段，目标流量斜坡降至 0，此时仍然存在较大的动态误差。

图 4.37 为输入前馈-反馈控制流量斜坡跟踪响应仿真曲线。在反馈控制的基础上加入前馈补偿控制作用，是在 PID 反馈控制器输出的电压值基础上，加入目标流量值经过输入前馈控制器后的前馈补偿电压值，使电机模拟输入量增大，电机转速迅速升高，系统流量值增大，此时相当于在不断的补偿目标流量与实际流量的偏差值，使系统流量快速恢复到稳态值。

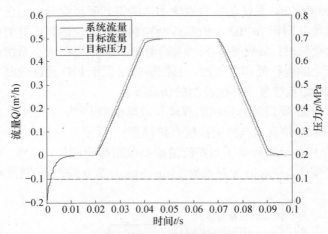

图 4.37　输入前馈-反馈控制流量斜坡跟踪响应仿真曲线

从目标流量斜坡变化的仿真结果可以看出，提出的输入前馈-反馈复合补偿控制策略能有效减小系统跟踪动态变化时所出现的动态误差，比普通 PID 反馈控制有更好的控制效果。

3）前馈-反馈复合补偿控制实验验证

实验采用 11kW 永磁同步电机和排量 11mL/r 齿轮泵作为变转速液压动力源，系统压力信号和流量信号通过 P71200 压力传感器和 LWZY 智能涡轮流量传感器采集，并传送给多功能数据采集卡的模拟量输入端口，通过上位机 LabVIEW8.6 软件平台编写的控制程序输出最终控制量，调节电机转速，达到控制液压动力源的输出流量。

　　在实验平台上编制 LabVIEW 软件程序进行流量反馈、负载前馈-反馈复合补偿控制以及输入前馈-反馈复合补偿控制实验，通过实验结果验证仿真建模的有效性，并利用实验数据标定仿真模型参数。

　　（1）负载前馈-反馈复合补偿控制实验。负载前馈-反馈复合补偿控制原理如图 4.32 所示，PID 控制参数为 K_p =1.0，T_i =0.01，T_d =0；前馈控制器参数 K_{ff}=0.0067V/MPa，设定目标流量为 0.5m³/h，系统流量稳定后，用电磁比例溢流阀分别模拟加载：①阶跃载荷（加载电压由 0 阶跃至 3.5V，系统压力由 2MPa 阶跃至 5MPa，温度为 23.5℃）；②斜坡载荷（加载电压由 0 斜坡升到 3.5V，系统压力由 2MPa 斜坡升至 5MPa，斜率为 1MPa/s，温度为 23.9℃）；③正弦载荷（加载电压峰值大小为 3.5V、频率为 0.125Hz，温度为 23.7℃）。上述 3 种工况下，传统 PID 反馈控制与负载前馈-反馈复合控制实验结果见图 4.38～图 4.43。

　　（2）输入前馈-反馈复合补偿控制实验。在空载状态下分别进行：①流量阶跃跟踪，目标流量从 0.2m³/h 阶跃上升至 0.5m³/h，稳定后再下降至 0.2m³/h。②流量斜坡跟踪，目标流量从 0.2m³/h 斜坡上升至 0.5m³/h，上升斜率为 0.05(m³/h)/s，流

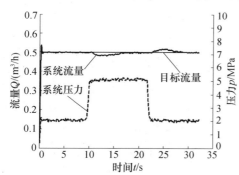

图 4.38　PID 反馈控制压力阶跃加载
流量响应

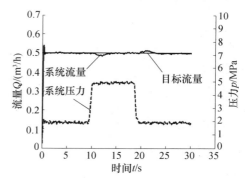

图 4.39　负载前馈-反馈复合控制压力阶跃
加载流量响应

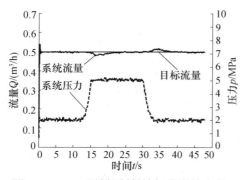

图 4.40　PID 反馈控制斜坡加载流量响应

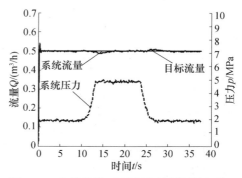

图 4.41　负载前馈-反馈复合控制斜坡加载
流量响应

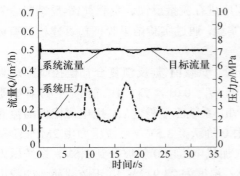

图 4.42　PID 反馈控制正弦加载流量响应

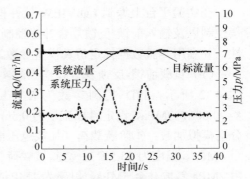

图 4.43　负载前馈-反馈复合控制正弦
加载流量响应

量稳定后再下降至 0.2m³/h，下降斜率为–0.05(m³/h)/s；③流量正弦跟踪，目标流量按照正弦规律变化，幅值为 0.2m³/h，周期为 8s。上述 3 种工况下，传统 PID 反馈控制与输入前馈-反馈复合控制结果见图 4.44～图 4.49。

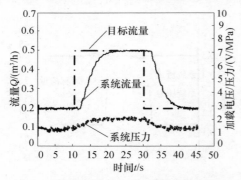

图 4.44　PID 反馈控制流量阶跃跟踪响应

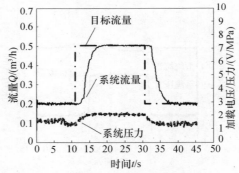

图 4.45　输入前馈-反馈控制流量阶跃
跟踪响应

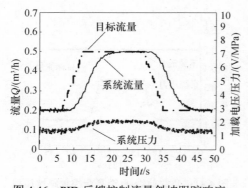

图 4.46　PID 反馈控制流量斜坡跟踪响应

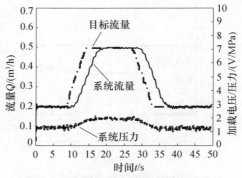

图 4.47　输入前馈-反馈控制流量斜坡
跟踪响应

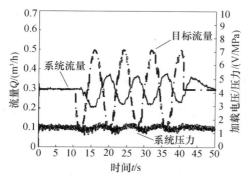

图 4.48　PID 反馈控制流量正弦跟踪响应

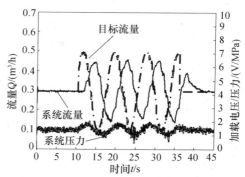

图 4.49　输入前馈-反馈控制流量正弦
跟踪响应

4. 实验结果及分析

（1）负载前馈-反馈复合补偿控制实验结果分析。在加载工况下，当系统压力上升时，泵的泄漏量增加，油液压缩增大，使泵的输出流量减小；同理，在减载工况下，泵的输出流量增大。因为系统是闭环控制，所以通过 PID 调整控制电机的转速来补偿泵的泄漏，使系统流量恢复稳态。加入负载前馈控制后，在系统压力变化的同时，把压力值的变化量经过前馈控制器运算后与 PID 输出量相加，此时电机模拟输入量增大，电机转速升高，液压动力源输出流量增大，目标流量和系统流量偏差变小，PID 输出量和前馈控制输出量之和逐渐稳定，电机转速波动减小，进而使系统流量快速恢复到稳态值。

在阶跃加载工况下，采用反馈控制时控制流量调整时间为 7s，流量波动为 0.02m³/h，如图 4.38 所示；复合控制时流量调整时间为 2s，相比 PID 反馈控制调整时间缩短 5s，流量波动为 0.01m³/h，如图 4.39 所示。在斜坡加载工况下，反馈控制流量调整时间为 6s，流量波动为 0.014m³/h，如图 4.40 所示；复合控制时流量调整时间为 2s，相比 PID 反馈控制调整时间也缩短 4s，流量波动为 0.006m³/h，如图 4.41 所示。正弦加载工况下，从调整时间和流量波动上看，复合控制效果并没有明显优于反馈控制，如图 4.42 和图 4.43 所示，具体控制性能指标对比如表 4.2 所示。

表 4.2　负载前馈控制策略的流量响应性能指标对比

名称		调整时间/s	流量波动/(m³/h)
阶跃加载	反馈控制	7	0.02
	复合控制	2	0.01
斜坡加载	反馈控制	6	0.014
	复合控制	2	0.006

名称		调整时间/s	流量波动/(m³/h)
正弦加载	反馈控制	4	0.01
	复合控制	3	0.01

表 4.2 的对比分析表明：在阶跃加载和斜坡加载工况下，负载前馈-反馈复合补偿控制策略能够有效减小流量波动，缩短调整时间，同时保证了较高的控制精度；在正弦加载工况下，由于实验平台动力源的频率响应较低、正弦加载频率较高，以及压力、流量传感器的滞后等因素，复合控制效果并没有明显优于反馈控制。

（2）输入前馈-反馈复合补偿控制实验结果分析。目标流量在动态变化，系统流量在跟踪时出现了较大的滞后，加入输入前馈控制后，在目标流量动态变化的同时，使目标流量值直接经过前馈控制器的运算，避免了经过传感器所导致的延迟。与 PID 输出量相加，此时电机模拟输入量增大，电机转速升高，液压动力源输出流量增大，目标流量和系统流量偏差变小，故动态误差有效减小，响应时间缩短。

跟踪阶跃信号时，在 PID 反馈控制下，系统的响应时间为 10.3s，如图 4.45 所示；复合控制下响应时间为 6s，减小了约 40%，而稳态误差也由反馈控制下的 0.015m³/h 减小到复合控制下的 0.01m³/h，减小了约 33%，如图 4.46 所示，流量跟踪性能得到较大提升。跟踪斜坡信号时，反馈控制下，系统的响应时间为 5s，如图 4.47 所示；复合控制下响应时间为 2.8s，减小了约 44%，且动态误差也由反馈控制下的 0.11m³/h 减小到复合控制下的 0.06m³/h，减小了约 46%，如图 4.48 所示。跟踪正弦信号时，在简单 PID 反馈控制下，流量输入按正弦规律变化的频率过高，而实验平台动力源的频率响应较低，导致目标流量响应跟踪不上目标输出，故使误差值比较明显，如图 4.49 所示。加入输入前馈控制作用后，在目标流量输入高频率变化的同时，将补偿量转换成电机模拟电压信号，电机输出转速增大，相当于加快了系统的响应速度，缩短了跟踪响应时间，减小了动态误差，如图 4.49 所示。输入前馈-反馈符合补偿控制的效果在跟踪正弦交变信号时尤为突出。两种控制策略具体流量响应跟踪性能指标如表 4.3 所示。

表 4.3　输入前馈控制策略流量响应跟踪性能指标对比

名称		响应时间/s	动态误差/(m³/h)	稳态误差/%
阶跃跟踪	反馈控制	10.3	0.015	±2
	复合控制	6	0.01	±2
斜坡跟踪	反馈控制	5s	0.11	±2
	复合控制	2.8	0.06	±2
正弦跟踪	反馈控制	3.9	0.14	—
	复合控制	2.8	0.05	—

　　表 4.3 的对比实验结果表明：在空载情况下，无论输入的目标值如何变化（阶跃、斜坡或正弦），系统在输入前馈-反馈复合控制下都有效加快了流量响应速度，缩短了调整时间，减小了跟踪过程的动态误差，跟踪控制效果明显优于简单 PID 反馈控制。

5. 实验结论

　　（1）负载扰动变化时，两种复合补偿主动控制策略在液压动力源恒流量控制中使调整时间缩短到简单 PID 控制时的 30%，流量波动量减小到简单 PID 控制时的 50%，系统抗负载扰动性明显优于简单 PID 反馈控制，系统的鲁棒性能得到提升。相比较而言，输入前馈-反馈复合补偿的主动控制性能更优。

　　（2）负载压力恒定不变、目标流量阶跃变化时，两种复合补偿控制都能加快系统流量的响应速度，效果优于简单 PID 反馈控制。复合补偿控制可以解决变转速液压动力源在跟踪动态变化信号时出现严重滞后、响应速度慢、不易调整等问题，实现了液压动力源典型工况下流量的跟踪控制。与简单 PID 控制相比，在目标流量动态变化（阶跃、斜坡）时，复合补偿控制响应时间和动态误差减小约 44%；尤其跟踪正弦信号时，在缩短响应时间的同时，将动态误差减小至简单 PID 反馈控制的 30%，系统的动态响应特性得到大幅提升。

　　（3）实验中发现：加载压力恒定不变的情况下，负载前馈-反馈、输入前馈-反馈复合控制利用系统流量上升时系统压力也上升的特点，有效加快了流量响应速度，控制效果优于简单 PID 反馈控制，但由于前馈控制相当于开环补偿控制，如果参数选择不合适，前馈控制同样会出现欠或过补偿，可通过共同调节 PID 控制器和前馈控制器参数才能达到更好的控制效果。由此可以看出：仿真实验是实际实验的前提，而实际的操作又是对仿真实验的验证，针对研究内容并结合工程实际建立的实验平台可以对建模过程以及仿真结果进行标定、验证以及参数识别，可以让仿真更可信，有效避免模型、实验、实物之间的不确定因素带来的影响，最大限度地保证模型充分接近实际系统的行为。仿真的结果是在一个特定模型下的计算结果。因此，仿真实验不能完全代替实际实验。

4.5　本 章 小 结

　　（1）提出以专业领域基础理论为主线构建突出专业核心技术综合实验平台的设计理念，把国内外研究动态以及科学方法融入变转速泵控马达机电液系统实验平台。

　　（2）实验技能和计算机仿真能力的训练是机械类研究生培养的重要环节，没有良好的实验环境,是难以产生创造性成果的。研究生教学与本科生教学的最大区别在于除了必要的基础教学外,还要进行专业实践活动。专业实践活动是教学中的重要内容,包括课程的实验教学、研究生参与的课题研究以及撰写论文必须进行的实验工作等。

(3) 科研成果转化为综合性实验平台是我国普通高校解决研究生实验条件不足、水平不高的有效途径。高校教师在开展科研工作并取得高水平研究成果的同时,若及时把自己的研究成果开发成新的实验或实验设备,把科研工作的新进展、国际上研究领域的最新内容及时补充到课堂上、教材中、实验室,使教学内容得到补充和更新,再将开发综合、创新型实验项目直接和开展的科研工作挂钩,不仅有利于培养研究生的创新思维和动手能力、升级实验条件,还能为课题组申报高水平科研项目、培养高水平师资队伍提供研究平台。

(4) 机械专业研究生的教学和科研实验平台应该由重大工程装备典型结构抽象而来。复杂机电系统客观上以装备存在,有实效的研究应该结合装备来开展,因此,实验平台的建设要面向国家经济建设与社会发展中的重要装备,从中提炼出共性理论与核心技术作为实验研究内容,开发能充分体现机械学科综合性、交叉性和设计性的实验项目,开展研讨式学习和案例启发式的教学实验模式。

(5) 系统建模和模型校核、验证与确认是一个相互交替的过程,或者说计算机仿真实验与实际实验贯穿于理论研究过程的整个生命周期中。基于模型的假设,承认仿真的结果,并以此进行分析,通过模型来理解实际的情况,甚至于外推到尚不能进行实验的区域进行预测。科学实验是相对于知识理论的一种检测性的实际操作,用来检测那些正常操作或临界操作的运行过程、运行状况等,并证明它的正确性或者推导出新的结论。本章所述的计算机仿真实验与实际实验相结合的研究方法,贯穿于本书提出的变转速液压泵控马达系统的动能刚度建模、分析、设计与控制理论和方法研究过程的整个周期中。

参 考 文 献

[1]　国家自然科学基金委员会工程与材料科学部.机械工程学科发展战略报告(2011~2020) [M].北京: 科学出版社, 2010.

[2]　谷立臣, 刘沛津, 孙昱, 等. 机械工程研究生综合实验平台建设与实践[J]. 实验技术与管理, 2015, 32(5): 16-20.

[3]　刘永, 谷立臣, 吴振松, 等. 液压系统压力闭环调速及开环加载实验[J]. 机械设计与研究, 2015, 31(2): 121-124.

[4]　贾永峰, 谷立臣, 郑德帅. 比例溢流阀闭环模拟加载系统实验研究[J]. 机械设计, 2013, 30(12): 85-89.

[5]　刘永, 谷立臣, 吴振松, 等. 基于磁粉制动器的液压系统模拟加载实验研究[J]. 机床与液压, 2017, 45(5): 58-

61.

[6]　田晴晴, 谷立臣. 变转速变排量复合调速液压系统监控平台设计[J]. 中国机械工程, 2016. 8. 16, 27(16): 2225-2229, 2266.

[7]　彭天好, 徐兵, 杨华勇. 变频液压技术的发展及研究综述[J]. 浙江大学学报, 2004, 38(2): 215-221.

[8]　BILAL M. Drive produces variable flow and pressure from a fixed-displacement pump[J]. Hydraulics & Pneumatics, 2008, 62(2): 22-108.

[9]　张红娟, 权龙, 李斌. 注塑机电液控制系统能量效率对比研究[J]. 机械工程学报, 2012, 48(8): 180-187.

[10]　HUANG J H, YAN Z, QUAN L, et al. Characteristics of delivery pressure in the axial piston pump with combination of variable displacement and variable speed[J]. Proceedings of the Institution of Mechanical Engineers, Part I: Journal of Systems and Control Engineering, 2015, 229(7): 599-613.

[11]　郑德帅, 谷立臣, 贾永峰, 等. 基于 AMEsim 的电液负载模拟系统[J]. 机械设计与研究, 2013, 29(2): 97-100.

[12]　贾永峰, 谷立臣. 永磁同步电机驱动的液压动力系统设计与实验分析[J]. 中国机械工程, 2012, 23(3): 286-290.

[13]　谷立臣, 刘沛津, 陈江城. 基于电参量信息融合的液压系统状态识别技术[J]. 机械工程学报, 2011, 47(24): 141-150.

[14]　雷杨, 谷立臣, 刘沛津. 电力拖动设备三相电信号实时监测系统开发[J]. 机械科学与技术, 2013, 32(8): 1149-1152.

[15]　谷立臣, 刘沛津. 在线监测电机功率状态的图形识别技术[J]. 中国电机工程学报, 2012, 32(9): 100-108.

[16]　刘沛津, 谷立臣. 异步电机负序分量融合方法及其在定子匝间短路故障诊断中的应用[J]. 中国电机工程学报, 2013, 33(15):119-123.

[17]　王林涛, 龚国芳, 杨华勇. 基于前馈-反馈复合控制的盾构土压平衡控制[J]. 中南大学学报, 2013, 44(7): 2726-2735.

[18]　李昭, 谷立臣, 马玉. 变转速液压动力源的负载前馈-反馈复合补偿控制[J]. 中国机械工程, 2016, 27(6): 805-809, 832.

[19]　马玉, 谷立臣. 变转速液压动力源的输入前馈-反馈复合补偿控制[J]. 长安大学学报, 2017, 37(5): 120-126.

[20]　彭天好. 变频泵控马达调速及补偿特性的研究[D]. 杭州: 浙江大学, 2003.

[21]　贾永峰, 谷立臣. 模型与条件 PID 补偿的永磁伺服电动机驱动液压源流量控制[J]. 机械工程学报, 2014, 50(8): 197-204.

第 5 章 机电液系统动能刚度及识别方法

5.1 概 述

高速高压是液压设备的主要发展趋势之一，但是高速高压化带来的振动噪声加剧、性能退化快、寿命短以及故障的预警与控制问题制约了液压设备的发展[1]。大量研究结果已表明，变转速泵控液压系统具有效率高、结构简单、调速范围宽的技术优势，但也呈现出许多负面现象，如控制精度和速度刚度低、响应速度慢、低速稳定性差以及启动换向冲击明显等问题，因而限制了其在工业领域中的应用范围[2]。机电液系统作为复杂机电设备的重要组成部分，其运行过程中伴随着电能、液压能以及机械能等多域能量之间的相互转换。高效的多域能量转换能够降低系统的能耗，提高设备服役期间的工作可靠性、元件性能寿命，因此，机电液系统的功率分布及多域能量高效转换机制一直是国内外学者进行研究的重点。

第 2、3 章以电机拖动液压泵驱动液压马达系统为研究对象，充分考虑油液体积弹性模量、非线性摩擦力对系统响应的影响规律，建立了系统的非线性动力学模型，研究了系统参量变化对系统性能的影响和变工况对系统内部参量的影响。本章基于机电液系统模型分析其功率分布与多域能量转换机理，根据动能变化率指标进行系统全局耦合分析以及动力学正反问题研究，探索动能变化率对分析系统运行状态变化的重要意义。首先，证明用动能刚度作为动能变化率间接评价指标是可行的。其次，通过系统动力学模型分析系统动能刚度的物理意义及应用背景，并基于信息融合理论提出系统动能刚度的图示化识别方法。最后，以变转速泵控马达系统为研究对象，分析系统多域参量对运行状态的影响机制，进一步阐明动能刚度的物理意义；给出系统运行过程中动能刚度角的计算方法，将多能域参量耦合作用下系统运行状态的变化统一用动能刚度表示，达到评价系统动态性能及运行可靠性的目的。

5.2 系统多参量耦合及功率平衡方程

5.2.1 多参量耦合过程

机电液系统作为典型的多能域耦合系统，其运行过程中，伴随着电能、磁能、机械能、油液能等多域能量的相互转换与耦合。利用二端口网络对机电液系统的多域能量转换过程进行描述，如图 5.1 所示[3]。电机吸收电网的电能（电压 U、电流 i），经电磁、机电能量转换，输出机械能（转矩 T_E、转速 ω_E）拖动液压泵；液压泵作为机液能量转换单元，将电机输出的机械能转换为液压能（压力 P、流量 Q）驱动液压马达带载工作；液压马达作为液-机能量转换元件，将液压泵输出的液压能转换为机械能（T_m、ω_m）。系统能量在传递过程中，存在电气能量损失与储备（电气阻抗 R_E、电气感抗 L_E）、液压能量损失与储备（液压阻抗 R_H、液压感抗 L_H）、机械能量损失与储备（机械阻抗 R_M、机械感抗 L_M）。

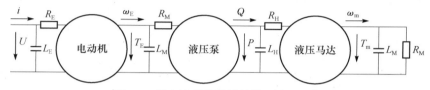

图 5.1　机电液系统能量转换二端口网络

如图 5.1 所示，电功率流为电压降 U 乘以电流 i；液压功率流为流体压力降 P 乘以流量 Q；机械功率流为力矩 T 乘以转速 ω。根据功率键合图理论，U、P、T 是势变量，为产生的功率流提供势能；i、Q、ω 是流变量，为产生的功率流提供动能。因此，系统中电、液、机功率流的传递、转换和演变过程实际上是动能和势能在系统中作用于传递介质的变化过程，当各子系统间的约束条件（如转速、压力、刚度、阻尼、温度等）发生变化时，必然导致功率流的变化。这种单一参量改变作用于系统能量转换过程，影响机电液系统运行状态，进而改变系统其他内部参量的过程，即为多参量耦合。

实际上，机电液系统建模过程就是针对其多能量域物理耦合结构，抽象融合集成效应的数学描述过程。一般机电液系统的全局耦合关系如图 5.2 所示。机电液系统设计完成后，尽管其结构或元件已经选择，但为了获得较优的系统行为模式，必须了解系统内部的参变量耦合以及信息反馈机制。设计阶段对系统的运行机理完全清楚是不现实的，一般先利用专业软件在计算机上实现对系统的仿真，寻找被称作为优化的系统结构，包括参数优化、结构优化、约束优化等。参数优化就是通过改变其中几个比较敏感参数来改变系统结构以寻找较优的系统行为；结构优化是指增加或减少模型中的水平变量、速率变量以改变系统结构来获得较优的系统行为；约束优化是指系统约束及约束条件发生变化时引起系统结构变化来获得较优的系统行为。

1. 子系统耦合结构

如图 5.3 所示，将电机-液压泵子系统（机电耦合模型）和马达-工作装置与负

图 5.2　机电液系统全局耦合关系

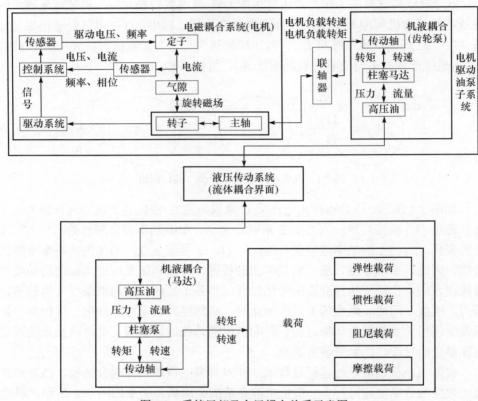

图 5.3　系统局部及全局耦合关系示意图

载子系统（机液耦合模型）两个子系统从全局耦合模型中分离出来，连接两个子系统的液压油及其控制元件系统可以抽象为流体耦合界面。通过界面分析液阻、液感、液容、结构尺寸和油液属性等约束条件，基于机、电、液系统动力学理论，可深入研究电动机-液压泵和马达-载荷（包括工作装置）两个子系统的耦合特性，将连接两个子系统的液压回路视为耦合界面，重点研究两个子系统的动力学特性对全局耦合动力学特性的影响。如图 5.4 所示，研究液压系统非线性功能界面、控制饱和与时滞效应等耦合特性的形成机理以及对系统全局性能劣化及功率流传递特性的影响机制。

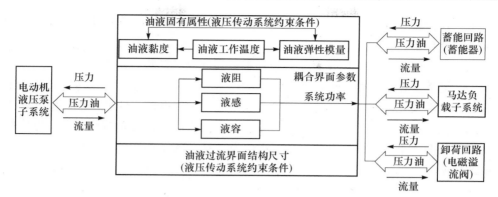

图 5.4 液压传动系统与两个子系统的耦合界面关系

2. 子系统耦合界面及功能

任何机电系统都具有一定形式的耦合界面，只是不同系统的界面耦合机理与特征各有不同，界面耦合也是界面约束，这类约束的稳定常常是系统正常运行的条件。在工况或工艺强化情况下，这种约束呈强非线性，约束极易被破坏，诱导系统工作失稳。由于耦合的交互作用，在某一子系统中所出现的故障或缺陷也会沿着相同的耦合通道在整个系统中逆向扩散，从而形成对于系统动力过程的负面效应。

机电液系统的流体耦合与负载形式对系统的运行状态以及控制系统的稳定性会形成负面效应。学者们相继指出：机电液系统在冲击、突变载荷、高速运行、大范围调速、打滑等极端工况下运行时，会导致设备性能退化、可靠性降低，并经常伴随有局部高温、气蚀、高频噪声、控制元件失稳、泄漏、动力失稳、效率下降、附加动应力、油质退化、电机碰摩和短路等故障现象的发生。因此，需要综合考虑系统的摩擦力、体积弹性模量、泄漏量、黏温、黏压等非线性参变量对系统运行状态的影响规律，通过研究耦合界面不同能域的能量转换机制，最终获得运行工况→系统内部参量→动能刚度→输出外特性的效应传递机理，进而研究改变耦合界面约束条件、系统参数及传递介质的实验方法，分析液压设备变转速和变排量大范围复合调速的节能机理机制。

5.2.2 机电液系统全局功率分布

1. 系统全局功率分布

在机电液系统的能量转换过程中，系统输入功率主要转换为输出功率、损耗功率、储备功率以及动能变化率 4 部分，即[4,5]

$$N_{in} = N_{out} + N_c + N_s + \frac{\mathrm{d}T}{\mathrm{d}t} \tag{5.1}$$

式中，N_{in} 为输入功率；N_{out} 为输出功率；N_c 为损耗功率；N_s 为储备功率；dT/dt 为动能变化率。

由式（5.1）可知，要使系统能量在多能域间高效转换，则需：①损耗功率要小；②动能变化率较小。但在实际工况中，尤其在设备启停、作用冲击负载等工况时，动能变化率较大，导致短时间内系统输入功率升高，能耗增加。因此，工程上常采用蓄能器或变惯量等装置回收或释放冲击能量，延长响应时间，以降低动能变化率。下面从系统功率平衡角度出发，结合各子系统动力学模型，研究动能变化率对机电液系统功率转换的影响规律。

2. 电机-液压泵子系统功率平衡方程

将式（3.15）两端左乘 $\boldsymbol{i}^{\mathrm{T}}$，可得

$$\boldsymbol{i}^{\mathrm{T}}\boldsymbol{u} = \omega\,\boldsymbol{i}^{\mathrm{T}}\boldsymbol{G}\boldsymbol{i} + \boldsymbol{i}^{\mathrm{T}}\boldsymbol{R}\boldsymbol{i} + \boldsymbol{i}^{\mathrm{T}}\boldsymbol{L}p\boldsymbol{i} \tag{5.2}$$

当系统为电机驱动时，根据坐标变换理论，对其在两相旋转坐标（$M\text{-}T$ 坐标系）下的电压方程为两端同乘 $\boldsymbol{i}^{\mathrm{T}}$，可得

$$\boldsymbol{i}^{\mathrm{T}}\boldsymbol{u} = \boldsymbol{i}^{\mathrm{T}}\left(\boldsymbol{G}\boldsymbol{i} + \boldsymbol{\psi}\right)\omega + \boldsymbol{i}^{\mathrm{T}}\boldsymbol{R}\boldsymbol{i} + \boldsymbol{i}^{\mathrm{T}}\boldsymbol{L}p\boldsymbol{i} \tag{5.3}$$

其中

$$\boldsymbol{u} = \begin{bmatrix} u_{\mathrm{sm}} \\ u_{\mathrm{sr}} \\ 0 \\ 0 \end{bmatrix}$$

$$\boldsymbol{i} = \begin{bmatrix} i_{\mathrm{sm}} \\ i_{\mathrm{st}} \\ i_{\mathrm{rm}} \\ i_{\mathrm{rt}} \end{bmatrix}$$

$$\boldsymbol{R} = \mathrm{diag}(R_{\mathrm{s}}, R_{\mathrm{s}}, R_{\mathrm{t}}, R_{\mathrm{t}})$$

$$\boldsymbol{L} = \begin{bmatrix} L_{\mathrm{s}} & 0 & L_{\mathrm{m}} & 0 \\ 0 & L_{\mathrm{s}} & 0 & L_{\mathrm{m}} \\ L_{\mathrm{m}} & 0 & L_{\mathrm{r}} & 0 \\ 0 & 0 & 0 & 0 \end{bmatrix}^{\mathrm{T}}$$

$$G = \begin{bmatrix} 0 & -L_s & 0 & -L_m \\ L_s & 0 & L_m & 0 \\ 0 & 0 & 0 & 0 \\ SL_m & 0 & SL_r & 0 \end{bmatrix}^T$$

式（5.3）中，等号左端为电动机由电网吸收的电功率；等号右端第一项为电机输出的机械功率，第二项为电机定、转子绕组上损耗的电功率，第三项为电机的电磁存储功率。

将电机拖动负载 $T_L = B_r \omega_r + K_r(\theta_r - \theta_p)$（其中 B_r 为折合到电机轴上的阻尼，K_r 为电机-泵联轴器扭转刚度）代入式（3.23），取极对数 $N_p = 1$，得

$$T_e = J \cdot \frac{d\omega_r}{dt} + B_r \omega_r + K_r(\theta_r - \theta_p) \qquad (5.4)$$

两端同乘 ω_r 可得电机输出轴上功率平衡方程：

$$T_e \omega_r = K_r \omega_r (\theta_r - \theta_p) + B_r \omega_r^2 + J \omega_r \frac{d\omega_r}{dt} \qquad (5.5)$$

式中，等号左端为电机输出的机械功率；等号右端第一项为液压泵获取的机械功率，第二项为电机机械损耗功率，第三项为电机输出动能变化率。

在式（3.53）中，$T_d = K_r(\theta_r - \theta_p)$，$\frac{V_p}{2\pi} = D_p$，忽略各摩擦副库伦摩擦转矩及压力过渡过程中配流盘导致的转矩损失，并将摩擦项统一为阻尼系数 B_p，得

$$K_r(\theta_r - \theta_p) = D_p(P_{high} - P_{low}) + B_p \omega_p + \lambda_J J_p \frac{d\omega_p}{dt} \qquad (5.6)$$

两端同乘 ω_p 可得泵的机械能-液压能转换平衡方程：

$$K_r \omega_p (\theta_r - \theta_p) = D_p \omega_p (P_{high} - P_{low}) + B_p \omega_p^2 + \lambda_J J_p \omega_J \frac{d\omega_p}{dt} \qquad (5.7)$$

式中，等号左端为泵吸收的机械功率；等号右端第一项为泵输出的液压功率，第二项为机械损耗功率，第三项为泵输出动能变化率。

3. 液压泵-液压马达子系统功率平衡方程

忽略液压泵、液压马达柱塞腔体积变化量引起油液压缩体积变化，综合各项泄漏，液压泵-液压马达系统液压子系统流量连续方程为

$$D_p \omega_p = D_m \omega_m + \frac{C_{ihm} + C_{ip}}{\mu_{t0} e^{-\lambda(t - t_0)}} (P_{high} - P_{low}) + \frac{V_m + V_p}{\beta(P_{high}, \alpha)} \dot{P}_{high} \qquad (5.8)$$

式中，C_{ihm} 为柱塞马达综合泄漏系数；C_{ip} 为柱塞泵综合泄漏系数；V_m、V_p 分别为柱塞泵和柱塞马达高压腔体积。

式（5.8）两端同乘 $\left(P_{high}-P_{low}\right)$ 可得液压子系统功率平衡方程：

$$D_p\omega_p(P_{high}-P_{low})=D_m\omega_m(P_{high}-P_{low})+\left[\frac{C_{ihm}+C_{ip}}{\mu_{t0}e^{-\lambda(t-t_0)}}(P_{high}-P_{low})^2\right]$$
$$+\left[\frac{V_m+V_p}{\beta(P_{high},\alpha)}(P_{high}-P_{low})\dot{P}_{high}\right] \tag{5.9}$$

式中，等号左端为动力源子系统输出的液压功率；等号右端第一项为液压马达吸收的液压功率，第二项为液压损耗功率，第三项为液压储备功率。

在式（3.52）中，$\dfrac{V_m}{2\pi}=D_m$，柱塞马达负载转矩 $T_{ml}=K_1(\theta_m-\theta_1)$，忽略各摩擦副库伦摩擦转矩及压力过渡过程中配流盘导致的转矩损失，将摩擦项简化为整体阻尼系数 B_m 与转速 ω_m 乘积，得

$$D_m\left(P_{high}-P_{low}\right)=K_1(\theta_m-\theta_1)+B_m\omega_m+\lambda_m J_m\frac{d\omega_m}{dt} \tag{5.10}$$

两端同乘 ω_m 可得马达的机械能-液压能转换平衡方程：

$$D_m\omega_m\left(P_{high}-P_{low}\right)=K_1\omega_m(\theta_m-\theta_1)+B_m\omega_m^2+\lambda_m J_m\omega_m\frac{d\omega_m}{dt} \tag{5.11}$$

式中，等号左端为液压马达吸收的液压功率；等号右端第一项为液压马达输出的机械功率，第二项为机械损耗功率，第三项为马达输出动能变化率。

4. 液压马达-负载子系统功率平衡方程

液压马达-负载子系统转矩平衡方程为

$$K_1(\theta_{hm}-\theta_1)=T_1+B_1\omega_1+J_1\frac{d\omega_1}{dt} \tag{5.12}$$

式中，T_1 为外负载转矩；B_1 为外负载阻尼系数；J_1 为外负载等效转动惯量。

液压马达-负载子系统转矩平衡方程两端同乘 ω_1 可得机械子系统的功率平衡方程：

$$K_1\omega_1(\theta_{hm}-\theta_1)=T_1\omega_1+B_1\omega_1^2+J_1\omega_1\frac{d\omega_1}{dt} \tag{5.13}$$

式中，等号左端为液压马达输出的机械功率；等号右端第一项为子系统输出的机械功率，第二项为机械损耗功率，第三项为子系统输出的动能变化率。

5. 系统全局功率平衡方程

由式（5.1）～式（5.13）可得机电液系统全局功率平衡方程为

$$
\begin{aligned}
\boldsymbol{i}^{\mathrm{T}}\boldsymbol{u} = T_1\omega_1 + & \left[\boldsymbol{i}^{\mathrm{T}}\boldsymbol{R}\boldsymbol{i} + B_{\mathrm{m}}\omega_{\mathrm{m}}^2 + B_{\mathrm{p}}\omega_{\mathrm{p}}^2 + B_{\mathrm{m}}\omega_{\mathrm{m}}^2 + B_1\omega_1^2 + \frac{C_{\mathrm{im}} + C_{\mathrm{ip}}}{\mu_{t0}\mathrm{e}^{-\lambda(t-t_0)}}(P_{\mathrm{h}} - P_0)^2 \right] \\
+ & \left[\boldsymbol{i}^{\mathrm{T}}\boldsymbol{L}_{\mathrm{p}}\boldsymbol{i} + K_{\mathrm{m}}\left(\omega_{\mathrm{m}} - \omega_{\mathrm{p}}\right)\left(\theta_{\mathrm{m}} - \theta_{\mathrm{p}}\right) + K_1\left(\omega_{\mathrm{m}} - \omega_1\right)\left(\theta_{\mathrm{m}} - \theta_1\right) + \frac{V_{\mathrm{m}} + V_{\mathrm{p}}}{\beta}\left(P_{\mathrm{high}} - P_{\mathrm{low}}\right)\dot{P}_{\mathrm{high}} \right] \\
+ & \left(J\omega_{\mathrm{r}}\frac{d\omega_{\mathrm{r}}}{dt} + \lambda_{\mathrm{p}}J_{\mathrm{p}}\omega_{\mathrm{p}}\frac{d\omega_{\mathrm{p}}}{dt} + \lambda_{\mathrm{m}}J_{\mathrm{m}}\omega_{\mathrm{m}}\frac{d\omega_{\mathrm{m}}}{dt} + J_1\omega_1\frac{d\omega_1}{dt} \right)
\end{aligned}
$$

$$（5.14）$$

式中，等号左端为机电液系统从电网吸收的电功率；等号右端第一项为负载功率，第二项为损耗功率，第三项为储备功率，第四项为动能变化率[5]。

如式（5.14）所示，机电液系统的输入功率主要由负载功率、损耗功率、储备功率以及动能变化率 4 部分组成。其中损耗功率主要受机电液系统阻尼及液压子系统泄漏影响，系统阻尼、液压系统泄漏越大，则系统损耗功率越大，功率转换率降低；储备功率受系统电感、油液有效体积弹性模量、联轴器机械刚度影响，储备功率越大，系统抗负载冲击能力越强；动能变化率受电机、泵、马达及负载转动惯量的影响，动能变化率越大，则系统所需输入功率越大，输出平稳性越差。

由式（5.14）可知，系统的全局损耗功率、储备功率由机械、电气、液压能域的损耗功率、储备功率组成。系统损耗功率可表示为

$$
\begin{aligned}
N_{\mathrm{c}}(\boldsymbol{i},\omega,P_{\mathrm{high}}) &= N_{\mathrm{ce}} + N_{\mathrm{cm}} + N_{\mathrm{ch}} \\
&= \boldsymbol{i}^{\mathrm{T}}\boldsymbol{R}\boldsymbol{i} + (B_{\mathrm{m}}\omega_{\mathrm{m}}^2 + B_{\mathrm{p}}\omega_{\mathrm{p}}^2 + B_{\mathrm{m}}\omega_{\mathrm{m}}^2 + B_1\omega_1^2) + \left[\frac{C_{\mathrm{im}} + C_{\mathrm{ip}}}{\mu_{t0}\mathrm{e}^{-\lambda(t-t_0)}}(P_{\mathrm{high}} - P_{\mathrm{low}})^2 \right]
\end{aligned}
$$

$$（5.15）$$

同理，系统储备功率可表示为

$$
\begin{aligned}
N_{\mathrm{s}}(\boldsymbol{i},\omega,P_{\mathrm{h}}) &= N_{\mathrm{se}} + N_{\mathrm{sh}} + N_{\mathrm{sm}} \\
&= \boldsymbol{i}^{\mathrm{T}}\boldsymbol{L}_{\mathrm{p}}\boldsymbol{i} + \left[\frac{V_{\mathrm{m}} + V_{\mathrm{p}}}{E_{\mathrm{ef}}}(P_{\mathrm{high}} - P_{\mathrm{low}})\dot{P}_{\mathrm{high}} \right] \\
&\quad + [K_{\mathrm{m}}(\omega_{\mathrm{m}} - \omega_{\mathrm{p}})(\theta_{\mathrm{m}} - \theta_{\mathrm{p}}) + K_1(\omega_{\mathrm{m}} - \omega_1)(\theta_{\mathrm{m}} - \theta_1)]
\end{aligned}
$$

$$（5.16）$$

系统的动能变化率可表示为

$$
\frac{dT}{dt} = J_{\mathrm{r}}\omega_{\mathrm{r}}\frac{d\omega_{\mathrm{r}}}{dt} + \lambda_{\mathrm{p}}J_{\mathrm{p}}\omega_{\mathrm{p}}\frac{d\omega_{\mathrm{p}}}{dt} + \lambda_{\mathrm{m}}J_{\mathrm{m}}\omega_{\mathrm{m}}\frac{d\omega_{\mathrm{m}}}{dt} + J_1\omega_1\frac{d\omega_1}{dt} \tag{5.17}
$$

结合式（5.14）～式（5.16）可表示为

$$\boldsymbol{i}^{\mathrm{T}}\boldsymbol{u} = T_1\omega_1 + (N_{ce} + N_{ch} + N_{cm}) + (N_{se} + N_{sh} + N_{sm}) + \frac{\mathrm{d}T}{\mathrm{d}t} \tag{5.18}$$

　　机电液系统的运行伴随着输出功率、储备功率（机械、电气、液压）、损耗功率（机械、电气、液压）及动能变化率的相互转换，即多能域参数的耦合，而损耗功率的转换过程不可逆，以内能的形式消耗；储备功率的转换过程可逆，即存在不同能域间的储备功率转换的同时，也存在储备功率与动能和损耗功率的转换；动能变化率是机电液系统功率分布中的重要组成部分，若系统物质流和能量流耦合过程中能通过信息流的介入，尽量保证系统动能变化率降低，则是系统运行状态优化所追求的目标：①使系统的输入功率降低，达到节能的目的；②使系统的输出转速、输出功率波动减小，系统的作业平稳性提高；③可以保证系统的运行可靠性。

5.3　系统全局功率动、静态匹配方程

5.3.1　功率静态匹配方程

　　功率的静态匹配即研究系统运行环境恒定、负载工况恒定情况下的能量转换问题。在理想情况下 $\mathrm{d}T/\mathrm{d}t=0$，由式（5.18）可得静态功率平衡方程：

$$\boldsymbol{i}^{\mathrm{T}}\boldsymbol{u} = T_1\omega_1 + (N_{ce} + N_{ch} + N_{cm}) + (N_{se} + N_{sm}) \tag{5.19}$$

即系统的损耗功率越小，输出功率占输入功率的比例越大，则系统功率的静态匹配性越好。如图 5.5 所示，机电液系统功率静态匹配根据负载轨迹进行，匹配方法从以下两点进行考虑[6]：

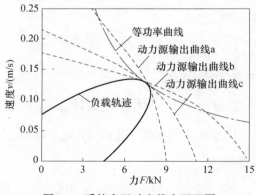

图 5.5　系统全局功率静态匹配图

（1）动力源输出特性曲线能够包围负载特性轨迹，使系统动力源的输入功率能够满足全负载工况下的功率需求。

（2）输出特性曲线与负载轨迹之间的区域尽量小，使动力源的最大输出功率点与负载的最大功率点重合，降低功率传递过程中的功率损失。

5.3.2　功率动态匹配方程

如图 5.5 所示，功率的静态匹配性未考虑变环境工况时，动力源输出特性与负载轨迹的跟随性，不能保证两者曲线之间的区域实时匹配最小，降低在负载轨迹发生变化过程中的功率损失。而由式（5.18）可知，系统的动能变化率越大，易引起系统输入功率无法满足实际输出的需要，此外，影响系统对外输出的平稳性。

机电液系统动态匹配即研究系统运行环境、负载工况变化情况下的功率匹配性问题。式（5.18）为系统功率的动态平衡方程，当负载工况或系统运行环境发生变化时，功率在动能变化率、储备功率、损耗功率以及输入功率之间相互转换。当动能变化率、机械损耗功率及机械储备功率与其他能域损耗、储备功率的变化趋势相反时，如当负载突然增大时，电机、马达转速降低，轴上摩擦损失、动能变化率以及储备功率减小，但同时由于系统压力升高使液压系统储备功率增加、系统泄漏损失增加，则有

$$i^{\mathrm{T}}u = T_1\omega_1 + \left[(N_{\mathrm{ce}} + N_{\mathrm{ch}} + N_{\mathrm{se}} + N_{\mathrm{sh}}) - \left(N_{\mathrm{cm}} + N_{\mathrm{sm}} + \frac{\mathrm{d}T}{\mathrm{d}t} \right) \right] \tag{5.20}$$

因此，存在以下三种功率动态匹配状态：

（1）$N_{\mathrm{ce}} + N_{\mathrm{ch}} + N_{\mathrm{se}} + N_{\mathrm{sh}} = N_{\mathrm{cm}} + N_{\mathrm{sm}} + \mathrm{d}T/\mathrm{d}t$ 时，功率动态匹配性能最好。此时，动能变化率、机械损耗和机械储备功率恰完全转换为其他能域的功率储备和损耗。

（2）当 $N_{\mathrm{ce}} + N_{\mathrm{ch}} + N_{\mathrm{se}} + N_{\mathrm{sh}} > N_{\mathrm{cm}} + N_{\mathrm{sm}} + \mathrm{d}T/\mathrm{d}t$ 时，功率动态匹配性变差。此时，动能变化率、机械损耗和机械储备功率小于其他能域的功率储备和损耗。若系统输入功率恒定，则输出功率降低以满足功率动态平衡，输出功率占输入功率的比例减小；若要维持输出功率恒定，则系统的输入功率增大，系统效率降低。

（3）$N_{\mathrm{ce}} + N_{\mathrm{ch}} + N_{\mathrm{se}} + N_{\mathrm{sh}} < N_{\mathrm{cm}} + N_{\mathrm{sm}} + \mathrm{d}T/\mathrm{d}t$ 时，系统产生富裕功率。此时，动能变化率、机械损耗和机械储备功率大于其他能域的功率储备和损耗，即动能、机械损耗和机械储备功率的变化在满足其他能域功率储备和损耗的基础上，仍有剩余。若将富裕功率通过机械或液压蓄能元件（如飞轮、蓄能器）储存或释放，则能够降低系统的功率输入，提高节能效果。

综上所述，当动能变化率、机械损耗和机械储备功率越接近于其他能域储备和损耗的功率时，功率动态匹配性最好。此外，在系统中增加蓄能元件，将动能

变化率转换为储备能量，吸收、转换或回收富裕功率，在降低系统功率输入以提高系统的功率利用率和节能效果的同时，减小输出转速波动，使系统输出平稳性提高。因此，通过监测系统动能变化率的变化，能够衡量变环境工况下，系统效率以及输出平稳性。

5.4　系统动能刚度原理

5.4.1　变刚度物理模型

　　机电液系统的动能变化率可以作为评价系统运行状态的重要指标，不仅对设备的功率匹配性及输出平稳性产生影响，还可以表征设备运行的平顺性以及可靠性。但目前还没有衡量动能变化率的有效方法，限制了它在复杂机电系统设计及动力学分析中的应用。系统动态刚度是系统在特定动态激扰下抵抗变化的能力[7]，国内外学者针对系统刚度的研究成果已经表明，刚度在系统运行状态变化及能量转换过程中扮演着重要角色，若能建立系统多能域动态刚度与动能变化率之间的软测量关系，通过刚度大小间接衡量动能变化率，则能为系统运行状态监测与运行可靠性控制的研究提供新方法。但是目前缺乏多能域系统多能域动态刚度的检测手段，这在一定程度上制约了刚度在系统动力学领域中的应用，也限制了对刚度物理意义的理解。

　　从多能量域系统刚度变化角度，对典型机电液系统-电机拖动液压泵驱动液压马达系统进行分析，可得到如图5.6所示的系统变刚度简化模型。

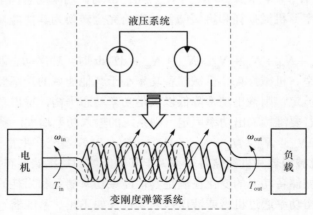

图 5.6　机电液系统变刚度简化模型

　　对于上述液压泵控马达系统，首先考虑动力源电机动力的传递性，即电机的输出转速、转矩经液压系统传递至液压马达驱动负载工作，并保障系统运行过程中功率传递的高效性。对如图 5.6 所示的机电液系统而言，电机的输入与其输出端可视为刚性连接，而液压系统，即液压泵、控制元件、马达作为能量转换并传递的中间环节，它连接动力源与负载，通过"以柔克刚"的方式驱动负载。若将液压系统视为多级弹簧串联的变刚度弹簧系统，当环境工况作用于系统，将引起系统内部参量改变，如油液体积弹性模量、非线性阻尼、泄漏以及含气量等，进而导致系统刚度的"刚-柔"多级变化。

当动力源——电机的励磁电流增大时，依次引起电机转速升高、液压泵流量升高以及液压马达输出转速升高，并随着转速的升高，多级弹簧逐渐压缩，变刚度弹簧系统刚度效应增强，系统趋于刚性连接，系统响应速度提高、能量损失减小，系统输出转速波动降低；当负载转矩增大时（如冲击载荷），依次导致马达的实际输出转速降低、液压泵的输出流量降低以及电机的实际转速降低，并随着负载转矩的增大，变刚度弹簧系统刚度降低，系统趋于柔性连接，系统响应速度降低，能量损失增大，系统输出转速波动增大。

综上所述，液压系统是机电液系统中特殊的组成部分，具有"刚-柔"自适应跟踪特点。当环境工况发生变化时，引起机电液系统内部参量改变，变刚度弹簧系统"刚-柔"随之变化，这种"刚-柔"变化是系统针对外部环境工况变化而呈现的内部参数耦合效应。因此，若将机电液系统多参量变化统一于刚度，并将刚度作为沟通系统内部-外部特征的桥梁，能够将系统内部多元参变量的耦合效应进行建模量化处理，并与系统动态匹配以及运行状态进行关联分析。

5.4.2　变刚度数学模型

1. 变频电机模型

为便于分析机电液系统的全局特性，首先对变频电机模型进行简化。

忽略变频器的动态响应过程，简化变频器环节为比例环节，则可得电机输入电压频率 f_1 与控制电压 u_c 之间的关系为[8]

$$f_1 = K_u u_c \tag{5.21}$$

式中，K_u 为控制电压-输入频率转换系数。

电机定子的相电压 U_1 与输入电压频率 f_1 之间的关系为

$$U_1 = K_f f_1 \tag{5.22}$$

式中，K_f 为输入频率-相电压转换系数。

当变频器的控制电压设定范围为 0~10V，频率范围为 0~50Hz，电机定子的相电压为 220V 时，则 K_u=5Hz/V，K_f=4.4。

由电机原理可知，异步电机的电磁转矩为[9]

$$T_e = \cfrac{3p_n U_1^2 \cfrac{R_2}{S}}{\omega_1 \left[\left(R_1 + \cfrac{R_2}{S} \right)^2 + \omega_1^2 \left(L_1 + L_2 \right)^2 \right]} \tag{5.23}$$

式中，ω_1 为电机定子角频率；R_1 为定子相电阻；R_2 为折合到定子侧的转子相电阻；L_1 为定子相漏感；L_2 为折合到定子侧的转子相漏感；S 为转差率。

异步电机在稳定工作时，转差率很小，则式（5.23）可化简为

$$T_e \approx \cfrac{3p_n U_1^2 \cfrac{R_2}{S}}{2\pi f_1 \left(\cfrac{R_2}{S} \right)^2} = \cfrac{3p_n U_1^2}{2\pi f_1 R_2} \cdot S \tag{5.24}$$

转差率计算公式为

$$S = 1 - \cfrac{n_p}{n_1} = 1 - \cfrac{n_p p_n}{60 f_1} \tag{5.25}$$

式中，n_p 为实际转速；n_1 为同步转速；p_n 为异步电机的极对数。

将式（5.25）代入式（5.24）可得

$$T_e = \cfrac{3p_n U_1^2}{2\pi f_1 R_2} \left(1 - \cfrac{n_p p_n}{60 f_1} \right) = \cfrac{3p_n}{2\pi R_2} \cdot \cfrac{U_1^2}{f_1} - \cfrac{p_n^2}{40\pi R_2} \cdot \cfrac{U_1^2}{f_1^2} n_p \tag{5.26}$$

令 $\begin{cases} K_{T1} = \cfrac{3p_n}{2\pi R_2} \cdot K_f \\ K_{T2} = \cfrac{p_n^2}{40\pi R_2} \cdot K_f^2 \end{cases}$，则可得变频电机系统力矩平衡方程为

$$T_e = K_{T1} U_1 - \cfrac{2\pi}{60} K_{T2} \dot{\theta}_r = J_r \ddot{\theta}_r + B_r \dot{\theta}_r + K_r \left(\theta_r - \theta_p \right) \tag{5.27}$$

2. 系统传递函数模型

将式（5.4）、式（5.6）、式（5.8）、式（5.10）及式（5.12）进行简化并与式（5.27）结合可得机电液系统的数学模型为

$$\begin{cases} K_{T1} U_1 - \cfrac{2\pi}{60} K_{T2} \dot{\theta}_r = J \ddot{\theta}_r + B_r \dot{\theta}_r + K_r \left(\theta_r - \theta_p \right) \\ K_r \left(\theta_r - \theta_p \right) = J_p \ddot{\theta}_p + B_p \dot{\theta}_p + D_p P_h \\ J_m \ddot{\theta}_m + B_m \dot{\theta}_m + K_1 \left(\theta_m - \theta_1 \right) = D_m P_h \\ K_1 \left(\theta_m - \theta_1 \right) = J_1 \ddot{\theta}_1 + B_1 \dot{\theta}_1 + T_1 \\ D_p \dot{\theta}_p = D_m \dot{\theta}_m + \cfrac{V_m + V_p}{\beta \left(P_{high}, \alpha \right)} \dot{P}_{high} + \cfrac{C_{im} + C_{ip}}{\mu_{t0} e^{-\lambda \left(t - t_0 \right)}} P_{high} \end{cases} \tag{5.28}$$

对式（5.28）各项进行拉普拉斯变换可得

$$
\begin{cases}
K_{T1}U_1 = \left[Js^2 + \left(B_r + \dfrac{2\pi}{60} K_{T2} \right)s + K_r \right]\theta_r - K_r\theta_p \\
K_r\theta_r = \left(J_p s^2 + B_p s + K_r \right)\theta_p + D_p P_{high} \\
\left(J_m s^2 + B_m s + K_1 \right)\theta_m - K_1\theta_1 = D_m P_{high} \\
K_1\theta_m = \left(J_1 s^2 + B_1 s + K_1 \right)\theta_1 + T_1 \\
\left(D_p\theta_p - D_m\theta_{hm} \right)s = \left(\dfrac{V_p + V_m}{\beta\left(P_{high}, \alpha \right)}s + \dfrac{C_{ip} + C_{im}}{\mu_{t0}e^{-\lambda\left(t-t_0\right)}} \right)P_{high}
\end{cases}
\tag{5.29}
$$

由式（5.29）的流量连续性方程可得

$$
P_h = \frac{\left(D_p\theta_p - D_m\theta_m \right)}{\left(\dfrac{V_p + V_{hm}}{\beta\left(P_{high}, \alpha \right)}s + \dfrac{C_{ip} + C_{im}}{\mu_{t0}e^{-\lambda\left(t-t_0\right)}} \right)}s
\tag{5.30}
$$

将式（5.29）代入式（5.30），消去 P_{high} 可得

$$
\begin{cases}
K_{T1}U_1 = \left[Js^2 + \left(B_r + \dfrac{2\pi}{60} K_{T2} \right)s + K_r \right]\theta_r - K_r\theta_p \\
K_r\theta_r = \left(J_p s^2 + B_p s + K_r \right)\theta_p + D_p \dfrac{\left(D_p\theta_p - D_m\theta_m \right)}{\left(\dfrac{V_h}{\beta\left(P_{high}, \alpha \right)}s + \dfrac{C_i}{\mu_{t0}e^{-\lambda(t-t_0)}} \right)}s \\
\left(J_m s^2 + B_m s + K_1 \right)\theta_m - K_1\theta_1 = D_m \dfrac{\left(D_p\theta_p - D_m\theta_m \right)}{\left(\dfrac{V_h}{\beta\left(P_{high}, \alpha \right)}s + \dfrac{C_i}{\mu_{t0}e^{-\lambda(t-t_0)}} \right)}s \\
K_1\theta_m = \left(J_1 s^2 + B_1 s + K_1 \right)\theta_1 + T_1
\end{cases}
\tag{5.31}
$$

式中，$V_h = V_p + V_m$ 为液压系统油液总容积，包括液压泵高压腔容积和液压马达高压腔容积；$C_i = C_{ip} + C_{im}$ 为液压系统总泄漏系数。

为将数学模型简化为矩阵形式，对式（5.31）做如下替换：

$$
\begin{cases}
G_r = \dfrac{K_{T1}}{J_r s^2 + \left(B_r + \dfrac{2\pi}{60} K_{T2} \right)s + K_r} \\
G_{rp} = \dfrac{K_m}{Js^2 + \left(B_r + \dfrac{2\pi}{60} K_{T2} \right)s + K_r}
\end{cases}
$$

$$\begin{cases} G_p = \dfrac{K_r}{J_p s^2 + \left(B_p + \dfrac{D_p^2}{\dfrac{V_h}{\beta}s + \dfrac{C_i}{\mu_t}}\right)s + K_r} \\[4em] G_{pm} = \dfrac{D_m D_p s}{\left(\dfrac{V_h}{\beta}s + \dfrac{C_i}{\mu_t}\right)\left[J_p s^2 + \left(B_p + \dfrac{D_p^2}{\dfrac{V_h}{\beta}s + \dfrac{C_i}{\mu_t}}\right)s + K_r\right]} \\[4em] G_m = \dfrac{D_m D_p s}{\left(\dfrac{V_p}{\beta}s + \dfrac{C_i}{\mu_t}\right)\left[J_m s^2 + \left(B_m + \dfrac{D_m^2}{\dfrac{V_h}{\beta}s + \dfrac{C_i}{\mu_t}}\right)s + K_1\right]} \\[4em] G_{ml} = \dfrac{K_1}{J_m s^2 + \left(B_m + \dfrac{D_m^2}{\dfrac{V_h}{\beta}s + \dfrac{C_i}{\mu_t}}\right)s + K_1} \end{cases}$$

$$\begin{cases} G_l = \dfrac{K_1}{J_l s^2 + B_l s + K_1} \\[1.5em] G_{ll} = \dfrac{1}{J_l s^2 + B_l s + K_1} \end{cases}$$

则式（5.31）可在形式上简化为

$$\begin{cases} \theta_r = G_m U_1 + G_{rp}\theta_p \\ \theta_p = G_p \theta_r + G_{pm}\theta_m \\ \theta_m = G_m \theta_p + G_{ml}\theta_l \\ \theta_l = G_l \theta_m - G_{ll} T_1 \end{cases} \tag{5.32}$$

转换为矩阵形式为

$$\begin{bmatrix} \theta_r \\ \theta_p \\ \theta_m \\ \theta_l \end{bmatrix} = \begin{bmatrix} 0 & G_{rp} & 0 & 0 \\ G_p & 0 & G_{pm} & 0 \\ 0 & G_m & 0 & G_{ml} \\ 0 & 0 & G_l & 0 \end{bmatrix} \begin{bmatrix} \theta_r \\ \theta_p \\ \theta_m \\ \theta_l \end{bmatrix} + \begin{bmatrix} G_r & 0 \\ 0 & 0 \\ 0 & 0 \\ 0 & -G_{ll} \end{bmatrix} \begin{bmatrix} U_1 \\ T_1 \end{bmatrix} \tag{5.33}$$

对矩阵两侧乘以微分算子 s，移项化简可得

$$
\begin{bmatrix} \theta_r \\ \theta_p \\ \theta_m \\ \theta_l \end{bmatrix} s = \begin{bmatrix} 1 & G_{rp} & 0 & 0 \\ G_p & 1 & G_{pm} & 0 \\ 0 & G_m & 1 & G_{ml} \\ 0 & 0 & G_l & 1 \end{bmatrix}^{-1} \begin{bmatrix} G_r & 0 \\ 0 & 0 \\ 0 & 0 \\ 0 & -G_{ll} \end{bmatrix} \begin{bmatrix} U_1 \\ T_1 \end{bmatrix} s \tag{5.34}
$$

式（5.34）方程两边同乘矩阵 diag（1，D_p，1，1），则式（5.34）可化简为

$$
\begin{bmatrix} W_r \\ Q_p \\ W_m \\ W_l \end{bmatrix} = s \begin{bmatrix} 1 & 0 & 0 & 0 \\ 0 & D_p & 0 & 0 \\ 0 & 0 & 1 & 0 \\ 0 & 0 & 0 & 1 \end{bmatrix} \begin{bmatrix} 1 & -G_{rp} & 0 & 0 \\ -G_p & 1 & -G_{pm} & 0 \\ 0 & -G_m & 1 & -G_{ml} \\ 0 & 0 & -G_l & 1 \end{bmatrix}^{-1} \begin{bmatrix} G_r & 0 \\ 0 & 0 \\ 0 & 0 \\ 0 & -G_{ll} \end{bmatrix} \begin{bmatrix} U_1 \\ T_1 \end{bmatrix}
$$
$$
= \begin{bmatrix} \dfrac{1}{G_f} & \dfrac{1}{G_b} \end{bmatrix} \begin{bmatrix} U_1 \\ T_1 \end{bmatrix} \tag{5.35}
$$

5.4.3　动能刚度原理

1. 动能刚度定义

由式（5.35）可知，机电液系统的实际输出动能受动力源 U_1 及负载主动输入 T_1 影响，在激扰源作用下，系统内部参数变化引起实际外部输出特性不同。为突出动能变化率在系统运行过程中的重要意义，衡量动能变化率的大小，将系统动能抵抗外部激扰的能力定义为动能刚度。根据外部激扰源不同，将动能刚度划分为正向动能刚度和逆向动能刚度，分别为式（5.35）中 G_f 和 G_b 两部分。正向动能刚度为系统输出动能抵抗动力源输入变化的能力；逆向动能刚度为系统输出动能抵抗负载变化的能力[4]。

机电液系统在运行过程中伴随着势能与动能的相互转换，根据功率键合图理论，广义势变量包括电压、压力、转矩；广义流变量包括电流、流量、转速。由此，系统动能刚度可广义地表示为

$$
G_f = \frac{\partial \tau}{\partial T}, \ G_b = \frac{\partial \upsilon}{\partial T} \tag{5.36}
$$

式中，τ 为广义流变量；υ 为广义势变量；T 为系统输出动能。

机电液系统的全局动能刚度由各个子系统的局部动能刚度组成，包括电机的转速刚度、液压泵的流量刚度以及马达的转速刚度，根据式（5.36），各子系统的局部正向刚度可表示为

$$
G_{fr} = \frac{\partial i_r}{\partial n_r}, \ G_{fp} = \frac{\partial n_p}{\partial Q_p}, \ G_{fm} = \frac{\partial Q_m}{\partial n_m} \tag{5.37}
$$

式中，i_r 为电机的输入电流；n_r 为电机的输出转速；n_p 为泵的输入转速；Q_m 为马达的输入流量；Q_p 为泵的输出流量；n_m 为马达的输出转速。

局部逆向刚度可表示为

$$G_{bm} = \frac{\partial T_r}{\partial n_r}, \ G_{bp} = \frac{\partial P_p}{\partial Q_p}, \ G_{bm} = \frac{\partial T_m}{\partial n_m} \tag{5.38}$$

式中，T_r 为电机输出转矩；n_r 为电机输出转速；P_p 为泵输出压力；T_m 为马达的输出转矩。

2. 动能刚度与动能变化率

将式（5.37）代入式（5.17）和式（5.18），可得在动力源激扰下的系统功率平衡方程为

$$\boldsymbol{i}^T u = T_1 \omega_1 + (N_{ce} + N_{ch} + N_{cm}) + (N_{se} + N_{sh} + N_{sm}) + \frac{J_r \omega_r}{\dfrac{\partial i_r}{\partial n_r}} \frac{\partial i_r}{\partial n_r} \frac{\mathrm{d}\omega_r}{\mathrm{d}t} + \frac{J_p \omega_p}{\dfrac{\partial n_p}{\partial Q_p}} \frac{\partial n_p}{\partial Q_p} \frac{\mathrm{d}\omega_p}{\mathrm{d}t}$$

$$+ \frac{J_m \omega_m}{\dfrac{\partial Q_m}{\partial n_m}} \frac{\partial Q_m}{\partial n_m} \frac{\mathrm{d}\omega_m}{\mathrm{d}t} + J_1 \omega_1 \frac{\mathrm{d}\omega_1}{\mathrm{d}t}$$

$$= T_1 \omega_1 + (N_{ce} + N_{ch} + N_{cm}) + (N_{se} + N_{sh} + N_{sm}) + \frac{J_r \omega_r}{G_{fr}} \frac{\mathrm{d}i_r}{\mathrm{d}t} + \frac{J_p \omega_p}{G_{fp}} \frac{1}{D_p} \frac{\mathrm{d}\omega_p}{\mathrm{d}t}$$

$$+ \frac{J_m \omega_m}{G_{fm}} \frac{1}{D_m} \frac{\mathrm{d}\omega_m}{\mathrm{d}t} + J_1 \omega_1 \frac{\mathrm{d}\omega_1}{\mathrm{d}t}$$

$$= T_1 \omega_1 + (N_{ce} + N_{ch} + N_{cm}) + (N_{se} + N_{sh} + N_{sm}) + \frac{\eta_m}{G_{fm}} \frac{\mathrm{d}i_m}{\mathrm{d}t} + \frac{\eta_p}{G_{fp}} \frac{\mathrm{d}\omega_p}{\mathrm{d}t}$$

$$+ \frac{\eta_{hm}}{G_{fhm}} \frac{\mathrm{d}\omega_{hm}}{\mathrm{d}t} + J_1 \omega_1 \frac{\mathrm{d}\omega_1}{\mathrm{d}t} \tag{5.39}$$

同理将式（5.38）代入式（5.17）和式（5.18）可得

$$\boldsymbol{i}^T u = T_1 \omega_1 + (N_{ce} + N_{ch} + N_{cm}) + (N_{se} + N_{sh} + N_{shm})$$
$$+ \frac{\eta_r}{G_{bm}} \frac{\mathrm{d}T_m}{\mathrm{d}t} + \frac{\eta_p}{G_{bp}} \frac{\mathrm{d}P_p}{\mathrm{d}t} + \frac{\eta_m}{G_{fm}} \frac{\mathrm{d}T_m}{\mathrm{d}t} + J_1 \omega_1 \frac{\mathrm{d}\omega_1}{\mathrm{d}t} \tag{5.40}$$

式中，$\eta_r = J \omega_r$；$\eta_p = J_p \omega_p / D_p$；$\eta_m = J_m \omega_m / D_m$。在系统能量转换过程中，这些参数与各子系统的运行转速及元件转动惯量相关。

由式（5.39）可知，当动力源变化率一定时，正向动能刚度越大，各子系统的动能变化率减小，则系统的输入功率降低，输出平稳性越好，但越难推动系统做

功，因此响应快速性变差，响应时间延长；由式（5.40）可知，当负载变化率一定时，逆向动能刚度越大，则系统抗负载扰动能力增强。因此，通过计算动能刚度大小，能够衡量系统动能变化率，进而分析系统在变环境工况下的运行状态变化，评价其功率匹配动态特性及系统输出的平稳性。

5.5　机电液系统动能刚度分析

5.5.1　子系统动能刚度

1. 异步电机转速刚度

对 M-T 坐标系下的异步电机转矩平衡方程[10]进行拉普拉斯变换可得

$$\omega_{\mathrm{r}} = \frac{p_{\mathrm{n}} S \omega_{\mathrm{s}} T_{\mathrm{r}} L_{\mathrm{m}}^2 i_{\mathrm{sm}}^2}{L_{\mathrm{r}}\left(\dfrac{J_{\mathrm{p}} + J_{\mathrm{r}}}{p_{\mathrm{n}}} s + B_{\mathrm{p}} + B_{\mathrm{r}}\right)\left(1 + T_{\mathrm{r}} s\right)^2} - \frac{T_{\mathrm{r}}}{\dfrac{J_{\mathrm{p}} + J_{\mathrm{r}}}{p_{\mathrm{n}}} s + B_{\mathrm{p}} + B_{\mathrm{r}}} \tag{5.41}$$

式中，$T_{\mathrm{r}} = L_{\mathrm{r}}/R_{\mathrm{r}}$ 为电机转子回路时间常数；i_{sm} 为电子电流励磁分量。

由式（5.41）可得电机的正、逆向转速刚度表达式为

$$\begin{cases} \dfrac{i_{\mathrm{sm}}^2}{\omega_{\mathrm{r}}} = \dfrac{L_{\mathrm{r}}\left(\dfrac{J_{\mathrm{p}} + J_{\mathrm{r}}}{p_{\mathrm{n}}} s + B_{\mathrm{p}} + B_{\mathrm{r}}\right)\left(1 + T_{\mathrm{r}} s\right)^2}{p_{\mathrm{n}} S \omega_{\mathrm{s}} T_{\mathrm{r}} L_{\mathrm{m}}^2} \\[4mm] \dfrac{T_{\mathrm{r}}}{\omega_{\mathrm{r}}} = -\left(\dfrac{J_{\mathrm{p}} + J_{\mathrm{r}}}{p_{\mathrm{n}}} s + B_{\mathrm{p}} + B_{\mathrm{r}}\right) \end{cases} \tag{5.42}$$

由式（5.42）可知，电机转速刚度由正、逆向刚度组成。电机转动惯量和阻尼越大，电机极对数越少，逆向刚度越大，反之，则逆向刚度越小。正向刚度受转动惯量、阻尼、转子绕组自感、转子回路时间常数、极对数、定转子绕组互感、转差率的影响，正向刚度越大，电机在启停或转速阶跃变化时，动能变化率越小，输出平稳，但响应时间延长。

2. 液压泵流量刚度

通过对液压泵的流量连续性方程[7]进行拉普拉斯变换可得

$$Q_{\mathrm{p}} = D_{\mathrm{p}} \omega_{\mathrm{p}} - \left(C_{\mathrm{ip}} + \frac{V_{\mathrm{p}}}{\beta\left(P_{\mathrm{high}}, \alpha\right)} s\right) P_{\mathrm{high}} \tag{5.43}$$

由式（5.43）可得液压泵的流量刚度表达式为

$$\begin{cases} \dfrac{\omega_{\mathrm{p}}}{Q_{\mathrm{p}}} = \dfrac{1}{D_{\mathrm{p}}} \\[4mm] \dfrac{P_{\mathrm{high}}}{Q_{\mathrm{p}}} = -\dfrac{1}{C_{\mathrm{ip}} + \dfrac{V_{\mathrm{p}}}{\beta\left(P_{\mathrm{high}},\alpha\right)}s} \end{cases} \tag{5.44}$$

由式（5.44）可知，液压泵的流量刚度由正、逆向刚度组成。液压泵的泄漏量越小、油液体积弹性模量越大，则逆向刚度越大，反之，则逆向刚度越小；液压泵排量越小，则正向刚度越大，反之，则正向刚度越小。液压泵流量刚度的大小随机电液系统多能域参量动态变化。

3. 液压马达转速刚度

对马达流量平衡方程及转矩平衡方程[7]进行拉普拉斯变换可得

$$\omega_{\mathrm{m}} = \frac{D_{\mathrm{m}}Q_{\mathrm{p}}}{\left(C_{\mathrm{im}} + \dfrac{V_{\mathrm{m}}}{\beta\left(P_{\mathrm{high}},\alpha\right)}s\right)\left(J_{\mathrm{m}}s + B_{\mathrm{m}}\right) + D_{\mathrm{m}}^{2}} - \frac{T_{1}}{J_{\mathrm{m}}s + B_{\mathrm{m}} + \dfrac{D_{\mathrm{m}}^{2}}{C_{\mathrm{im}} + \dfrac{V_{\mathrm{m}}}{\beta\left(P_{\mathrm{high}},\alpha\right)}s}} \tag{5.45}$$

由式（5.45）可得液压马达的转速刚度表达式为

$$\begin{cases} \dfrac{Q_{\mathrm{p}}}{\omega_{\mathrm{m}}} = \dfrac{\left(C_{\mathrm{im}} + \dfrac{V_{\mathrm{m}}}{\beta\left(P_{\mathrm{high}},\alpha\right)}s\right)\left(J_{\mathrm{m}}s + B_{\mathrm{m}}\right) + D_{\mathrm{m}}^{2}}{D_{\mathrm{m}}} \\[8mm] \dfrac{T_{1}}{\omega_{\mathrm{m}}} = -\left(J_{\mathrm{m}}s + B_{\mathrm{m}} + \dfrac{D_{\mathrm{m}}^{2}}{C_{\mathrm{im}} + \dfrac{V_{\mathrm{m}}}{\beta\left(P_{\mathrm{high}},\alpha\right)}s}\right) \end{cases} \tag{5.46}$$

由式（5.46）可知，液压马达的转速刚度由正、逆向刚度组成。马达的排量、转动惯量、油液体积弹性模量以及黏性阻尼等多能域参量越大，马达的泄漏量越小，则逆向刚度越大，反之，则逆向刚度越小。泄漏量、黏性阻尼、马达排量和转动惯量越大，油液体积弹性模量越小，则正向刚度越大，反之，则正向刚度越小。液压马达的转速刚度随液压系统参量及负载的变化而动态改变。

由式（5.42）、式（5.44）及式（5.46）可知，机电液系统的局部动能刚度由正向刚度与逆向刚度两部分组成，均受多能域系统参量的影响。多能域系统参量包括电气与机械系统参量（电机极对数、转动惯量、机械阻尼），液压系统参量（液压系统总泄漏系数、黏性阻尼、油液体积弹性模量、泵和马达排量）以及负载子系统参量（转动惯量、负载阻尼）。可见，各子系统的动能刚度随多能域参量的改变而动态变化。

5.5.2　全局动能刚度

由式（5.42）、式（5.44）、式（5.46）可得泵控马达系统全局动能刚度表达式为

$$
\begin{cases}
\dfrac{T_1}{\omega_1} = \\
\quad -\dfrac{D_m^2\left(\dfrac{J_m}{p_n}s + B_m\right) + D_p^2(J_m s + B_m) + (J_m s + B_m)\left(C_i + \dfrac{V_0}{\beta}s\right)\left(\dfrac{J_m}{p_n}s + B_m\right)}{D_p^2 + \left(C_i + \dfrac{V_0}{\beta}s\right)\left(\dfrac{J_m}{p_n}s + B_m\right)} \\[4mm]
\dfrac{i_{sm}^2}{\omega_1} = \dfrac{L_r(1 + T_r s)^2}{p_n S \omega_s T_r L_m^2}\cdot\left(\dfrac{D_m^2\left(\dfrac{J_m}{p_n}s + B_m\right) + D_p^2(J_m s + B_m)}{D_p D_m}\right. \\[4mm]
\qquad \left. + \dfrac{(J_m s + B_m)\left(C_i + \dfrac{V_0}{\beta}s\right)\left(\dfrac{J_m}{p_n}s + B_r\right)}{D_p D_m}\right)
\end{cases}
\tag{5.47}
$$

由式（5.47）可知，系统的全局动能刚度由各子系统动能刚度组成，包括正向刚度及逆向刚度两部分，是机电液系统内部多能域参量相互耦合的结果，主要受泵和马达排量以及各子系统转动惯量、阻尼、液压系统泄漏和油液体积弹性模量影响。负载工况或动力源输出的主动变化，导致系统内部参量的被动改变（伺服耦合），因此系统的动能刚度随环境工况改变而动态变化。正向刚度增强，则系统动能变化率减小，输出平稳，节能效果提高，但响应时间延长；逆向刚度减弱，则系统抗负载扰动的能力降低。因此，从系统动能刚度随环境工况的变化规律出发分析动能变化率，对研究机电液系统的动态匹配设计、运行状态监测及性能可靠性评价具有重要理论意义。

5.5.3　动能刚度传递特性

由图 5.7（a）可知，动力源激扰下，系统的正向刚度由动力源端至负载端逐级递减，且各子系统输出动能抑制 50Hz 以上中高频动力源激扰的能力尤为突出；由图 5.7（b）可知，动力源激扰对机电液系统的影响由动力源端至负载端正向传递，且正向传递链上的各子系统针对动力源激扰的响应逐级滞后，即激扰频率越高，负载响应越滞后。

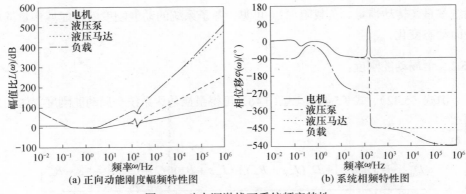

图 5.7　动力源激扰下系统频率特性

　　由图 5.8（a）可知，负载激扰下，系统的逆向刚度由负载端至动力源端逐级递减，且各子系统输出动能抑制中高频负载激扰的能力尤为突出；由图 5.8（b）可知，负载激扰对机电液系统的影响由负载端至动力源端逆向传递，且逆向传递链上的各子系统针对负载激扰的响应逐级滞后。此外，激扰频率越高，系统抵抗能力越强。

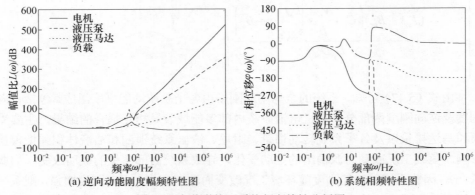

图 5.8　负载激扰下系统频率特性分析图

　　分析图 5.7 和图 5.8 可知，动能刚度在子系统中的分布规律与激扰源影响的传递规律一致，即电机输入变化对正向刚度的影响沿正向传递链逐级递减，负载输入变化对逆向刚度的影响沿逆向传递链逐级递减，即系统动力源或负载的扰动对靠近激励源的子系统影响最大，距离激励源越远，影响越小。此外，激扰频率越高，系统抵抗能力越强。

　　综上所述，动能刚度中蕴含能够反映系统运行状态随环境工况变化的信息，但动能刚度概念抽象且缺乏有效检测手段，限制了其在机电液系统运行状态监测中的应用。然而，由式（5.37）与式（5.38）可知，动能刚度数值上是多能域参量耦合的产物。因此，融合机电液系统的多源参量特征，并辅以图示化分析方法，以图形特征衡量动能刚度大小，能够为动能刚度赋予直观易懂的物理意义，达到对系统运行状态监测与性能可靠性评价的目的。

5.6　系统动能刚度图示化识别方法

5.6.1　动能刚度李萨如图

由式（5.36）～式（5.38）可知，机电液系统动能刚度在数值上是多源变量（信号）幅值特征变化率的比值。设系统输出转速、转矩分别为 n、T，系统输出流量、压力分别为 Q_{out}、P，输入电流、流量分别为 i、Q_{in}，则系统输出、输入状态信号随时间的变化率分别为：$\mathrm{d}n/\mathrm{d}t$、$\mathrm{d}T/\mathrm{d}t$、$\mathrm{d}Q_{\text{out}}/\mathrm{d}t$、$\mathrm{d}P/\mathrm{d}t$、$\mathrm{d}i/\mathrm{d}t$、$\mathrm{d}Q_{\text{in}}/\mathrm{d}t$。

选用单位幅值的正弦信号对机电液系统的转速、转矩以及压力、流量信号的变化率进行调幅处理，则可得调幅信号为

$$\begin{cases} x = \dfrac{\mathrm{d}\xi}{\mathrm{d}t}\sin(\omega t + \psi_{\text{a}}) \\[2mm] y = \dfrac{\mathrm{d}\varsigma}{\mathrm{d}t}\sin(\omega t + \psi_{\text{b}}) \\[2mm] z = \dfrac{\mathrm{d}\zeta}{\mathrm{d}t}\sin(\omega t + \psi_{\text{c}}) \end{cases} \tag{5.48}$$

式中，$\xi \in \{\omega_{\text{r}},\ Q_{\text{p}},\ \omega_{\text{m}}\}$；$\varsigma \in \{T_{\text{r}},\ P_{\text{p}},\ T_{\text{m}}\}$；$\zeta \in \{i,\ \omega_{\text{p}},\ Q_{\text{m}}\}$。

令 $\varphi = \psi_{\text{a}} - \psi_{\text{b}}$ 为动能信号与势能信号载波的相位差，$\psi_{\text{c}} = \psi_{\text{a}}$，$\alpha = \omega t + \psi_{\text{b}}$，则可得

$$\begin{cases} \sin\alpha = \dfrac{y}{\mathrm{d}\varsigma/\mathrm{d}t} \\[3mm] \cos\alpha = \dfrac{\dfrac{x}{\mathrm{d}\xi/\mathrm{d}t} - \dfrac{y}{\mathrm{d}\varsigma/\mathrm{d}t}\cos\varphi}{\sin\varphi} \end{cases} \tag{5.49}$$

由式（5.49）可得

$$\frac{y^2}{(\mathrm{d}\varsigma/\mathrm{d}t)^2} + \frac{x^2}{(\mathrm{d}\xi/\mathrm{d}t)^2} - \frac{2xy}{(\mathrm{d}\xi/\mathrm{d}t)\cdot(\mathrm{d}\varsigma/\mathrm{d}t)}\cos\varphi - \sin^2\varphi = 0 \tag{5.50}$$

当载波信号的相位差 $\varphi = 180°$ 时，由式（5.50）可得

$$y = -\frac{\mathrm{d}\varsigma}{\mathrm{d}\xi}x \tag{5.51}$$

同理可得

$$z = \frac{\mathrm{d}\zeta}{\mathrm{d}\xi} x \tag{5.52}$$

在笛卡儿坐标平面内，由式（5.51）和式（5.52）绘制的李萨如图均为过原点的直线，分别称为逆向刚度线与正向刚度线，如图5.9所示。

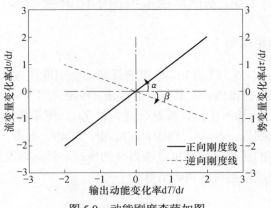

图 5.9　动能刚度李萨如图

动能刚度李萨如图由正向刚度线与逆向刚度线组成，图形特征-倾角的大小分别描述了正向刚度与逆向刚度的大小。正向刚度线逆时针旋转，角 α 增大，则正向刚度增大，反之减小；逆向刚度线顺时针旋转，角 β 增大，则动能刚度增大，反之减小。

5.6.2　动能刚度圆

机电液系统动能刚度由各子系统的动能刚度组成。设系统中电机、液压泵及液压马达的刚度角大小分别为 σ_r、σ_p、σ_m，则可得其动能刚度圆面积分别为

$$\begin{cases} S_r = \pi \sigma_r^2 \\ S_p = \pi \sigma_p^2 \\ S_m = \pi \sigma_m^2 \end{cases} \tag{5.53}$$

式中，$\sigma_r \in \{\alpha_r,\ \beta_r\}$；$\sigma_p \in \{\alpha_p,\ \beta_p\}$；$\sigma_m \in \{\alpha_m,\ \beta_m\}$。

在笛卡儿坐标系中，式（5.53）所绘制的同心圆即为动能刚度圆，如图 5.10所示。

图 5.10 中，圆的面积代表子系统的动能刚度大小，圆面积越大，则所代表的子系统动能刚度越大；圆环的面积代表子系统间的动能刚度损失，圆环面积越小，则子系统间的动能刚度损失越小。为衡量系统的刚度损失大小，引入动能刚度损失系数 λ，由式（5.53）可得相邻子系统间刚度损失系数的表达式为

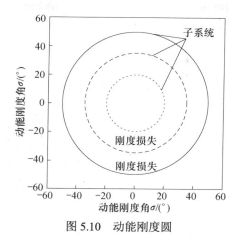

图 5.10　动能刚度圆

$$\begin{cases} \lambda_{\text{r-p}} = 1 - \left(\dfrac{\sigma_{\text{p}}}{\sigma_{\text{r}}}\right)^2 \\[3mm] \lambda_{\text{p-m}} = 1 - \left(\dfrac{\sigma_{\text{m}}}{\sigma_{\text{p}}}\right)^2 \end{cases} \tag{5.54}$$

式中，$\lambda_{\text{r-p}}$、$\lambda_{\text{p-m}}$ 为相邻子系统间的刚度损失系数。

由式（5.54）可得系统总刚度损失系数 λ 为

$$\lambda = 1 - \left(1 - \lambda_{\text{r-p}}\right) \cdot \left(1 - \lambda_{\text{p-m}}\right) \tag{5.55}$$

系统总刚度损失系数越小，则子系统间的连接越趋近于刚性，输出转速波动越小，且能量传递过程中因动能改变而产生的功率损失越小，系统节能效果越好；总刚度损失系数越大，则子系统间的连接越趋近于柔性，系统输出转速波动增大，节能效果降低。因此，通过动能刚度李萨如图的图形特征-倾角的大小，能够衡量各子系统的动能刚度大小。此外，提取图形特征，计算所得的总刚度损失系数，与动能刚度圆环面积成正比，能够作为内部特征指标，衡量系统性能跟随环境工况的内部变化规律。

研究结果表明，变转速液压传动技术存在控制精度和速度刚度低、低速稳定性差等问题的根本原因是变转速过程中设备刚度、阻尼和摩擦也发生改变。转速变化后，首先为机电液系统动力学正问题的研究提出了新课题：系统中不可避免地存在来自功能界面（或称为耦合界面）上的能量损耗，转速变化过程中，表征这些能量损耗的系统参数如刚度、黏性阻尼和库伦摩擦也必将随之变化，继而出现系统性能退化、功率和转速波动等现象，这说明刚度、阻尼和摩擦是机电液系统故障演化以及性能退化的力学成因，同时也对系统动力学反问题的研究提出了挑战：①传统的频谱分析技术不再有效；②统计指标分析方法更加困难；③传统的信号源及处理方法难以满足变转速工况下的故障定位、程度判断及性能退化评估的要求；④需要发展新的故障预警与控制技术。

对于服役于多种工况下的液压设备，首先需要在设计阶段从系统动力学正问题重点研究极端工况下其刚度、阻尼产生的机理以建立更加准确的模型，在此基础上研究高速、高精度、非线性、多尺度和多场耦合的全局复杂动力学机电液系统；然后通过试验弱化各种假设以得到对系统更深入全面的理解，发展新的动力学理论与仿真技术来研究系统的跨能域、大范围动力学特性，要基于对机电液系统动力学正反问题的深刻理解（问题驱动）来发展新的故障诊断与控制技术。解决上述两方面科学问题的关键是要研究系统集成设计后实际功能生成中多能量域耦合以及协调状态的评价方法，在此基础上开展设备的运行可靠性、安全性、故障诊断与健康管理等关键基础技术问题的研究。

5.7　动能刚度检测及计算方法

5.7.1　动能刚度检测实验方法

1. 实验系统

变转速泵控马达实验平台原理包括系统工作原理与工控机测控系统原理两部分[11]，其中，系统工作原理如图 4.2 所示；以工控机为核心组成的测控系统框图如图 4.5 所示，它由传感器组、数据采集卡、控制计算机及基于 LabVIEW 的人机界面组成。

如图 4.6 所示，工控机测控系统主要由多能域信号测试系统及数字控制系统两部分组成。①多能域信号测试系统：变转速机电液系统测控平台运行时，流量、压力、温度、转速、转矩、温度等物理量通过传感器组检测，输出的模拟信号经数据采集卡 A/D 转换后，传递至工业控制计算机，数据流经过数据采集卡与 LabVIEW 软件之间建立的虚拟通道，最终在设计的 LabVIEW 人机界面进行实时显示与保存。②数字控制系统：操作人员在 LabVIEW 人机界面生成数字信号，用于电机转速控制或负载转矩控制。工业控制计算机生成的数字信号经过虚拟通道，通过数据采集卡的 D/A 功能转换成模拟信号，由数据采集卡端子板输出。当输出的模拟信号传递给伺服控制器，则能够实现电机转速的数字化控制；当生成的模拟信号传输至磁粉制动器端，则可完成负载转矩的数字化控制。

实验装置及测控平台外观如图 4.4 所示，主要元件参数见表 5.1。

表 5.1　主要元件参数

主要元件	主要参数
永磁同步电机	转速变化范围：0～2000r/min
伺服控制器	电机输出转速、转矩监测功能
齿轮泵	排量：11mL/r；额定压力：15MPa
柱塞马达	排量：10mL/r
减速箱	传动比：3.026
磁粉制动器	额定转矩：100N·m；励磁电流：1A
压力传感器	精度：0.5%FS；量程：0~25MPa；响应时间：≤1ms
流量传感器	精度：1.0 级（测液体）；
温度传感器	精度：0.5 级；量程：−50~100℃
磁电式转速传感器	可测范围：0.3Hz~10kHz

2. 实验方法

动能刚度测量实验方法主要包括数据采集系统及信号调制与信息融合系统两部分，如图 5.11 所示。具体实验步骤如下。

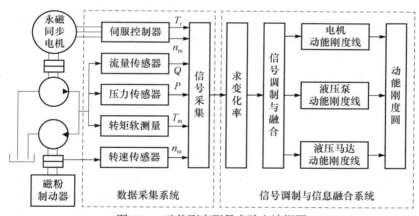

图 5.11　动能刚度测量实验方法框图

（1）多能域运行状态参量获取。实验系统运行后，伺服控制器可输出电机状态量——输出转矩 T_r、转速 n_r 的实时监测信号；组合传感器测量液压泵的输出压力 P、流量 Q、温度 t；通过磁电式转速传感器与采样点计数算法获取柱塞马达的输出转速 n_m；由于直接获取转矩信号困难，利用软测量技术，通过系统压力 P、柱塞马达机械效率 η_m 及排量 D_m，间接测量马达的输出转矩[12] $T_{hm}=\eta_m \cdot D_m \cdot P/2\pi$。多能域信号经 A/D 采样后，将实时状态信息上传至上位机的信号调制与信息融合系统。

（2）求变化率。以变转速机电液系统实验平台空载时的状态 $S_0 \in \{n_{r0}$、T_{r0}、Q_0、

P_0、n_{m0}、T_{m0}} 值为基准，计算系统当前状态 $S \in \{n_r、T_r、Q_p、P_p、n_m、T_m\}$ 相对于空载状态的变化率，即 $dS=(S-S_0)/S_0$，完成系统状态量变化率的计算过程。通过数值差分代替微分数值运算，以避免信号因高频干扰存在而引起微分值过大最终导致动能刚度李萨如图模糊不清的问题。

（3）动能刚度李萨如图获取。选用单位幅值的正弦信号对机电液系统的状态变化率进行调幅处理，则可得调幅信号如式（5.48）所示。令 $\varphi=\psi_a-\psi_b$，$\psi_C=\psi_A$，φ 为动能信号与势能信号载波的相位差。当载波信号的相位差 $\varphi=180°$ 时，分别以生成的调制信号为笛卡儿坐标系的 x、y 输入，即可得如式（5.51）所示的逆向刚度线。同理，当 $\varphi=0°$ 时可得如式（5.52）所示正向刚度线。

（4）动能刚度圆获取。选用单位幅值的正弦信号与余弦信号对电机动能刚度角 σ_r 进行调幅处理，可得

$$\begin{cases} x_r = \sigma_r \sin \omega t \\ y_r = \sigma_r \cos \omega t \end{cases} \tag{5.56}$$

由式（5.56）可得

$$x_r^2 + y_r^2 = \sigma_r^2 \tag{5.57}$$

式（5.57）即为半径为 σ_r 的动能刚度圆。同理可得液压泵刚度角 σ_p 及液压马达刚度角 σ_m 所示绘制的动能刚度圆，如下方程组所示：

$$\begin{cases} x_r^2 + y_r^2 = \sigma_r^2 \\ x_p^2 + y_p^2 = \sigma_p^2 \\ x_m^2 + y_m^2 = \sigma_m^2 \end{cases} \tag{5.58}$$

5.7.2　动能刚度角的计算

从前述分析可知，逆向动能刚度是系统流变量-势变量曲线上每一点处切线的斜率，而正向动能刚度是系统流变量-流变量曲线上每一点处切线的斜率。但机电液系统中各参量量纲不同，且存在多种干扰，直接采集来的信号是离散的且有较大的干扰成分，不易直接表达系统在每一个状态点处切线的斜率，因此在实际的计算过程中，以原始信号相对于基准值的变化率来计算系统运行过程中的动能刚度角，这一过程可表述如下。

如图 5.12（a）所示，计算正向刚度时，以系统空载时的状态值（x_0, y_0）为基准，并以该点和原点之间割线的斜率记为该基准状态处的斜率，即

$$k_0 = \frac{y_0}{x_0} \tag{5.59}$$

则系统下一状态（x_1, y_1）处的斜率表示为

$$k_1 = \frac{y_1 - y_0}{x_1 - x_0} \tag{5.60}$$

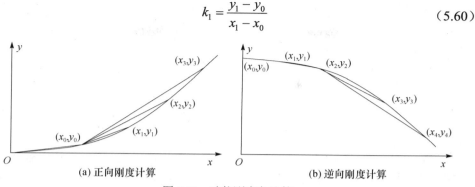

(a) 正向刚度计算　　　　　　　　　　(b) 逆向刚度计算

图 5.12　动能刚度角计算

同理可以依次计算得到（x_2, y_2）、（x_3, y_3）等处的斜率，但此时计算出的斜率仍有量纲，为了去掉量纲，令每一处的斜率都与基准状态处的斜率做比，并将该比值作为此状态处的刚度，即

$$G_{fn} = \frac{k_n}{k_0} = \frac{(y_n - y_0)/y_0}{(x_n - x_0)/x_0}, \quad n = 1, 2, 3, \cdots \tag{5.61}$$

如图 5.12（b）所示，计算逆向刚度时，记系统空载状态值（x_0, y_0）与轻微加载时状态值（x_1, y_1）之间割线的斜率为基准状态处的斜率，令之后每一处的斜率都与基准处的斜率做比，按刚度物理意义取斜率的绝对值，则逆向刚度可表示为

$$G_{rn} = \left| \frac{k_n}{k_0} \right| = \left| \frac{(y_n - y_1)/(y_1 - y_0)}{(x_n - x_1)/(x_1 - x_0)} \right|, \quad n = 1, 2, 3, \cdots \tag{5.62}$$

于是计算系统当前状态 $S \in \{n_r、T_r、Q_p、P_p、n_m、T_m\}$ 相对于基准状态 $S_0 \in \{n_{r0}、T_{r0}、Q_0、P_0、n_{m0}、T_{m0}\}$ 时的变化率，就可以得到无量纲的刚度值，表示为刚度线长度，再将得到的系统刚度值用反正切函数转换到（0°，90°），表示动能刚度角，即可将系统的状态变化统一于无量纲的刚度变化[13]。

5.7.3　动能刚度线的处理

上述计算动能刚度角的过程中，用状态量相对于基准状态的变化率替代相对于时间的微分进行计算，于是式（5.51）和式（5.52）可以写作

$$\begin{cases} y = -\dfrac{(\varsigma - \varsigma_0)/\varsigma_0}{(\xi - \xi_0)/\xi_0} x \\[3mm] z = \dfrac{(\zeta - \varsigma_0)/\varsigma_0}{(\xi - \xi_0)/\xi_0} x \end{cases} \tag{5.63}$$

将式（5.63）中的斜率项代入式（5.48）中有

$$
\begin{cases}
x = \dfrac{\xi - \xi_0}{\xi_0} \sin(\omega t + \psi_a) \\[3mm]
y = -\dfrac{\varsigma - \varsigma_0}{\varsigma_0} \sin(\omega t + \psi_b) \\[3mm]
z = \dfrac{\zeta - \zeta_0}{\zeta_0} \sin(\omega t + \psi_c)
\end{cases}
\tag{5.64}
$$

设定系统转速由 100r/min 到 800r/min 斜坡变化，用式（5.64）所示载波信号处理得到的液压泵正向动能刚度线变化如图 5.13 所示。

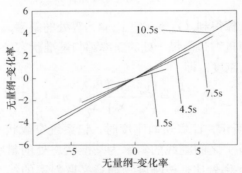

图 5.13　液压泵正向动能刚度线变化过程

5.8　系统参量对动能刚度影响机理实验分析

系统内部多域参量动态变化是导致动能刚度改变的原因，若能从动能刚度变化中识别出多域参量的影响机理，将为实现系统早期性能退化类型定位与运行安全可靠性的在线估计奠定基础。在本章所述的实验环境下，本节选取油液温度、马达排量和马达输出轴上转动惯量三个参量，分析其变化对动能刚度的作用规律。

如图 5.11 所示，伺服电机的转速和伺服控制器的控制电压线性相关，控制电机转速可以改变系统流量。电流变换器将磁粉制动器的控制电压转换为电流，使马达输出轴上的摩擦力矩变化，并可在马达输出轴上安装不同数量的惯量盘，模拟不同的负载工况。电机转速和转矩通过伺服控制器实时检测。流量、压力、温度传感器安装在高压油路上，管路较短，沿程压力、流量损失较小。马达输出轴上安装有测速齿盘，与磁电式转速传感器配合使用测量马达转速。马达输出轴上的转矩通过系统压力和马达参数间接得到。上述信号经研华数据采集卡 A/D 转换后在工控机中的 LabVIEW 上位机程序中处理。

5.8.1　油液温度对动能刚度的影响

设定电机转速为 600r/min,马达排量为 10mL/r,磁粉制动器控制电压为 0.55V,不安装附加惯量盘,使系统升温,油液温度分别为 20.16℃、27.51℃、36.61℃时记录系统流量、压力等信号,按式(5.58)计算得到液压泵、马达的刚度变化曲线如图 5.14 所示,图中横线为刚度的均值(以下均同)。

从图 5.14 中可以看出:控制油液温度在 20.16~36.61℃变化,温度升高使液压泵正、逆向刚度均减小。使液压马达的正向刚度增加,逆向刚度减小。温度升高使液压油黏度降低,油液黏性阻尼减小,因而泵的正向刚度减小,逆向刚度减小。为方便比较,图中用引线示出刚度角均值。同时如式(5.46)所示,温度升高使马达的泄漏增加,使得流量"推动"马达做功变得困难,即正向动能刚度增加。实验结果与理论分析相吻合。

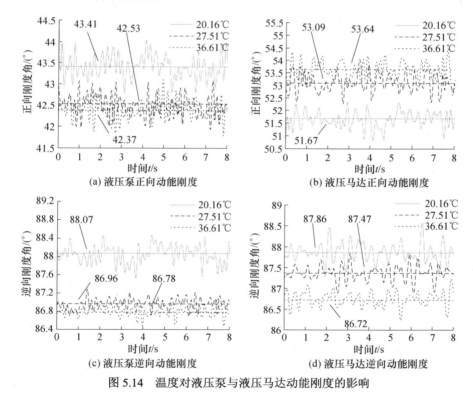

图 5.14　温度对液压泵与液压马达动能刚度的影响

5.8.2　马达排量对动能刚度的影响

设定电机转速为 600r/min,磁粉制动器控制电压为 0.55V,减速箱输出轴上不安装附加惯量盘,分别调节液压马达排量为 6mL/r、8mL/r、10mL/r,控制油液温度为 20±0.5℃，处理系统流量、压力等信号得到液压泵和液压马达的正向刚度角变化如图 5.15 所示。

从图 5.15 中可以看出：马达排量升高使液压马达正、逆向刚度都增加；使液压泵正向刚度降低，逆向刚度增加。负载不变时，马达排量增加导致系统压力降低，系统泄漏减小，马达转速减小，使马达输出轴上的摩擦损失减小，因此马达的正、逆向动能刚度增加。同时，系统压力降低，使得泵输入功率减小，电机驱动泵输出流量变得更加容易，即其正向刚度减小，逆向刚度增加。刚度变化规律与理论分析一致。

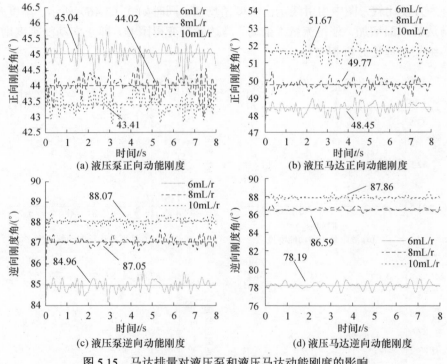

图 5.15　马达排量对液压泵和液压马达动能刚度的影响

5.8.3　马达输出轴上转动惯量对动能刚度的影响

设定电机转速为 600r/min，马达排量为 10mL/r，磁粉制动器控制电压为 0.55V，控制油液温度为 20±0.5℃，在马达输出轴上分别设置：不加、加一块（0.6kg·m²）、加两块惯量盘（1.2kg·m²）三种改变转动惯量的运行状态，采集实验台流量、压力等信号，经处理后得到液压泵和液压马达正向动能刚度如图 5.16 所示。

从图 5.16 可以看出：输出轴转动惯量增加使液压泵、液压马达正向刚度与逆向刚度都增加。随着转动惯量的增加，电机驱动液压泵输出流量带动液压马达做功时，首先要向惯量盘输送能量储存，对于电机来说，泵和马达更不易拖动，因此泵和马达的正向刚度增加。同时由于惯量盘的储能作用，使抗负载扰动能力增强，即泵和马达的逆向刚度增大。实验结果与理论分析一致。

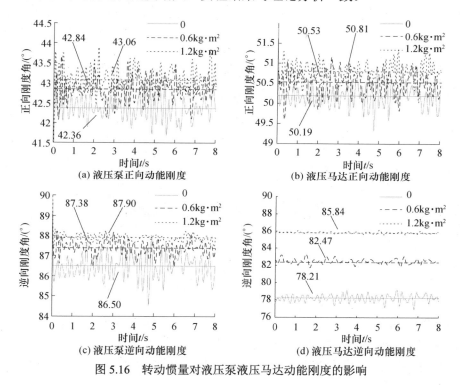

图 5.16　转动惯量对液压泵液压马达动能刚度的影响

5.9　系统工况对动能刚度影响机理实验分析

5.9.1　变负载工况

系统在动力源输入恒定、变载荷工况下，动能刚度主要受逆向刚度的影响。设定电机转速为 820r/min，控制输入磁粉制动器的输入电流，使马达输出轴上的摩擦力矩斜坡变化，模拟实际变载工况，系统油液压力由 3.34MPa—11.29MPa—3.34MPa 斜坡变化。为消除量纲不同对于流量刚度与转速刚度对比的影响，选取系统空载时的转速、转矩、压力及流量作为基准进行去量纲化处理，可得到子系统动能刚度李萨如图的变化过程，如图 5.17 所示，动能刚度角的变化过程如图 5.18 所示。

变载工况下，负载变化所产生的影响，由液压马达端至动力源端逆向传递，因此，如图 5.17 和图 5.18 所示，各子系统动能刚度逆向依次递增。由于同步电机经伺服控制器闭环控制转速，负载的变化不会引起电机转速刚度角产生较大变化，

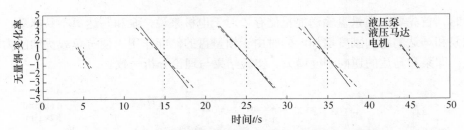

图 5.17　系统逆向刚度李萨如图随负载斜坡变化的动态变化过程

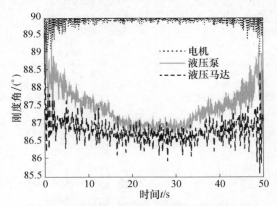

图 5.18　变载工况下系统动能刚度角变化曲线

其均值为 89.80°。当系统压力由 3.34MPa 增大至 10.29MPa 时，因油液的体积弹性模量变化较小，主要导致泵与马达的泄漏量增大，泵的流量刚度角由 89.32°减小至 87.48°，马达的转速刚度角由 87.54°减小至 86.93°。

5.9.2　变转速工况

变转速工况下，负载恒定，系统动能刚度主要受正向刚度影响。控制伺服控制器的输入电压，使电机转速由 100r/min—800r/min—100r/min 呈斜坡函数规律变化，磁粉制动器的输入电流为 0，可得机电液系统各子系统动能刚度李萨如图的变化过程，如图 5.19 所示，动能刚度角的变化曲线如图 5.20 所示。

变转速工况时，电机转速变化所产生的影响，由动力源至液压马达端正向传递，如图 5.19 和图 5.20 所示，各子系统动能刚度正向依次递增。随着电机转速由 100r/min 至 800r/min 逐渐升高时，液压泵和马达的容积效率升高，油液迅速压缩，泵的流量刚度角由 6.1°迅速升高至 28.13°，马达的动能转速刚度由 84.93°迅速降低至 64.69°，当电机转速进一步升高时，黏性阻尼及机械阻尼逐渐增大，导致系统压力逐渐升高，液压系统泄漏增大，泵和马达的动能刚度角变化变缓。当转速降低时，动能刚度角的变化相反。如图 5.19 动能刚度圆所示，圆环面积随转速的

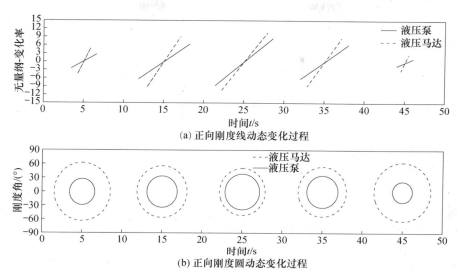

(a) 正向刚度线动态变化过程

(b) 正向刚度圆动态变化过程

图 5.19　子系统正向刚度李萨如图随电机斜坡变速的动态变化过程

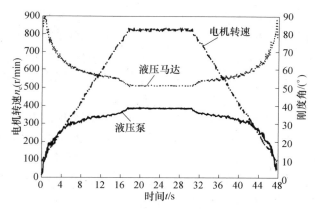

图 5.20　变转速工况系统动能刚度角变化曲线

升高逐渐减小，说明低转速时，液压系统动能变化率较大，能量损失较大，难以驱动液压马达带载工作，随着转速的升高，子系统间的刚度损失减小，能量传递过程中因动能变化率而引起的损失减小，节能效果提高。

5.10　本章小结

本章分析了机电液系统的功率分布以及多域能量转换机制。在变环境工况作用下，将机电液系统等效为变刚度弹性系统，变刚度弹性系统的刚度随环境工况自适应变化，这种"刚-柔"自适应机制影响机电液系统的动能变化率，进而改变系统的节能效果及输出平稳性。利用变刚度数学模型对机电液系统进行动力学分析，提出了系统动能刚度原理及其图示化分析方法，用动能刚度定量分析动能变化率，进而评价机电液系统自适应机制的在线运行状态，得出以下结论。

（1）机电液系统运行过程中伴随着机、电、液等多域能量的相互转换与耦合。理论分析结果表明：系统的输入功率由输出功率、储备功率、损耗功率及动能变化率4部分组成，且各部分能量均分布于机、电、液等多能量域。多域能量的相互转换对系统的功率匹配性及输出平稳性产生的影响不容忽视。

（2）动能变化率是机电液系统能量的重要组成部分之一，通过系统功率的动静态匹配性分析可知，动能变化率越小，系统节能效果越好，输出越平稳；反之，动能变化率越大，则系统节能效果越差，输出转速波动越大。因此，通过分析系统动能变化率，能够对系统的功率匹配性及输出平稳性进行评价。

（3）利用动能刚度原理合理匹配并控制子系统间的"刚-柔"变化规律对于研究机电液系统全局与局部的功率匹配问题、优化系统工作参数、提高设备运行性能可靠性以及降低故障率具有重要意义，也是今后的重点研究内容。

（4）将系统输出动能抵抗外部激扰的能力定义为动能刚度，并将动能刚度作为动能变化率的衡量指标。根据外部激扰源的不同，将系统输出动能抵抗动力源输入的能力定义为正向刚度；将抵抗负载输入的能力定义为逆向刚度。正向刚度越大，则系统的动能变化率越小，系统节能效果越好，输出越平稳，但响应时间延长；逆向刚度越大，则系统抗负载扰动能力越强。

（5）机电液系统全局动能刚度由各子系统的局部动能刚度耦合构成，受多能域参数的影响，主要包括泵、马达排量以及各子系统转动惯量、阻尼、液压系统泄漏和油液体积弹性模量等参数。动能刚度作为机电液系统的内部参量耦合特征，其变化是环境工况作用于系统内部参量耦合的结果，并且各子系统的动能刚度遵从距激励源越远量值越大的规律。

（6）应用动能刚度分析实验方法，可绘制不同工况下的系统动能刚度曲线，研究了变转速泵控马达系统油液温度、马达排量以及马达输出轴上转动惯量对动能刚度的影响机理。实验结果表明，机电液系统动能刚度随系统多域参量变化而动态变化，动能刚度的变化可以反映系统不同的运行状态，动能刚度变化是系统参数耦合的结果，李萨如图倾角包含能够反映惯性负载大小、液压系统泄漏以及黏性阻尼等参数的信息，仍需进一步进行挖掘。

（7）利用信号调制与信息融合技术，将测量机电液系统流变量和势变量的多源传感器输出信号幅值变化率融合为动能刚度李萨如图，以图形特征-倾角的大小量化动能刚度，将抽象的动能刚度概念用动能刚度角赋予了直观的图形意义。进而，以动能刚度角的大小为半径绘制动能刚度圆，通过圆环面积衡量子系统间的刚度损失，计算所得的总刚度损失系数是评价机电液系统自适应机制节能效果以及输出平稳性的重要指标。

（8）通过设定基准状态，求取机电液系统各参量相对于基准状态变化率以消去量纲，将系统状态的变化统一于无量纲的刚度变化之中，赋予动能刚度概念以具体的物理意义，将评价动力源与负载功率匹配性提供了有效的方法。

（9）以变转速机电液系统测控平台为硬件基础，对变环境工况下，即变转速与变负载工况下的系统动能刚度进行了分析。实验结果与理论分析结论均表明：子系统距激扰源越远，则动能刚度越大，受激扰源变化的影响越弱；转速升高，系统正向刚度损失减小，系统功率利用率越高、输出越平稳。负载越大，系统逆向刚度损失越大，则系统功率利用率越低、输出转速波动越大；系统内部特征-动能刚度及系统外部特征-转速波动可以反映系统的动力学特性和负载工况的变化规律相关。

参 考 文 献

[1] 张红娟, 权龙, 李斌. 注塑机电液控制系统能量效率对比研究[J]. 机械工程学报, 2012, 48 (8): 180-187.

[2] 罗向阳, 权凌霄, 关庆生, 等. 轴向柱塞泵振动机理的研究现状及发展趋势[J]. 流体机械, 2015, 43 (8): 41-46.

[3] 谷立臣, 刘沛津, 陈江城. 基于电参量信息融合的液压系统状态识别技术[J]. 机械工程学报, 2011, 47(24): 141-150.

[4] 杨彬, 谷立臣, 刘永. 机电液系统动能刚度图示化在线识别技术[J]. 振动与冲击, 2017, 36 (4): 119-126.

[5] 车胜创. 机械设计节能基本原理的分析与应用[J]. 长安大学学报(自然科学版), 2011, 31 (3): 95-101.

[6] 王春行. 液压控制系统[M]. 北京: 机械工业出版社, 2000.

[7] GU L C, YANG B. A cooperation analysis method using internal and external features for mechanical and electro-hydraulic system [J].IEEE Access, 2019, 7:10491-10504.

[8] 彭天好, 孙继亮, 汲方林. 变转速液压容积调速系统的控制结构[J]. 机床与液压, 2005, (6):119-120, 147.

[9] 陈伯时. 电力拖动自动控制系统[M]. 北京:机械工业出版社, 1999.

[10] 田铭兴, 励庆孚, 王曙鸿. 交流电机坐标变换理论的研究[J]. 西安交通大学学报, 2002, 36 (6): 568-571, 634.

[11] 谷立臣. 液压设备多源诊断信息获取实验装置及其实验方法[P]. 中国专利: ZL200810232493.6, 2011-11-28.

[12] 贾永峰, 谷立臣. 永磁同步电机驱动的液压动力系统设计与实验分析[J]. 中国机械工程, 2012, 23 (3): 286-290.

[13] 赵松, 谷立臣, 杨彬. 机电液系统多参量耦合机理及动能刚度分析方法[J]. 振动与冲击, 2018, 37(11):27-33.

第6章 机电液系统内外部特征协同分析方法

6.1 概　述

机电液系统作为多参量、强耦合、非线性的多能量域系统，在复杂环境工况作用下，系统内部参量的改变与外部运行状态变量之间的映射关系既存在确定成分，又具有随机性质，尤其在变环境工况下，系统运行状态信息（特征）提取方法存在局限性。由于负载工况和传动介质与其他机电系统不同，传统的机械（或流体）振动和冲击信号不适合变转速液压设备故障建模及机理分析，即在机电液系统动力学正、反问题之间尚缺乏联系的通道，这是亟待解决的瓶颈问题。领域同行的研究均表明[1-3]：柱塞泵/马达的性能退化，可以从振动、压力和流量等动态信号中表现出来，但机理复杂且十分微弱，主要体现在三个方面：一是故障特征本身非常微弱；二是这些特征信号被多干扰源和强噪声所淹没，信噪比低，难以识别；三是与系统刚度和工况有关。

为此，在前述各章从局部（泵/马达）和全局（机电液系统）角度揭示机电液系统刚度、阻尼和摩擦随泵转速和载荷工况变化规律的基础上，本章通过典型和极端工况试验对比，以研究不同转速段（极端工况）系统动能刚度与性能退化（早期故障）的关联性为主线，将动能刚度蕴含的系统内部演化信息与转速波动提供的系统外部运行状态特征进行关联分析，由内及表揭示环境工况→内部参量→动能刚度→瞬时转速波动的耦合效应传递机理，探索新的信息来源并发展相应的信号处理及故障诊断方法。

6.2　机电液一体化理论与技术研究试验平台

国内外学者针对变转速液压技术的研究大都以系统全局效率、动态性能、控制精度的提高为目的。然而，系统在复杂环境工况（变转速工况、变负载工况）下所表现出的控制精度和速度刚度低、响应速度慢、低速稳定性差、振动噪声、效率低下，并伴随着系统性能弱化、转速及功率波动、失稳振荡以及非线性特征等科学问题却没有得到相应的重视。如 4.4.5 小节所述，在用电功率图研究变转速泵控马达系统时观察到一些值得探索的现象：系统在不同转速范围运行时，其节能效果、动力学性能甚至寿命有很大差距，且与负载工况有关。液压系统采用不同形式的动力源时，系统的性能亦表现不同，如当动力源分别为永磁同步电机和异步电机时，前者具有更好的负载匹配特性，并且转速越低、负载越小，节能效果越显著[4]。

　　针对上述科学问题的解决，提出了机电液系统动能刚度原理以及分析方法，在得到了国家自然科学基金和陕西省重点学科建设基金资助后，开发了机电液一体化理论与技术研究试验平台，如图 6.1 所示。

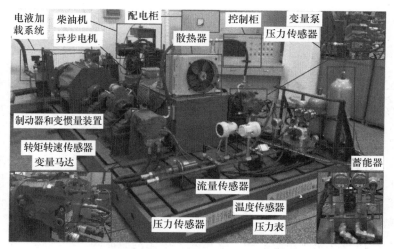

图 6.1　机电液一体化理论与技术研究试验平台

6.2.1　试验平台原理

　　图 4.2 所示的变转速泵控马达调速系统是变转速液压传动系统中一类基本的传动方式，为深入研究调速响应、速度刚度受负载的影响规律以及耦合界面的变化规律，针对机电液系统动能刚度分析方法，结合工程实际中极端工况的模拟研制了混合动力驱动的复合调速液压泵控马达试验平台，如图 6.1 所示。

　　图 6.2 是试验平台测控系统原理图，系统动力源由三相异步电机 2 和柴油机 4 组成，经合动箱 3 联合驱动变量泵 6 输出。混合动力箱的摩擦离合器既可以控制电机或柴油机单独驱动变量泵 6，又可以实现联合驱动。混合动力箱输出轴带动轴向柱塞变量泵 6 旋转，泵出的液压油控制轴向柱塞变量马达 15 拖动加载泵 17，通过控制变量泵 6 和变量马达 15 的转速或排量可以实现大范围的复合调速。

6.2.2　试验平台功能

　　如图 6.1 和图 6.2 所示，试验平台主要由动力源、液压传动系统、负载模拟系统、数据采集及控制系统四部分组成，各部分组成及功能如下：

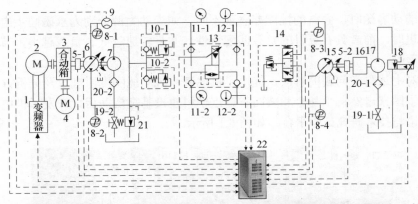

1-变频器；2-三相异步电机；3-合动箱；4-柴油机；5-1、5-2-转矩转速传感器；6-变量泵；7-补油泵；8-1、8-2、8-3、8-4-压力传感器；9-流量传感器；10-1、10-2-补油泵溢流阀；11-1、11-2-压力表；12-1、12-2-温度传感器；13-平衡阀；14-冷却冲洗阀；15-变量马达；16-制动器和变惯量装置；17-齿轮泵；18-电比例溢流阀；19-1、19-2-截止阀；20-1、20-2-滤油器；21-补油回路溢流阀；22-工控机

图 6.2　试验平台测控系统原理图

（1）动力源部分主要由供电设备、三相变频异步电机（30kW）、柴油发动机（33kW）、混合动力箱以及变频器组成。通过合动箱可以实现电机、柴油机单独驱动以及联合驱动三种工作方式，通过变频器可以控制电机转速进行液压设备变转速工况和高、低极限转速工况下的系统动力学特性试验。

（2）液压传动系统是由油箱、变量泵、电比例溢流阀、冲洗阀、变量马达、蓄能器及冷却风扇等部件组成的闭式系统，系统的补油泵集成在变量泵上。通过改变泵或者马达排量可以对马达转速进行大范围调节；改变液压泵内部斜盘倾角的正负可以实现液压系统高、低压油路的切换，实现换向。试验台的液压系统设计指标按工程机械相应标准执行，可以模拟工程机械典型和极端工况，为在实验室环境下开展工程机械液压系统性能的检测提供试验条件。

（3）负载模拟系统主要由变转动惯量装置、制动器、电液加载系统三部分组成。变转动惯量装置和制动器安装在柱塞马达输出轴后，通过改变惯性轮的数量实现不同惯量负载的模拟，制动器可以满足实际工况中的变摩擦转矩、打滑、抱死等极端工况的试验需要。电液加载系统由加载齿轮泵、电比例溢流阀、安全阀和油箱组成，以电比例溢流阀作为模拟加载元件，通过控制阀口开度可以实现典型工况的数字化模拟加载。

（4）数据采集及控制系统主要由工控机、传感器组以及电气控制系统三部分组成。工控机是核心部件，传感器采集的信息、信号处理以及控制指令的传递都要依靠工控机完成。传感器组可以实现系统压力、流量、温度、转矩、转速、电压、电流以及振动等多能量域信号（以下统称多源信号）的测量。多源信号通过工控机中安装的 PCI-1715U 模拟量采集卡 A/D 转换后在 LabVIEW 测控程序中进行处理与显示。工控机发出的指令通过 PCI-1727U 模拟量输出卡 D/A 转换后输出，实现对电机转速、液压泵排量、液压马达排量以及电比例溢流阀等执行元件的在线控制。电气控制系统由西门子 300 系列 PLC、继电器、UPS 及开关组成，该部分主要完成平台各种部件的启动、供电以及程控等功能。

6.2.3　测控系统

试验平台测控系统原理如图 6.2 所示，主要被控执行元件型号及性能参数列于表 6.1 中。变频器 1 从电网供电，依据其输入的控制信号输出特定频率的电压控制三相异步电机 2 的转速，电机至变量泵 6 的动力传递链中还有一个合动箱 3。补油泵 7 集成在变量泵 6 中，它通过两组单向阀和溢流阀向液压系统低压油路补油，调节溢流阀 21 的开启压力可以调节补油压力（低压油路压力）；元件 13 是一组平衡阀，其中四个单向阀和电比例溢流阀安装在集成阀块上，通过控制电比例溢流阀可以控制高、低压油路的压差。元件 14 是由三位三通换向阀和溢流阀组成的冷却冲洗阀，用以释放液压马达运行中产生的热量。元件 16 是制动器和变惯量装置，齿轮泵 17 和电比例溢流阀 18 以及截止阀 19-1 和滤油器 20-1 构成电液加载系统，通过对电比例溢流阀 18 的阀口控制实现数字化加载。

表 6.1　关键元件及性能指标

名称	规格	主要性能指标
变频电机	1LG0 206-4AA	额定转速为 1470r/min，额定功率为 30kW
变量泵	HPV55-02R-E1-X-300E	额定压力 42MPa，最大排量 55mL/r
变量马达	HMV105-02-E1-C	额定压力 42MPa，最小排量 35mL/r，最大排量 105mL/r
齿轮泵	CBY41-60-F/A3FL	额定压力 20MPa，排量 105mL/r
安全阀	DBE-10-30-B-315-Y-M	公称通径 30mm，最大压力 31.5MPa
加载阀	AGMZO-TERS-PC-20/315/Y	公称通径 20mm，最大压力 31.5MPa

电机 2 与变量泵 6 之间安装有转矩转速传感器 5-1，马达 15 与制动器和变惯量装置 16 之间安装有转矩转速传感器 5-2，可以测量系统输入和输出轴上的转矩、转速以及功率。元件 8 为压力传感器，分别安装在液压泵和马达的进、出油口处。流量传感器安装在高压油路上，2 个压力表（元件 11）和两个具有数据传输功能的温度传感器（元件 12）分别安装在液压系统高压和低压油路上用以实时监测和显示系统压力和温度。上述多源信号经过 PCI-1715U 模拟量采集卡 A/D 转换后在 LabVIEW 程序中进行标定与处理。泵端转矩转速和马达转矩转速经 JZ-22 智能型转矩转速传感器测量并通过 RS-232 串口与计算机通信将数据传至 LabVIEW 测控系统。控制信号在 LabVIEW 程序中给定并通过模拟量输出卡 D/A 转换后输出到对应的通道用以控制电机转速、液压泵排量、液压马达排量、比例溢流阀加载电

压等。表 6.2 为关键传感器的性能参数，可以实现多源信号的采集以及变转速、变排量方式的在线测控。

表 6.2　关键传感器及性能参数

名称	型号	主要性能指标
温度传感器	ACT-201	量程–50～100℃，精度±0.5% FS
流量计	OMG32.800045	量程 105L/min，精度±0.1% FS，最大负荷压力 20MPa
压力传感器	HDA4844-A-400-Y00	量程 40MPa，频宽 1kHz，精度±0.1%FS
转速转矩传感器	HMV105-02-E1-C	量程 500N·m，转速范围 4000r/min，频宽 1kHz，精度±0.2%FS

基于 LabVIEW 开发的测控软件平台人机交互界面和动能刚度检测系统如图 6.3 和图 6.4 所示，可以实现参数设定、实时监测、数据保存及控制输出。

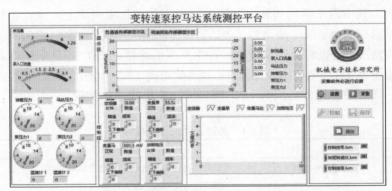

图 6.3　试验平台测控系统人机交互界面

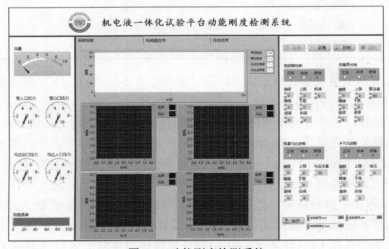

图 6.4　动能刚度检测系统

6.3　柱塞马达流量与压力脉动机理

国内外学者通过长期的理论与试验研究，基本揭示了柱塞泵流量与压力脉动机理，并总结出配流盘压力过渡角、交错角、减压槽结构尺寸等结构参数对流量脉动的影响规律，继而通过配流盘结构优化实现柱塞泵降噪的目的[5]。目前，一种观点认为柱塞马达压力脉动比柱塞泵压力脉动要小；另一种观点认为液压泵和马达的结构类似，自然机理相同，这导致有关柱塞马达流量与压力脉动机理方面的研究鲜见报道。

2.4.3 小节柱塞泵转速波动受倾覆力矩和压力影响的变化规律，而工程实际中柱塞马达作为关键执行元件，其流量与压力脉动对设备可靠性以及动能刚度的影响不容忽视。本节应用 2.3 节全耦合动力学模型分析柱塞马达流量与压力脉动机理，首先，利用全耦合模型预测柱塞马达柱塞腔压力；其次，根据柱塞腔压力变化规律，分析流量与压力脉动机理；最后，通过本试验平台给出的数据验证分析结果的正确性。

6.3.1　流量与压力脉动机理分析

由 2.4 节柱塞设备全耦合动力学模型仿真分析结果可以看出，柱塞腔吸油流量的非连续性是压力脉动形成的根本原因，另外配流副泄漏流量也会对压力脉动有一定的影响，压力脉动机理分析关键在于把握柱塞腔流量变化规律。根据 2.4.3 小节分析结果，油液可压缩性导致的柱塞腔流量倒灌与射流加剧了流量脉动，柱塞马达高压腔与柱塞腔之间存在压力差，柱塞腔流量倒灌不可避免，然而从高压腔进油，柱塞腔流量不可能形成流量射流，可以推测油液压缩性影响下柱塞马达压力脉动可能随工作压力的升高而加大，但压力脉动随转速的变化规律尚不明确。当柱塞腔完全进入高压工作区时，柱塞腔压力跟随高压腔压力变化，柱塞腔油液泄漏也会影响压力脉动。

综上所述，柱塞马达压力脉动影响因素有配流盘配流、油液压缩性和泄漏流量，流量与压力脉动分析将综合考虑以上因素。

1. 流量与压力脉动仿真实验

柱塞马达流量与压力脉动机理分析的首要问题是流量与压力脉动预测。参考柱塞泵全耦合动力学参数化建模方法，建立柱塞马达仿真模型、全耦合动力学仿真模型和状态变量输出模型。模型输入为流量 Q_m 和负载转矩 T_l，输出为高压腔压力 p_{high} 和转速 n_m。基于柱塞马达全耦合动力学仿真模型，计算得到流量与压力脉动随运行参数的变化规律，分析对象为林德 HMV105 斜盘式轴向柱塞马达，经过实际测量与参数估计给出柱塞马达仿真参数如表 6.3 所示。

表 6.3　柱塞马达仿真参数

参数	取值	参数	取值
N	9	α	$12.37\pi/180\mathrm{rad}$
d	0.021m	C_d	0.75
R	0.044m	C	$0.50\times10^{-13}\mathrm{m^3/Pa}$
r	0.004m	μ	$0.023\mathrm{Pa\cdot s}$
α_c	$30\pi/180\mathrm{rad}$	ρ	$876\mathrm{kg/m^3}$
φ_0	$7\pi/180\mathrm{rad}$	β	1420MPa
$\Delta\varphi$	$20\pi/180\mathrm{rad}$	m	0.033kg
δ_1	$6\pi/180\mathrm{rad}$	J_m	$1.44\times10^{-2}\mathrm{kg\cdot m^2}$
δ_2	$90\pi/180\mathrm{rad}$	p_low	2MPa

基于全耦合动力学仿真模型，分别求得转速为 1000r/min、1500r/min 和 2000r/min，工作压力在 10MPa、15MPa 和 20MPa 下的柱塞马达高压腔压力 P_high 和吸油流量 ΔQ_s，其中，吸油流量可表示为[6]

$$\Delta Q_\mathrm{s} = \sum_{i=1}^{N} Q_{si} + \frac{P_\mathrm{high}}{R_\mathrm{lv}} \tag{6.1}$$

仿真结果如图 6.5 和图 6.6 所示。由图 6.6（a）可知，在马达转速一定的情况下，由于泄漏流量损失，马达吸油流量随工作压力的升高而加大。

柱塞马达压力和流量脉动幅值随工作压力 p_L 和转速 n_L 的变化规律如图 6.7 所示，可以看出压力和流量脉动幅值均随 p_L 的升高而加大，压力脉动幅值随 n_L 的升高而减小，流量脉动幅值随 n_L 的升高而加大。

由图 6.6 可以看出，流量脉动波形存在两个波峰，第一个波峰峰值随转速的升高明显降低，随压力的升高而升高，第二个波峰峰值随转速和压力的升高而明显

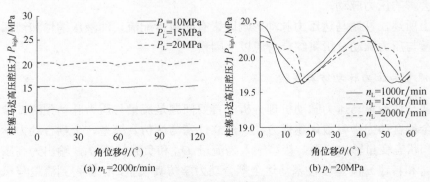

图 6.5　柱塞马达高压腔压力仿真结果

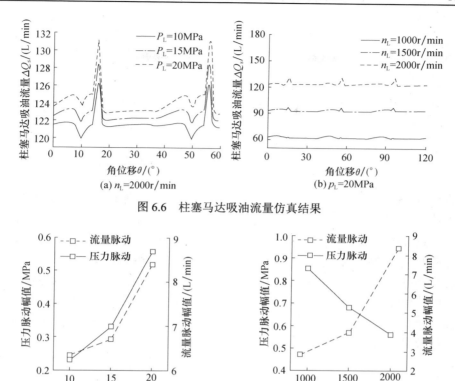

图 6.6　柱塞马达吸油流量仿真结果

图 6.7　流量与压力脉动幅值变化规律

升高。联系流量与压力脉动变化规律，可以推断流量脉动第二波峰峰值对于流量脉动影响严重，流量脉动第一波峰对压力脉动的影响力大于第二波峰。模型仿真分析结果表明，流量脉动波峰产生原因是柱塞马达流量与压力脉动机理分析中的关键。

2. 柱塞马达脉动机理分析

对比分析柱塞马达吸油流量和柱塞腔流量，如图 6.8 所示，可以看出柱塞马达吸油流量脉动与柱塞腔流量有直接关系。

现结合过流面积和柱塞腔压力，分析柱塞腔流量变化规律，特别是柱塞腔压力过渡过程中柱塞腔流量变化情况。一个旋转周期内，柱塞马达过流面积随角位移变化规律如图 6.9 所示[6]。闭式液压回路中，柱塞马达换向通过切换柱塞泵进出油口实现，闭式柱塞马达配流盘必须为轴对称结构，表现为轴对称的过流面积。需要注意的是，柱塞分别处于上死点（TDC）和下死点（BDC）时（参见图 2.2），缸体腰型孔同时与配流盘进出口覆盖，说明在柱塞腔压力过渡过程中，高低压油

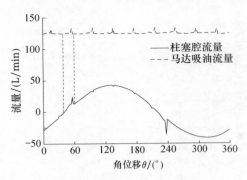

图 6.8　柱塞马达吸油流量与柱塞腔流量对比（n_L=2000r/min，p_L=20MPa）

图 6.9　柱塞马达过流面积变化规律

腔会有短暂连通。

在 T_1 为 100N·m，Q_m 分别为 36L/min、54L/min 和 72L/min 的工况下，一个旋转周期内的柱塞腔压力变化过程如图 6.10（a）所示，上下死点附近柱塞腔压力变化细节如图 6.10（b）和（c）所示。图 6.10（b）中，左侧为排油区域，右侧为吸油区域，图 6.10（c）中与此相反。图 6.10（b）和图 6.9（c）极为相似，原因是配流盘采用了轴对称结构。

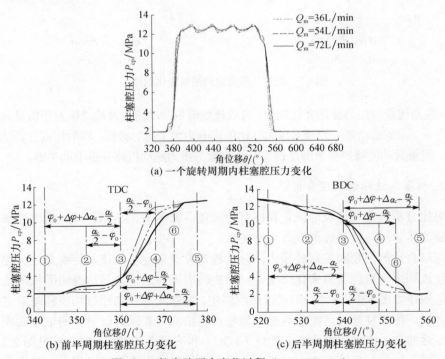

(a) 一个旋转周期内柱塞腔压力变化

(b) 前半周期柱塞腔压力变化　　　(c) 后半周期柱塞腔压力变化

图 6.10　柱塞腔压力变化过程（T_1=100N·m）

以上死点附近柱塞腔压力过渡为对象，分析柱塞马达吸油压力脉动机理，并将压力过渡分为以下四个阶段。

第 1 阶段：从位置①到位置②。

排油过流面积 A_d 随角位移 θ 的增加而减小，困油作用下柱塞腔压力 p_{cp} 随之升高，柱塞腔内少部分油液途经减压槽排至低压腔，最后 p_{cp} 进入稳定状态。根据式（2.39）给出的柱塞腔压力特性方程，估算柱塞腔与低压腔之间的压力差为[6]

$$\Delta p_1 \approx \frac{\rho}{2} \left[\frac{A_p \omega_m R \tan\alpha \sin\varphi_1}{C_d A_{di}(\varphi_1)} \right]^2, \quad \varphi_1 = \frac{\alpha_c}{2} - \varphi_0 \tag{6.2}$$

第 2 阶段：从位置②到位置③。

随着 θ 的增加，A_d 进一步减小，吸油过流面积 A_s 开始增加，油液被从高压腔注入柱塞腔，与此同时，其中少部分将通过柱塞腔流入低压腔。最终，由于油液压缩而使柱塞腔压力逐步升高。

第 3 阶段：从位置③到位置④。

延续第 2 阶段柱塞腔流量与压力的变化过程，A_d 减小至零，p_{cp} 明显升高。

第 4 阶段：从位置④到位置⑤。

A_s 继续增加，困油作用下柱塞腔压力 p_{cp} 略低于高压腔压力，当柱塞处于位置⑥时，p_{cp} 进入稳定状态。根据式（2.39）给出的柱塞腔压力特性方程，估算柱塞腔与高压腔之间的压力差为

$$\Delta p_2 \approx \frac{\rho}{2} \left[\frac{A_p \omega_m R \tan\alpha \sin\varphi_2}{C_d A_{si}(\varphi_2)} \right]^2, \quad \varphi_2 = \varphi_0 + \Delta\varphi - \frac{\alpha_c}{2} \tag{6.3}$$

最终，柱塞腔被压至高压腔压力。由式（6.2）和式（6.3）可以看出，Δp_1 和 Δp_2 与工作压力无关，如图 6.11 所示，随着 T_1 的加大，Δp_1 和 Δp_2 保持为常数。

以上分析表明，柱塞马达内泄产生在第 2 阶段和第 3 阶段，由节流公式可以看出阶段 2 内泄为常数。在阶段 3，低转速下柱塞腔油液累计增加，导致较高的压力梯度，柱塞腔压力也会提前进入稳定状态。由图 6.11 可以看出，压力梯度随着工作压力的增加而升高，低速高压工况下阶段 3 内泄加大。综上所述，柱塞马达内泄随转速降低和压力的升高而迅速增加。

柱塞腔油液压缩至高压腔压力时，油液压缩过程才会终止，其结点位于位置⑥，结合图 6.9 可以看出，此时 A_s 突然增大，油液瞬间压入，以至于柱塞腔压力急剧升至高压腔压力，冲击程度取决于此时柱塞腔与高压腔之间的压力差。由图 6.10 和图 6.11 可以看出，压力差随转速和压力的升高而加大，则流量冲击也愈发明显。

在工作压力为 20MPa，转速为 2000r/min 工况下，对比分析柱塞腔流量和高压腔压力如图 6.12 所示，结合图 6.8 可以看出，内泄区域为吸油流量脉动第一波峰上升阶段，压力突变处于第二波峰上升阶段，说明第一波峰峰值与内泄有关，第二波峰峰值与流量冲击有关。联系内泄和流量冲击随运行参数的变化规律，不难得出流量脉动第一个波峰峰值随转速的升高明显降低，随压力的升高而升高，第二个波峰峰值随转速和压力的升高而明显升高的结论。

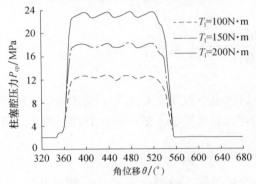

图 6.11　柱塞腔压力变化过程
（Q_m=72N·m）

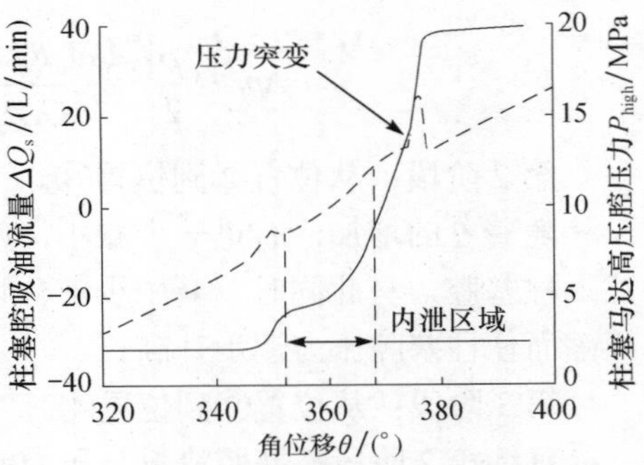

图 6.12　柱塞腔流量与高压腔压力对比分析
（n_L=2000r/min，p_L= 20MPa）

综上所述，柱塞马达流量与压力脉动幅值均随工作压力的升高而加大，压力脉动幅值随转速的升高而减小，流量脉动幅值随转速的升高而加大。流量与压力脉动与柱塞腔压力过渡过程中的柱塞腔流量变化规律息息相关。在内泄和流量冲击共同作用下，吸油流量脉动波形表现出随运行参数变化的波峰峰值，其中内泄影响第一波峰，流量冲击影响第二波峰。根据内泄和流量冲击随运行参数的变化规律，揭示了柱塞马达流量与压力脉动机理，解释了液压马达配油结构的正向动力学特性引起流量脉动，同时流量脉动会诱发转速波动。

6.3.2　柱塞马达压力脉动试验分析

1. 试验参数设置

无论对柱塞泵还是对柱塞马达进行测试，通常选取压力、转速为控制变量，流量、转矩为观测变量。根据试验平台条件，为保证流量计不超负荷使用，设置液压系统额定压力为 20 MPa；首先设定柱塞马达排量，然后分别调节泵转速和排量以改变马达转速；随着马达转速的升高，所需流量也随之加大，必须保证液压驱动系统补油压力稳定，柱塞泵转速应不低于 500 r/min。液压系统负载压力一定时，柱塞泵转矩会随着排量的加大而增大，因此在调节柱塞泵排量改变柱塞马达转速时，应保证柱塞泵转矩不大于变频电机最大转矩。柱塞设备泄漏流量受系统温度影响严重，试验过程中应保证温度在合理范围内。综合考虑以上各因素，确定试验平台运行参数范围如表 6.4 所示。

表 6.4　试验平台运行参数选取范围

参数	取值范围
补油压力 p_{low}	1.8~2MPa
工作压力 p_L	11~17MPa
工作转速 n_L	300~800r/min
系统温度	30~35℃

2. 基于 EEMD 和小波包分解的压力脉动信号提取方法

变转速泵控马达系统中，柱塞泵与马达压力脉动之间相互耦合，柱塞马达压力脉动信号特征提取需要选择合适的信号处理方法。利用总体平均经验模态分解（ensemble empirical mode decomposition，EEMD）方法可以自适应分解得到信号频率由高到低的一系列固有模式函数（intrinsic mode function，IMF）分量，但信号处理精确度不稳定；离散小波分析当时间分辨率高时，频率分辨率却比较低；小波包则能较为精确刻画信号各频段信息。利用小波包分解压力脉动信号，可实现压力脉动信号的精确划分，但仍然存在不能自适应分解等问题，利用 EEMD 与小波包分解相结合的非平稳压力信号提取方法可以较好地解决压力脉动特征提取问题[7,8]。首先，用 EEMD 将有用信号从原始信号中提取出来，提高信噪比；其次，根据柱塞泵和柱塞马达压力脉动特性，使用小波包分解压力信号；最后，重构得到柱塞马达压力信号。

3. 压力信号测试

设定变量柱塞马达排量为 60mL/r，在工作压力为 17MPa，转速为 500r/min 工况下，在图 6.2 所示的试验平台上对变量马达 15 进行压力测试，测得的柱塞马达入口压力时域波形及其频谱如图 6.13 所示。可以看出，原始信号中含有马达压力脉动基频 75Hz 及其二次谐波信号，还含有泵压力脉动基频 110.9Hz 及其二次谐波信号，并混有干扰信号。将多次测量数据做平稳性检验发现方差存在时变特征，频谱图基频以及各次谐波信号特征频率随时间发生微小变化，柱塞马达入口压力信号为准平稳信号。

4. 液压马达压力信号处理

经验模态分解结果及所得各阶 IMF 频谱如图 6.14 和图 6.15 所示，可以看出，压力信号能量主要集中在 IMF2、IMF3 和 IMF4，柱塞马达压力脉动信号包含于

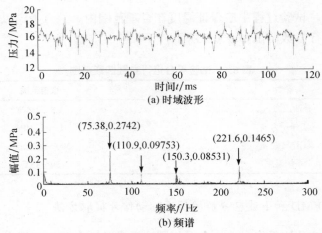

图 6.13　柱塞马达入口压力时域波形及频谱

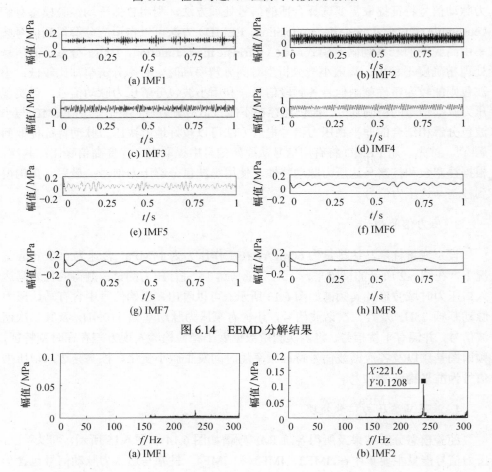

图 6.14　EEMD 分解结果

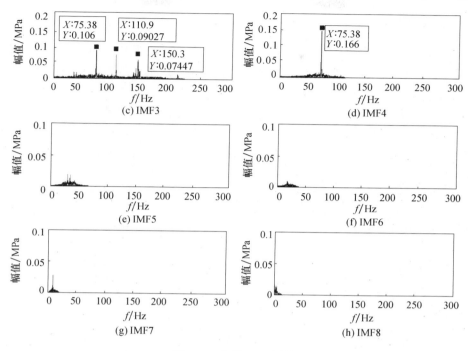

图 6.15　各阶 IMF 频谱

IMF3 和 IMF4，仅采用 EEMD 不能完全提取马达压力脉动信号。对 IMF3 进行小波包分解，联合 IMF4 提取马达脉动信号时域波形及其频谱如图 6.16 所示。

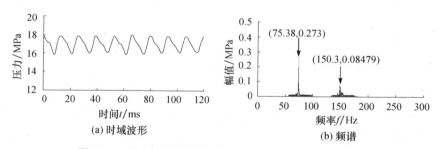

图 6.16　小波包分解与重构后得到的马达压力脉动信息

采用 EEMD 与小波包分解相结合的方法，可以有效提取马达压力脉动信号，该方法对于提取柱塞泵压力脉动同样有效，不再复述。基于该方法依次提取工作压力为 11MPa、14MPa 和 17MPa，转速为 600r/min 和 700r/min 工况下，柱塞马达压力脉动信号，验证了前述柱塞马达仿真模型以及压力脉动机理分析结果的正确性。

5. 试验分析

除表 6.3 所示运行参数外，其余参数如表 6.5 所示，其中，油液有效体积弹性模量 β、各摩擦副油膜厚度 h 以及摩擦系数 f 均通过基于能量损耗估计的参数识别方法获得[8]。将仿真参数代入 2.3.2 小节柱塞马达参数化仿真模型，得到相同工况下柱塞马达高压腔压力仿真波形，对比分析仿真和试验结果如图 6.17 所示。

表 6.5　仿真参数取值表

参数	h_v	h_c	h_s	f_v	f_n	f_s	α_f	λ_v
取值	10μm	9μm	15μm	0.004	0.025	0.003	0.70	0.55
参数	R_1	R_2	R_3	R_4	d_d	L_d	r_1	r_2
取值	0.037m	0.040m	0.048m	0.051m	0.001m	0.002m	0.012m	0.027m

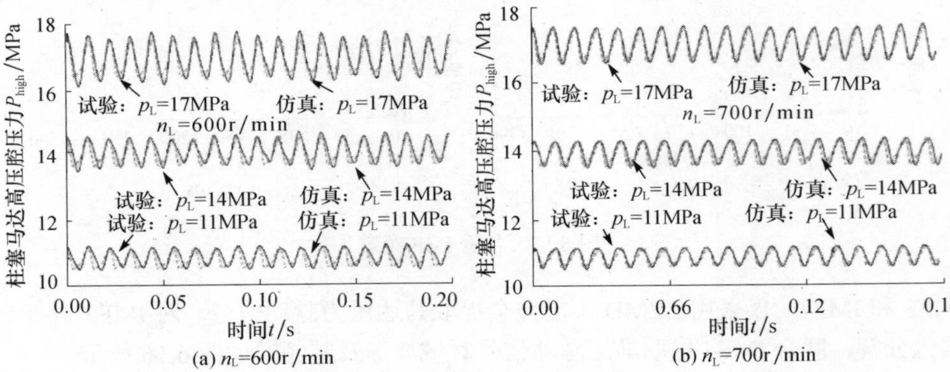

图 6.17　柱塞马达压力脉动仿真结果与试验结果对比

可以看出：仿真结果与试验结果吻合较好，压力脉动幅值随工作压力 p_L 的升高而加大，随转速的升高而减小，证明了所建柱塞马达全耦合动力学模型的正确性，同时也说明第 2 章关于柱塞马达压力脉动机理的分析是合理的。柱塞马达全耦合动力学参数化仿真模型具有较好的预测精度，可用于柱塞设备能量损耗以及转速波动机理分析。

为有效体现柱塞马达全耦合动力学特性，给出上述工况下柱塞马达转速时域仿真波形，如图 6.18 所示。仿真结果表明，柱塞马达转速波动幅值同样随着 p_L 的升高而加大，转速波动幅值随转速的升高而减小，这也进一步说明建立的柱塞设备全耦合动力学模型揭示了柱塞设备内部子系统之间的耦合关系。

全耦合动力学模型仿真与实测结果均表明：

（1）柱塞马达流量与压力脉动幅值均随工作压力的升高而加大，压力脉动幅值随转速的升高而减小，流量脉动幅值随转速的升高而加大。流量脉动波形存在两个波峰，第一个波峰峰值随转速的升高明显降低，随压力的升高而升高，第二

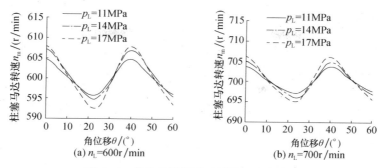

图 6.18　柱塞马达转速时域波形仿真波形

个波峰峰值随转速和压力的升高而明显升高。流量脉动第二波峰峰值对流量脉动的影响较大，第一波峰对压力脉动的影响力大于第二波峰。

（2）流量脉动第一波峰峰值与柱塞马达内泄有关，第二波峰峰值与柱塞腔流量冲击有关。内泄随转速的降低和压力的升高而加重，流量冲击随转速和压力的升高而愈发明显。

（3）流量与压力脉动机理分析显示，降低柱塞马达内泄，减小柱塞腔与高压腔之间的压力差有助于减缓流量与压力脉动；根据动能刚度原理，液压柱塞泵/马达转速波动信号中携带了柱塞设备的内部磨损和泄漏信息。

（4）液压马达、泵的转速波动信号不仅能反映系统耦合状态，还蕴含磨损、泄漏以及稳定性等运行状态信息。

6.4　液压马达瞬时转速测量及波动源提取

前述研究表明，动能刚度是表征系统运行状态的内部特征参量，它是多能量域参量的耦合效应，但构建动能刚度的多源测试信号获取却非常困难，如流量、转矩信号的测量需"侵入"系统运行，且传感器的安装及使用要求非常严格，制约了动能刚度测量方法在实际工程中的应用。在研究系统动能刚度形成机理的过程中发现，系统动能刚度的改变会引起系统输出轴转速及功率的波动。

输出轴瞬时转速是机电液系统的重要信息源，其波动程度与动能刚度相关。由于转速信号与振动、流量及压力信号相比具有测试方法简单、抗干扰能力强等优点，能够作为鲁棒性较好的系统外部特征反映系统的运行状态。为此，研究瞬时转速的精确测量方法，并针对采样信号的离散特征，分析主要误差源形成机理及消除方法，再探索合适的离散信号处理方法提取转速中的波动源，用转速波动表征机电液系统运行状态的外部特征量，旨在形成一种基于系统内部特征（动能刚度）和外部特征（转速波动）关联分析的系统匹配、监测、诊断以及健康管理的机电液一体化设计方法。

6.4.1　液压马达瞬时转速测量

以工程中最常用的磁电式转速传感器为例，忽略安装传感器支架的振动、齿形误差与齿轮安装偏心等引起测量转速误差的影响因素，传感器模拟信号经过内部电路处理后输出方波信号过程，如图 6.19 所示。内部电路将传感器测量的周期电压信号放大，再进行滤波，最后整形为电压幅值为 5V 的方波信号。方波信号的周期或频率与瞬时转速信号相关。

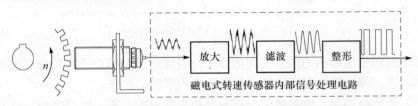

图 6.19　磁电式转速传感器内部电路产生方波信号示意图

磁电式转速传感器安装在支架上，正对测速齿盘，当柱塞马达带动测速齿轮转动时，齿盘上的轮齿依次经过磁电式传感器，使得传感器与测速齿轮之间的齿隙发生周期性变化，导致穿过传感器内部线圈的磁通量随之周期性变化，经传感器内部硬件放大、滤波、整形后输出脉冲方波电压信号。脉冲方波电压信号的频率与转速呈线性关系，只要测出测速齿轮的方波电压信号频率 f，就能得到齿轮转速的平均测量值：

$$n = \frac{60f}{Z} \tag{6.4}$$

式中，f 为脉冲方波频率；n 为齿轮转速；Z 为齿轮齿数。

由图 6.19 和图 6.20 可见，齿盘上的每个轮齿依次经过转速传感器时会产生方波脉冲信号，假设一个方波周期信号时间为 T：

$$T = t_1 + t_2 \tag{6.5}$$

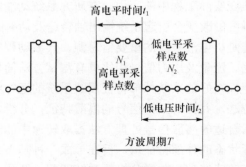

图 6.20　方波周期示意图

式中，t_1 为方波高电平信号对应的时间；t_2 为方波低电平信号对应的时间。

在一个周期时间 T 内的采样点数为 N：

$$N = N_1 + N_2 \tag{6.6}$$

式中，N_1 为方波高电平信号对应的采样点数；N_2 方波低电平信号为对应的采样点数。

因此，测量的液压马达瞬时转速 n 为[9]

$$n = \frac{60 f_c}{N \cdot Z} \tag{6.7}$$

式中，f_c 为采样频率；N 为对应产生一个方波周期的采样点数；Z 为测速齿轮的齿数。

可见，齿轮的齿数 Z 越多，测量的瞬时转速分辨率越高。转速增加时，为保证时域波形不失真，必须提高采样频率 f_c，才能提高测量精度。综合考虑硬件性价比，选择齿轮齿数 Z 为 30，这样所测量的每个瞬时转速值 n 为液压马达轴在角度域转过 12° 时的平均转速，已经接近瞬时值。

在图 4.2 所示的实验平台上测试转速信号，设定变频电机转速由 300～600r/min 阶跃增加，采样频率为 100kHz。图 6.21 为采用式（6.7）测量的液压马达瞬时转速信号原始波形及测量值曲线图。

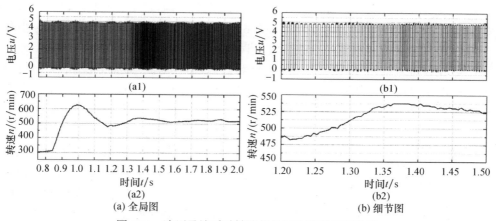

图 6.21　液压马达瞬时转速信号原始波形及测量值

图 6.21（a1）为传感器输出的原始方波波形，（a2）为对应测量的液压马达瞬时转速值，马达转速阶跃增加时测量的瞬时转速有一定的超调量；从图 6.21（b）所示的局部放大细节图中可以看出，液压马达转速在 490～525r/min 由小到大变化时，对应的方波周期从大到小（或频率从小到大）线性变化过程。

6.4.2　瞬时转速测量误差分析

1. 误差种类及产生机理

瞬时转速测量误差包括角度误差、触发误差和量化误差三种。

　　角度误差包括测量齿轮的安装、制造偏心误差、齿形误差,传感器和安装支架之间的振动,以及轴心轨迹运动误差。测量齿轮在加工过程中,由于机床运动传动链、夹具定位、刀具误差等原因,使得加工好的齿轮安装孔与分度圆轴线存在同轴度、齿距分布不匀、每个轮齿几何参数差异等误差。装配过程中存在的误差有:轴和齿轮安装孔的配合精度未达到设计要求、安装偏心等。上述因素的存在,使得在测量液压马达瞬时转速过程中引入系统误差,导致测量的传感器方波瞬时频率存在误差。

　　传感器和安装支架之间的振动与轴心轨迹运动误差引起的测量误差机理相同。液压马达运转过程中会引起机械系统的振动,负载的作用会使得轴承安装部位的轴颈轴线运转轨迹产生复杂的变化。传感器和安装支架之间的振动及轴的轴心轨迹运动误差会使转速传感器和测速齿轮之间产生切向、径向的相对运动。当产生切向相对运动时,转速传感器和测速齿轮产生一个附加的切向相对速度,该切向速度会使传感器输出的方波信号的周期发生改变,相当于对传感器输出的方波信号进行频率调制,此调频信号会引入测量误差;当产生径向相对运动时,转速传感器和测速齿轮产生一个附加的径向相对速度,转速传感器和测速齿轮之间的距离发生改变,从而使得传感器输出的方波信号的幅值发生改变,相当于对传感器输出的方波信号进行幅值调制(图 6.21(a)上可以看出),此调幅信号相对于图 6.19 的测速算法来说不会引入测量误差。

　　触发误差包括两种情况。一是传感器内部电路在对波形整形过程中会出现触发灵敏度漂移现象,从而导致整形前、后的测量波形周期偏离;二是采集板卡的内部时钟频率不稳定,导致采集频率不稳定。这两种触发误差都会引起瞬时转速的测量误差。

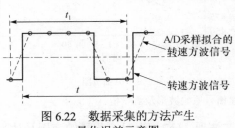

图 6.22　数据采集的方法产生
量化误差示意图

　　无论是硬件计数法还是软件计数法,都会存在多计或少计一个转速方波脉冲的误差,此误差称为量化误差。硬件计数法误差为以高频计数脉冲上升或下降沿触发测量开始或结束时间引起的误差(图 6.22)。软件计数法误差主要是采样点与原始方波高、低电平跳变点不重合引起的。基于上述误差机理分析,实验平台对测速齿轮的加工、安装以及 A/D 采集卡的选择都做了严格的技术要求,为此忽略对角度和触发误差的分析,重点研究 A/D 采样软件计数测量瞬时转速方法中产生量化误差的机理以及抑制方法。

2. 量化误差分析及抑制方法

　　转速测量的绝对误差可近似地用一阶泰勒展开式表达为

$$\Delta n = \frac{60 f_c}{N^2 \cdot Z} \Delta N + \frac{60 f_c}{N \cdot Z^2} \Delta Z + \frac{60}{N \cdot Z} \Delta f_c \qquad (6.8)$$

其相对误差可表示为

$$\varepsilon = \frac{\Delta n}{n} = \frac{1}{N} \Delta N + \frac{1}{Z} \Delta Z + \frac{1}{f_c} \Delta f_c = \varepsilon_1 + \varepsilon_2 + \varepsilon_3 \qquad (6.9)$$

式中，ΔN 为测量方法引起的方波周期计数点个数误差引起的量化误差 ε_1；ΔZ 引起角度误差 ε_2；Δf_c 引起采集卡硬件的触发误差 ε_3。这里忽略 ε_2 和 ε_3 的影响，主要分析 ε_1 的抑制方法，因此，式（6.9）可以表示为

$$\varepsilon = \frac{\Delta n}{n} \approx \varepsilon_1 = \frac{1}{N} \Delta N \qquad (6.10)$$

由式（6.7）和式（6.10）可得绝对量化误差为

$$\Delta n \approx \frac{60 f_c}{N^2 \cdot Z} \Delta N \qquad (6.11)$$

在图 6.22 中一个方波的周期时间为 t。经过采集板卡 A/D 采样后，转速的原始方波模拟信号变为离散的数据序列。对这些数据点拟合，可以获得重构波形（如图 6.22 中虚线所示）。由于瞬时转速存在波动，即使在转速平稳时传感器产生的转速方波高、低电平的时间并不相等。而且采样的时候，采样点不会正好落在转速方波信号的高、低电平的跳变点上。因此采样点重新拟合的转速方波波形和原始信号的波形相比，存在高、低电平上的采样点数目多一个、少一个的情况。采样拟合的方波周期时间 t_1 和原始转速方波周期 t 不相等，使得由式（6.7）计算出来的转速 n 存在量化误差。

单个转速方波周期内采样点个数误差 $\Delta N = \pm 1$，多一个采样点 ΔN 取 +1，少一个采样点 ΔN 取 -1。在测速齿轮的齿数 Z 为 30 时，所以测量的相对误差可表示为

$$\varepsilon = \frac{n}{2 f_c} \qquad (6.12)$$

定义采样频率与转速的比为 $\lambda = f_c / n$，式（6.12）可改写为

$$\varepsilon = \frac{1}{2\lambda} \qquad (6.13)$$

从式（6.12）可以看出，在一定测量误差范围内，量化误差和实际转速成正比，与采样频率成反比；由式（6.13）可知，选择合适的采样频率与转速比 λ，能控制和确定相对量化误差的大小。由图 6.23（b）可以看出，使采样频率与转速比 λ 大于 10Hz/(r/min)，就可以将相对量化误差控制在 5% 以内。实际工程应用中可以根据测速范围，在要求的测量精度范围（用相对量化误差大小衡量）内，确定采样频率。

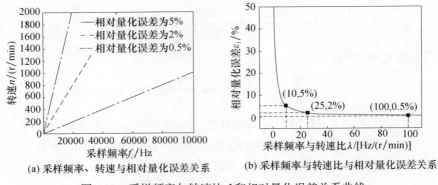

(a) 采样频率、转速与相对量化误差关系   (b) 采样频率与转速比与相对量化误差关系

图 6.23　采样频率与转速比 λ 和相对量化误差关系曲线

6.4.3　液压马达转速波动源提取方法

在精确测量的前提下，旋转机械回转部件的瞬时转速信号能够直接反映其运动和动力学信息。转速信号传递路径短，信噪比高，对设备早期故障敏感，且测量元件维护成本低，因此被广泛应用于旋转机械的状态监测与故障诊断领域[10-13]。恒定工况下，对瞬时转速信号进行离散傅里叶变换即可获得各转速波动源及其波动幅值，然而液压泵/马达在实际服役过程中，往往处于变转速和变负载工况，转速和负载对各转速波动幅值和频率进行调制，使瞬时转速信号呈现非平稳特征，且宽频率范围的激励引入了更多的噪声干扰，导致转速波动源的准确提取变得异常困难。针对非平稳工况下转速波动源的提取问题，国内外学者进行了深入的研究，虽然能够在频域、时频域或角度域获取各转速波动源，但却难以重构各转速波动源的时域变化过程。

1. 转速波动分量提取

转速波动信号中存在周期分量，这些周期分量的时域和频域信息能够有效地揭示机电液系统性能以及动能刚度的演化规律。针对非平稳工况下液压马达转速波动源的特征提取问题，阶比分析方法可以较好地解决。具体程序见附录 C。

1）角度域采样

阶比分析通过等角度间隔采样技术将时间域的非平稳信号转化为角度域的平稳或循环平稳信号，使传统信号处理方法能够重新发挥作用，是变转速设备动态信号分析的一种有效方法。阶比分析的关键在于等角度重采样技术[12-14]。变转速工况下，由磁电式转速传感器测得液压马达转速方波信号，键相时标获取示意图如图 6.24 所示。

将图 6.24 结合公式（6.7）分析可知，每个方波可求得一个瞬时转速值，相当于马达每转过一个 $\Delta\theta$，对应一个瞬时转速值 $n(i)$，因此，整个采样时间内求得的

瞬时转速序列 $n(i)$即为等角度序列。
马达转速方波信号可直接作为等角
度采样鉴相信号使用，角采样频率可
由式（6.14）求得

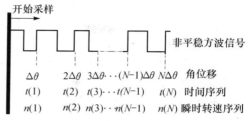

图 6.24　键相时标获取示意图

$$f_{\mathrm{w}} = \frac{2\pi}{\Delta\theta} = z \qquad (6.14)$$

式中，f_{w}为角采样频率；z 为齿数。

由公式（6.7）可知马达每转过一
个$\Delta\theta$的时间 t 为

$$t = \frac{N}{f_{\mathrm{c}}} \qquad (6.15)$$

式中，t 的单位为 s。则鉴相时标 $T(i)$，即每转过 $i\Delta\theta$ 所用时间为

$$T(i) = t(i) + t(i-1) + \cdots + t(1) \qquad (6.16)$$

式中，$i=0,1,2,\cdots,M-1$，M 为序列 $n(i)$ 和 $t(i)$ 的长度。变转速下，马达转速方波信号
呈现频率调制现象，使每个方波周期内的采样点数 N 不等，因此，由式（6.15）可
知，马达转过每个$\Delta\theta$的时间 t 不同，求得的序列 $t(i)$ 和 $T(i)$ 也是非等时间间隔的。

图 6.25 为马达转速斜坡变化时，角位移-鉴相时标转换示意图，可见，变转速
工况下，与等角度间隔对应的鉴相时标 T_i 是非等时间间隔的。

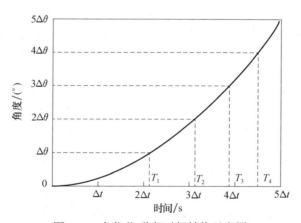

图 6.25　角位移-鉴相时标转换示意图

对应的角度域-时域转化关系公式为

$$\theta(T_{\mathrm{m}}) = m \cdot \Delta\theta \qquad (6.17)$$

式中，$\Delta\theta$ 对应角度域等间隔角度；m 为$\Delta\theta$对应时域采样时刻序列号，$m=1,2,$
$3,\cdots,k$。

可以分析的最大阶比和等角度间隔之间的关系表示为[14]

$$\Delta\theta = \frac{2\pi}{Z} = \frac{2\pi}{2O_{\max}} \tag{6.18}$$

式中，$O_{\max}$ 为可分析的最大阶比；Z 为齿轮齿数。对应时域，傅里叶变换可以分析的最大频率为时域采样频率的一半；对应角度域，阶比分析可以分析的最大阶比为角度域采样频率的一半，即为齿数的一半。

根据拟合的卡方和均方根值，选择二阶多项式拟合。齿轮的齿数为 30，拟合后公式表示为

$$\frac{a_2 T_{\mathrm{m}}^3}{3} + \frac{a_1 T_{\mathrm{m}}^2}{2} + a_0 T_{\mathrm{m}} = \frac{m}{15} \tag{6.19}$$

其中，二次多项式系数 a_2，a_1 和 a_0 可以计算出来[15]，因此，时间序列 $T_{\mathrm{m}}(t_0, t_1, t_2, \cdots, t_k)$ 的数值解可以由公式（6.19）计算。根据时标序列 T_{m}，通过重采样和插值可以计算角度域的瞬时转速值。

2）阶比谱分析

阶比分析与传统频谱分析的相同之处在于都需要对信号数据进行傅里叶变换。传统频谱分析的是时域信号数据，得到时间域均匀采样的信号频率谱线，而阶比分析的是角度域采样数据，得到的是角度域均匀采样的阶比的谱线[14]。阶比的幅值谱 $A(l)$ 可表示为

$$A(l) = \frac{2}{N}\left|X(l)\right| \tag{6.20}$$

式中，$X(l)$ 为阶次比的序列，$X(l) = \sum_{n=0}^{N-1} x(n)\,\mathrm{e}^{-\mathrm{j}2\pi\frac{n}{N}l}$，$N$ 为数据长度，$x(n)$ 为转角的离散序列。阶次"l"即为各转速波动分量转频与基轴转频的比值，变转速下，基轴转频是变化的，同样地，各转速波动分量转频也随基轴转频的变化而变化，但两者比值保持不变。因此，转速阶比分析可将变转速运行马达转速波动信号中各转速波动分量固定在特征阶比上，实现频率解调，但幅值调制依然存在。

需要说明的是，表达转速波动的物理单位可以用 r/min，也可以用 rad/s，用前者表示转速的宏观波动程度，用后者表示角速度微观波动程度，书中根据研究需要灵活使用。利用图 4.2 所示实验平台测试转速信号，分别设定变频电机转速为恒速（450r/min）、斜坡增速（200~600 r/min）空载运行，采样频率为 500 kHz。去除转速变化趋势项，获得的柱塞马达角速度波动曲线如图 6.26 所示。由图可以看出，恒转速工况下，转速测试信号幅值域特征参数（如均值、峰峰值、峭度、均方根等）是平稳的；但变转速工况下，这些特征参数呈现强烈的非平稳性和时变性，用传统分析方法十分困难。

图 6.27（a）和（b）分别为对应图 6.26（a）和（b）的频谱。当变频电机转速恒为 450r/min 时，柱塞马达瞬时转速均值为 48.834rad/s，因此，图 6.27（a）中

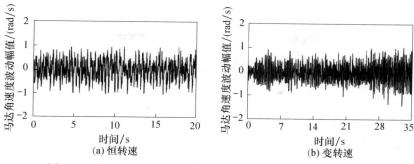

图 6.26　转速变化对柱塞马达角速度波动信号波形产生的影响

7.724Hz 为柱塞马达转频。柱塞马达输出轴连接的减速箱减速比为 3.062，由于减速箱输出轴回转不平衡等影响，图 6.27（a）中角速度波动幅值较大的 2.532Hz 及其倍频与减速箱输出轴转频及其倍频相对应，可以看出，恒转速下各角速度波动分量的特征频率及角速度波动幅值是固定的。当电机转速在 200～600 r/min 内斜坡变化时，由图 6.26（b）可见，使用单纯的傅里叶变化进行分析，频谱会出现严重的频率混叠。因此，对变转速工况下运行的柱塞马达进行频谱分析，会造成失效、误判、频率定位不准等诸多问题。

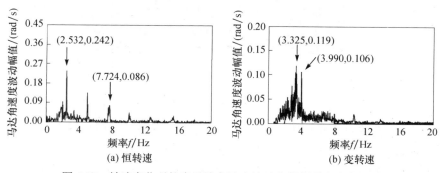

图 6.27　转速变化对柱塞马达角速度波动信号频谱产生的影响

　　将图 6.26（b）所示角速度波动时域信号转换至角度域，见图 6.28（a）；再对其进行离散傅里叶变换，获得的转速阶比谱如图 6.28（b）所示。由图可见，当柱塞马达转速斜坡增加时，将柱塞马达角速度波动信号转换至角度域后可实现其频率解调。用 x 表示阶比，将各阶比成分简记为数字+x 形式，则转速阶比谱中主要包含 0.325x 和 1x，由于测速齿盘安装在柱塞马达输出轴上，柱塞马达输出轴转频为基频，因此，1x 与柱塞马达输出轴转频相对应，减速箱减速比为 3.062；0.325x 与减速箱输出轴转频相关，与各转频倍频对应的阶比成分在转速阶比谱中分布清晰。

　　对图 6.28（a）的柱塞马达角速度波动信号进行阶比时频分析，获得的阶比时频谱如图 6.29 所示。由图可见，经阶比分析后，两角速度波动分量被固定于特征

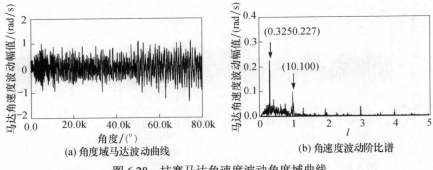

(a) 角度域马达波动曲线　　　　　　(b) 角速度波动阶比谱

图 6.28　柱塞马达角速度波动角度域曲线

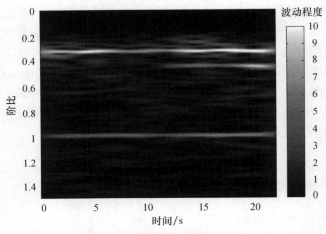

图 6.29　角速度波动阶比时频谱

阶比分量上，但随着柱塞马达转速的升高，1x 角速度波动幅值呈减小趋势，0.325x 角速度波动幅值呈增大趋势，各角速度波动分量幅值随柱塞马达转速而变化。因此，变转速工况下，对非平稳马达角速度波动信号进行阶比分析，可识别其角速度波动构成成分，但其角速度阶比谱中各角速度波动分量的幅值大小并不能准确表达幅值的动态变化过程。然而，变角速度工况下，各角速度波动分量角速度波动幅值的动态变化规律能够有效地反映系统的性能变化及故障演化过程，因此，对各角速度波动分量时间域波形的提取变得至关重要。

2. 阶比分量时域波形提取

为了提取 0.325x 和 1x 角速度波动分量幅值随柱塞马达转速的变化规律，设计了两个零相位带通阶比滤波器[16]，同时对 0.325x 和 1x 成分进行阶比追踪，在变频电机斜坡增速（200~600r/min）空载运行空况下测得两个角速度波动分量时域波形，如图 6.30 所示。

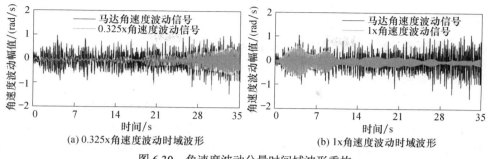

图 6.30　角速度波动分量时间域波形重构

由图 6.30 可知，0.325x 角速度波动幅值随柱塞马达转速升高而增大，1x 角速度波动幅值随柱塞马达转速升高而降低。为进一步揭示两角速度波动分量角速度波动幅值的变化规律，对其时域波形进行希尔伯特（Hilbert）变换，获得角速度波动分量幅值的时变曲线如图 6.31 所示。

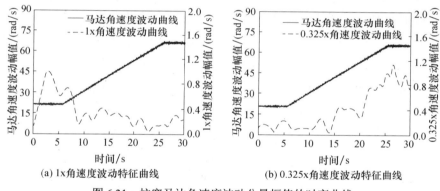

图 6.31　柱塞马达角速度波动分量幅值的时变曲线

综上所述，利用阶比分析将柱塞马达角速度波动信号转换至角度域，通过零相位阶比滤波器可以在时域中有效分离出柱塞马达角速度波动分量幅值的时变规律，为变转速机电液系统的运行状态监测以及性能评价研究提供了新思路。

6.5　系统内外部特征协同分析

前述各章分析了机电液系统在变环境工况下的效应传递链，结合环境工况分别从局部和全局角度分析了机电液系统多能域耦合效应的内部特征量-动能刚度和外部特征量-转速波动的产生机理以及测量方法，阐述了机电液系统运行状态的改变是"形成于内而表征于外"这一本质属性。旨在形成一种基于系统内外部特征关联分析的机电液系统动力学正反问题协同设计方法，可为液压设备服役性能评价以及动力学设计提供新方法。

6.5.1　变转速工况下系统内外部特征协同分析

1. 斜坡变速驱动

在图 4.2 所示实验平台上，设置采样频率为 5kHz，电机输入转速以斜坡规律由 200r/min 增至 600r/min，磁粉制动器输入电压为 0.35V 恒定，油液温度为 18.41℃；系统压力在 4.21~5.53MPa 变化。变转速工况下，系统的主要激励源为动力源。动力源输入产生的影响由电机端向负载端正向传递，各子系统正向刚度由动力源至负载端正向传递。由图 6.32（a）可知，系统的电机输出转速、泵输出流量及液压马达的输出转速逐渐偏离基准状态，正向刚度线逐渐增长，且倾角逐渐变大。获取正向刚度角，以此为半径绘制正向刚度圆，如图 6.32（b）所示。可见，随着电机输入转速的升高，液压马达的正向刚度圆面积先减小再趋于平缓；液压泵的正向刚度圆面积逐渐增大；正向刚度圆之间的圆环面积逐渐减小。提取图 6.32 中的图形倾角特征，可得如图 6.33 所示的系统内部特征随电机斜坡变速的变化曲线。

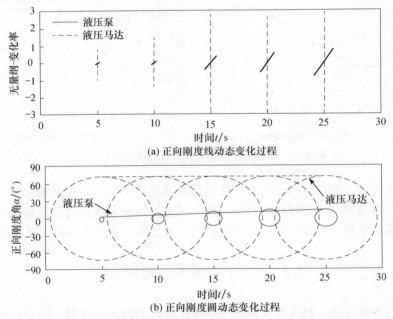

图 6.32　正向刚度李萨如图随电机斜坡增速的动态变化过程

由图 6.33（a）可知，电机转速处于低转速段时，液压泵及液压马达的容积效率低，系统压力难以建立，油液体积弹性模量与摩擦转矩非线性变化，因此，液压泵的正向刚度角均值较小，为 2.71°，表明流量变化剧烈；液压马达的正向刚度角均值为 87.63°，即此时流量对马达输出转速的作用较小，不易驱动马达拖动负载做功。当电机转速升高时，黏性及机械阻尼逐渐增大，液压系统泄漏增大，因此，液压泵和马达的正向刚度角变化趋于平缓。结合式（5.55）计算结果及图 6.33（b）可知，系统的总刚度损失系数由趋近于 1 减小至 0.88，即系统的刚度损失降低，系统逐渐趋于刚性。

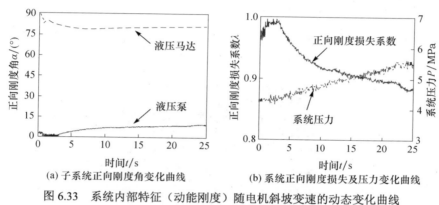

(a) 子系统正向刚度角变化曲线　　　　(b) 系统正向刚度损失及压力变化曲线

图 6.33　系统内部特征（动能刚度）随电机斜坡变速的动态变化曲线

由图 6.32 和图 6.33 可以看出，由正向刚度李萨如图中提取的系统内部特征（动能刚度）的变化过程尽管受非线性因素的影响，与变转速工况的斜坡变化规律有所区别，但两者整体的变化趋势一致，即随着转速的升高，各子系统的正向刚度发生改变，总刚度损失逐渐减小，子系统间的连接趋于刚性，系统总效率提高、输出转速波动减小。

在相同的变转速工况下，设置采样频率为 400kHz，对系统执行元件液压马达的输出转速方波信号进行采集，并结合采样点计数算法，提取瞬时转速信息。此时，瞬时转速由 182.64r/min 斜坡增大至 611.34r/min，如图 6.34（a）所示，量化误差在转速为 611.34r/min 时最大，达到 0.467r/min（满足小于 0.5r/min 的要求）。对瞬时转速信号进行短时傅里叶变换时，为降低滑动窗移动过程中的频谱能量泄漏，选用汉明窗对信号进行截断，窗函数长度为 540（若无特殊说明，后续试验数据均按相同窗函数进行截断），此时，阶比分辨率为 0.056。在此基础上，分析转速波动幅值的变化，可得如图 6.34 和图 6.35 所示结果。

由图 6.34 可知，增速工况下，瞬时转速波动成分复杂，但主要由 1x 与 0.33x 及其边频成分组成。分别对 1x 及 0.33x 进行追踪，转速波动幅值变化如图 6.34（b）所示。随着电机转速的升高，1x 转速波动幅值逐渐降低，由 2.51r/min 降低至 0.11r/min；由于负载端的不平衡影响，随着转速不断增加，作用于马达输出轴上的负载力矩增大，在此负载扰动下，系统输出的 0.33x 转速波动幅值由 0.25r/min 增大至 3.83r/min。此外，随着转速的升高，系统总效率由 0.22 增大至 0.65。

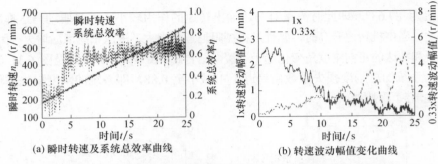

(a) 瞬时转速及系统总效率曲线   (b) 转速波动幅值变化曲线

图 6.34 系统总效率和转速波动分量随电机斜坡增速的动态变化过程

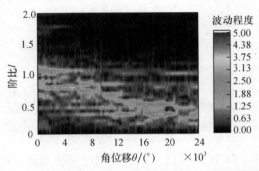

图 6.35   电机斜坡变速工况转速波动的阶比时频幅值谱

对比图 6.34 和图 6.35 可知，斜坡增速工况下，系统正向刚度损失减小，各子系统逐渐趋近于刚性耦合。在泵转速升高、马达负载稳定情况下，系统的 1x 波动分量幅值降低、0.33x 波动分量幅值升高，系统总效率上升。系统内部和外部特征的变化规律与前期仿真分析结果一致。

2. 正弦周期变速驱动

设置采样频率为 5kHz，电机输入转速以正弦规律由 200r/min 变化至 600r/min，中心转速为 400r/min，转速正弦变化周期为 10s。正向刚度李萨如图的变化过程如图 6.36 所示。磁粉制动器输入电压为 0.35V 恒定，此时油液温度为 19.32℃，系统油液压力如图 6.37（b）所示，呈正弦规律由 4.29MPa 变化至 5.86MPa。

动力源输入转速影响正向传递，各子系统正向刚度由动力源至负载端逐级递增。由图 6.36（a）可知，随着电机转速的升高，系统的实际状态逐渐按转速的变化规律偏离基准状态，即正向刚度线及其倾角按正弦规律变化。获取正向刚度角，绘制正向刚度圆，如图 6.36（b）所示。随着电机输入转速的升高，液压马达与液压泵的正向刚度圆面积按正弦规律变化，圆环面积变化规律相同。提取图 6.36 中的图形倾角特征，可得图 6.37 所示的系统内部特征随电机转速的变化过程。

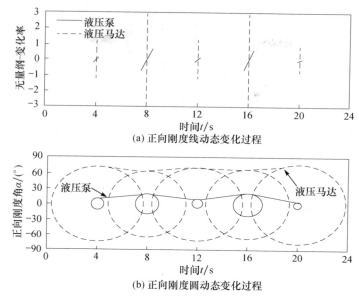

(a) 正向刚度线动态变化过程

(b) 正向刚度圆动态变化过程

图 6.36　正向刚度李萨如图随电机正弦变速的动态变化过程

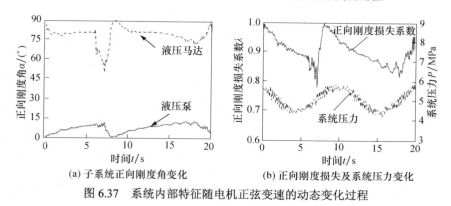

(a) 子系统正向刚度角变化　　　　(b) 正向刚度损失及系统压力变化

图 6.37　系统内部特征随电机正弦变速的动态变化过程

　　由图 6.37（a）可知，在电机转速按正弦规律激扰下，液压马达的正向刚度角在 [73.26°，88.77°] 变化，液压泵的正向刚度角在 [2.128°，12.29°] 变化，两者的变化规律与电机转速变化规律基本一致。由图 6.37（b）可知，系统总刚度损失系数在 [0.8，1] 变化，即在正弦规律的转速激扰下，系统动能刚度呈现"刚-柔"周期变化。

　　在相同的变转速工况下，设置采样频率为 400kHz，对瞬时转速进行测量，此时，变工况范围内，马达输出的最大转速为 614.91r/min，量化误差最大为 0.472r/min。转速波动幅值的变化过程见图 6.38 和图 6.39。

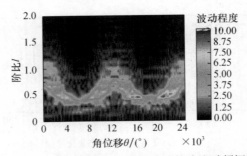

图 6.38　电机正弦变速工况转速波动的阶比时频幅值谱

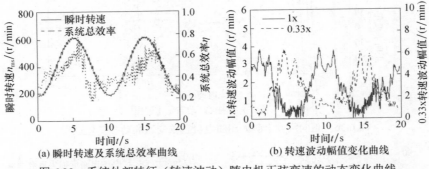

(a) 瞬时转速及系统总效率曲线　　　　　(b) 转速波动幅值变化曲线

图 6.39　系统外部特征（转速波动）随电机正弦变速的动态变化曲线

由图 6.38 可知，电机转速按正弦规律激励时，瞬时转速中各波动成分幅值基本按相同规律变化。分别对 1x 及 0.33x 转频成份做阶比滤波，得到转速波动幅值变化过程如图 6.39（b）所示。1x 波动分量幅值在 [0.74r/min, 3.72r/min] 动态变化，变化规律与转速变化规律相反；0.33x 波动分量幅值在 [0.69r/min, 6.13r/min] 变化，变化规律与转速变化规律相同。此外，系统总效率在正弦规律的转速激励下，在 [0.21, 0.76] 变化，变化规律与转速变化规律相同。

对比图 6.38 和图 6.39 可知，系统的正向动能刚度随电机转速周期变化，即系统内部的"刚-柔"耦合特性交替进行，系统的转速波动呈现周期变化；总效率随转速升高而提高，随转速降低而减小。系统内部与外部特征的变化规律与理论分析结果一致。

3. 阶跃变速驱动

设置采样频率为 5kHz，电机初始转速为 200r/min，10s 时突变至 600r/min。磁粉制动器输入电压为 0.35V 恒定，此时油液温度为 26.48℃，系统压力由 4.31MPa 阶跃变化至 5.75MPa，正向刚度李萨如图的变化过程如图 6.40 所示。电机在阶跃变化至 600r/min 前后，动能刚度线的长度增长，并逆时针转过一定角度，说明系统状态量迅速偏离基准，对应子系统的正向刚度增大。提取图形正向刚度角绘制如图 6.40（b）所示的刚度圆，电机转速变化前后，液压泵的正向刚度圆面积明显增大，液压马达的正向刚度圆面积明显减小，圆环面积减小，说明液压泵与马达子系统间的刚度损失减小。内部特征变化如图 6.41 所示。

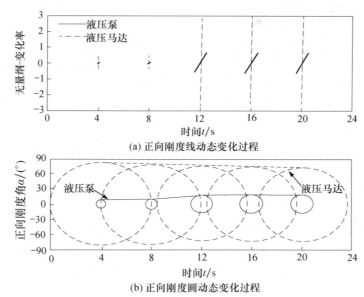

(a) 正向刚度线动态变化过程

(b) 正向刚度圆动态变化过程

图 6.40　正向刚度随电机阶跃变速的动态变化过程

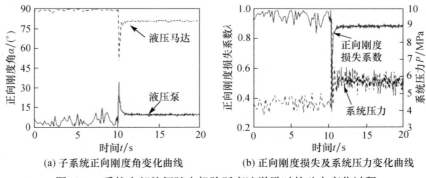

(a) 子系统正向刚度角变化曲线　　　　(b) 正向刚度损失及系统压力变化曲线

图 6.41　系统内部特征随电机阶跃变速激励时的动态变化过程

图 6.41（a）为各子系统正向刚度角的变化曲线，10s 前后，液压马达的正向刚度角由 87.33° 减小至 80.14°；液压泵的正向刚度角由 3.57° 增大至 9.06°，且在 10s 时存在冲击。根据子系统的正向刚度角计算系统总正向刚度损失系数如图 6.41（b）所示，该系数由阶跃前趋近于 1 突变至 0.88，说明转速升高，正向刚度损失减小，系统趋近于刚性。系统内部特征的变化规律与电机转速变化规律一致。

设置数据采集卡的采样频率为 400kHz，在相同环境工况下，对液压马达的瞬

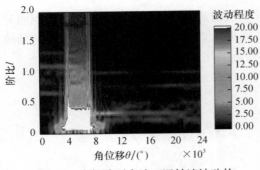

图 6.42　电机阶跃变速工况转速波动的
阶比时频幅值谱

时转速进行分析。瞬时转速测量的
量化误差在电机转速突变瞬间达到
最大，即 0.869r/min，此时液压马达
的瞬时转速测量值为 834.21r/min。
当系统达到稳态后，液压马达的瞬
时转速测量均值为 613.03r/min，量
化误差为 0.471r/min。对瞬时转速波
动信号进行短时傅里叶变化可得转
速波动的阶比时频幅值谱如图 6.42
所示。

　　如图 6.42 所示，在电机转速的突变点，明显出现转速波动幅值的突变，说
明此刻动力源转速的激扰对系统输出转速平稳性的影响剧烈。通过追踪 1x 和
0.33x 转速波动分量，可得到图 6.43（b）所示的波动幅值追踪谱，谱图数据显
示，转速阶跃前后，1x 转速波动幅值由 1.21r/min 降低至 0.18r/min，并在 10 s
附近瞬时转速波动出现峰值 7.37r/min；0.33x 转速波动幅值由 1.26r/min 增大至
3.24r/min，在 10s 附近出现波动峰值 51.05r/min。图中 10s 附近的峰值带为窗
函数在移动过程中出现的重叠数据分析所致，通过缩小窗函数能够缩短峰值
带，但同时导致频率分辨率不高，频谱特征辨识度不高。因此，如何改进波动
特征提取方法也是将来的研究重点之一。系统总效率的变化如图 6.43（a）所
示，由 0.13 增大至 0.64，变化趋势与转速阶跃变化规律一致。

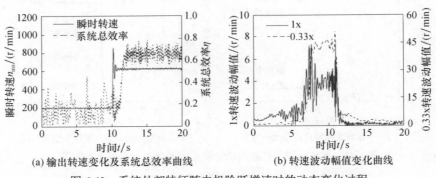

(a) 输出转速变化及系统总效率曲线　　　　　(b) 转速波动幅值变化曲线

图 6.43　系统外部特征随电机阶跃增速时的动态变化过程

　　综上所述，变转速工况下，随着动力源输入转速的升高，系统总刚度损失
减小，即子系统间趋于刚性耦合，对外表现出系统效率上升，瞬时转速波动
减小，运行平稳。此外，系统内部及外部特征的变化趋势与动力源的激扰规
律相关。

6.5.2　变负载工况下系统内外部特征协同分析

1. 按斜坡加载工况

设置采样频率为 5kHz，电机输入转速为 600r/min 恒定，磁粉制动器输入电压由 0.1V 斜坡增大至 0.7V，使系统压力以相同变化规律由 2.68MPa 增大至 11.34MPa，此时油液温度为 28.41℃。由于电机输入转速恒定，因此，在变负载工况下，系统的主要激励源为负载端，用逆向动能刚度分析系统抵抗负载激扰的能力，可得逆向刚度李萨如图的变化过程，如图 6.44 所示。

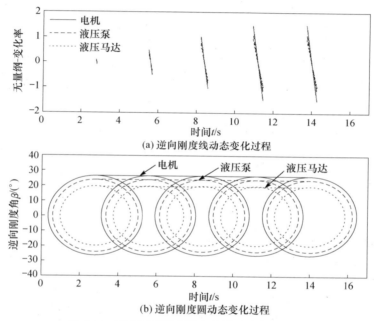

图 6.44　逆向刚度随斜坡负载的动态变化过程

负载按斜坡规律增加时，负载变化所产生的影响由负载端向电机端逆向传递，各子系统的逆向刚度逐级递增。各子系统输出的状态量逐渐偏离基准状态，即逆向刚度线的长度增长，且逆向刚度线倾角缓慢变化，如图 6.44（a）所示。获取逆向刚度角，以此为半径绘制逆向刚度圆，如图 6.44（b）所示，随着负载转矩的增大，液压马达与液压泵的逆向刚度圆面积逐渐减小，逆向刚度圆之间的圆环面积逐渐减小。提取图 6.44 中的李萨如图形倾角特征，可得如图 6.45 所示的系统逆向刚度随负载压力（转矩）增加的变化过程。

由图 6.45（a）可知，由于永磁同步电机经伺服控制器闭环控制转速，电机输出转速恒定，因此，马达负载的增加不会引起电机转速的变化，电机的逆向刚度恒定为 26.67°。当系统压力由 2.68MPa 增大至 11.34MPa 时，油液体积弹性模量未在非线性区变化，其变化量较小，负载压力的增大主要引起液压泵和液压马达的泄漏量增大，液压泵的逆向刚度角由 23.98° 减小至 21.74°；液压马达的逆向刚度角由 19.54° 减小至 18.31°。结合各子系统的逆向刚度角，计算逆向刚度损失系数如图 6.45（b）所示，逆向刚度系数由 0.47 增大至 0.53，说明随着负载转矩的增大，系统的逆向刚度损失加剧，即子系统间的连接趋于柔性。结合图 6.44 与图 6.45 结果可知，变负载工况下，系统内部特征——逆向刚度的变化趋势与负载变化规律一致。前述仿真分析已经表明，逆向刚度损失越大，则系统总效率降低，瞬时转速波动加剧。

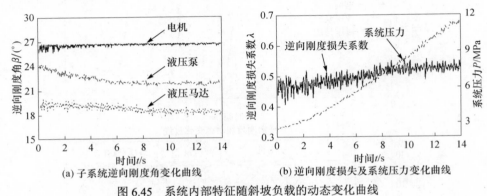

(a) 子系统逆向刚度角变化曲线　　　(b) 逆向刚度损失及系统压力变化曲线

图 6.45　系统内部特征随斜坡负载的动态变化曲线

在与前述相同的斜坡加载工况和测试条件下，用 400kHz 采样频率对液压马达的输出转速进行测量，测量结果如图 6.46（a）所示，液压马达的输出转速由 624.51r/min 依斜坡规律减小至 579.29r/min。采用汉明窗，对瞬时转速波动信号进行短时傅里叶分析，可得如图 6.47 所示的转速波动阶比时频幅值谱。

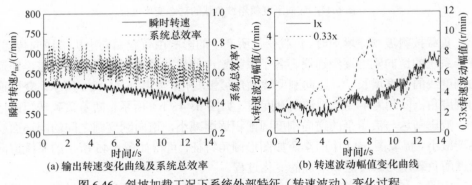

(a) 输出转速变化曲线及系统总效率　　　(b) 转速波动幅值变化曲线

图 6.46　斜坡加载工况下系统外部特征（转速波动）变化过程

如图 6.47 所示，瞬时转速波动成分主要由 1x、0.33x 及其边频成分构成，由图可直观看出，随着负载的增大，各波动成分逐渐增大。时域追踪 1x、0.33x 分量变化过程，得到如图 6.46（b）所示的转速波动分量时域波形，随着负载转矩的增大，1x 转速波动由 0.97r/min 增大至 3.01r/min；0.33x 转速波动由 1.83r/min 增大至 5.82 r/min，且二个阶比分量的变化趋势与负载转矩（压力）的变化规律一致。此外，系统总效率由 0.67 减小至 0.57，系统能耗加剧。

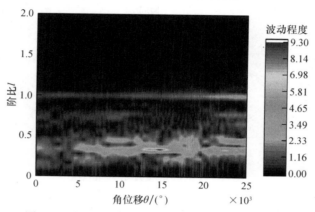

图 6.47　斜坡变载工况转速波动的阶比时频幅值谱

由上述两图可知，随着负载的增大，内部特征——逆向刚度损失加剧，外部特征——瞬时转速波动增大，系统总效率降低，且负载变化规律与系统内、外部特征变化规律基本一致。

2. 按正弦周期变载工况

设置采样频率为 5kHz，电机输入转速为 600r/min 恒定，磁粉制动器输入电压在 0.1～0.7V 正弦变化，中心电压为 0.35V，周期 10s。系统压力变化在 3.75～10.11MPa 正弦周期变化，油液温度为 19.33℃。获取系统的多源信号并融合信号特征，可得如图 6.48 所示的逆向刚度李萨如图。

各子系统逆向刚度大小沿负载传递方向逐级递增。由图 6.48（a）可见，各子系统的输出状态随负载转矩的变化往复偏离-接近基准状态，且逆向刚度线逆时针转动。由逆向刚度角绘制的逆向刚度圆如图 6.48（b）所示，各子系统的逆向刚度圆面积与逆向刚度角变化一致，圆环面积随负载工况改变而动态变化。提取图形特征，可得系统内部特征变化过程如图 6.49 所示。

由图 6.49（a）可知，电机受伺服控制器闭环控制，逆向刚度保持 26.64° 恒定；液压泵与液压马达的逆向刚度随负载工况呈正弦趋势变化，变化方向与负载变化方向相反，逆向刚度角大小分别在[24.25°，21.09°]、[21.49°，20.12°]变化。如图 6.49（b）所示，系统逆向刚度损失系数在[0.31°，0.45°]变化，变化规律与负

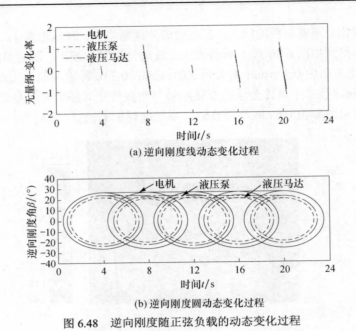

(a) 逆向刚度线动态变化过程

(b) 逆向刚度圆动态变化过程

图 6.48　逆向刚度随正弦负载的动态变化过程

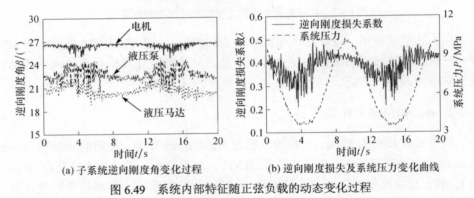

(a) 子系统逆向刚度角变化过程　　　(b) 逆向刚度损失及系统压力变化曲线

图 6.49　系统内部特征随正弦负载的动态变化过程

载转矩变化方向一致，即负载转矩增大，逆向刚度损失增大；负载转矩减小，逆向刚度损失减小。

　　在相同工况下，结合系统内部特征变化规律，利用短时傅里叶变换分析液压马达瞬时转速的波动特征。设置数据采集卡的采样频率为 400kHz，控制液压马达输出转速在 576.78～625.48r/min 正弦规律变化，对瞬时转速去除趋势项获取转速波动信号。用短时傅里叶变换对转速波动信号进行分析，可得图 6.50 所示的转速波动阶比时频谱，追踪 1x、0.33x 转速波动分量幅值的时域变化过程，如图 6.51（b）所示。

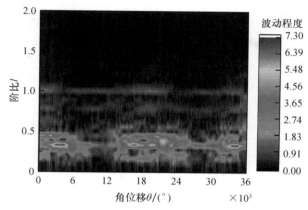

图 6.50 正弦变载工况转速波动阶比时频谱

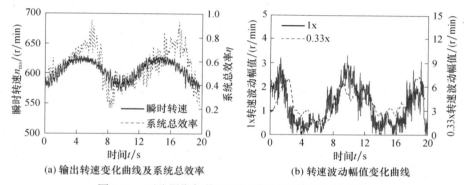

(a) 输出转速变化曲线及系统总效率 (b) 转速波动幅值变化曲线

图 6.51 正弦周期加载工况下系统外部特征变化过程

由图 6.50 可知，瞬时转速波动主要由 1x、0.33x 及其边频成分组成，且各阶比分量随负载转矩的变化亦呈正弦变化规律。由图 6.51（b）的阶比分量追踪结果可知，数值上，1x 阶比分量的幅值在[2.91r/min，0.34r/min]变化，0.33x 阶比分量的幅值在[1.67r/min，6.91r/min]变化，变化方向与负载转矩变化方向相反。此外，系统总效率在[0.24，0.75]变化，变化趋势与负载转矩变化方向亦相反。对比上述两图结果可知，系统内部特征与外部特征变化随负载工况动态改变，变化趋势与理论分析结果一致。

3. 阶跃加载工况

设置采样频率为 5kHz，电机输入转速为 600r/min 恒定，磁粉制动器的输入电压由 0.1V 阶跃变化至 0.7V，引起系统压力在 10s 附近由 3.51MPa 突变至 10.59MPa，实验过程中，油液温度为 19.77℃。通过采集系统运行过程中的多源信号，融合信号特征，可得如图 6.52 所示的逆向刚度李萨如图动态变化过程。提取图 6.52 中的图形特征可得系统内部特征随负载工况的变化曲线，如图 6.53 所示。

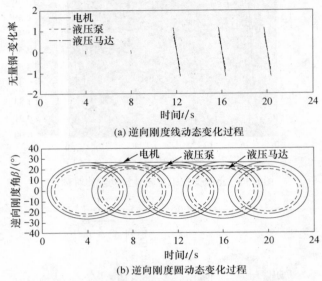

(a) 逆向刚度线动态变化过程

(b) 逆向刚度圆动态变化过程

图 6.52 逆向刚度随阶跃负载的动态变化过程

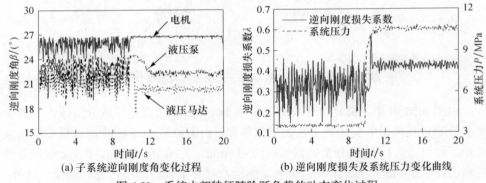

(a) 子系统逆向刚度角变化过程

(b) 逆向刚度损失及系统压力变化曲线

图 6.53 系统内部特征随阶跃负载的动态变化过程

逆向刚度由负载端至动力源端逐级递增，负载激扰对系统的影响逆向传递。如图 6.52（a）所示，负载阶跃前后，各子系统的输出由趋近基准状态变化为偏离状态，即逆向刚度线变长，且伴随着刚度线的逆时针旋转。如图 6.52（b）所示，阶跃变化前后，液压泵及液压马达逆向刚度圆的面积减小，说明子系统间的刚度损失加剧，系统趋于柔性耦合。

图 6.53 所示的系统内部特征变化曲线中，电机逆向刚度恒定为 26.67°，液压泵的逆向刚度由 23.93°变化至 22.28°，液压马达的逆向刚度由 22.01°阶跃变化至 20.02°；系统逆向刚度损失由 0.32 增加至 0.42。系统内部特征的变化随负载工况

的变化而改变。需要注意的是，由于阶跃前各子系统的运行状态趋于基准状态，且系统运行参数存在一定波动，导致计算的逆向刚度角存在波动，是刚度计算方法引入的，并非系统性能的反映。

在相同加载工况下，设置采样频率 400kHz，对液压马达的输出转速进行测量并提取转速的波动特征，可得如图 6.54 和图 6.55 所示结果。

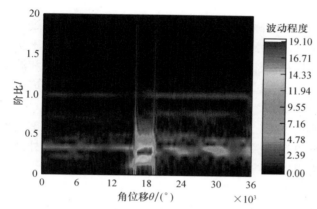

图 6.54 阶跃变载工况转速波动的阶比时频幅值谱

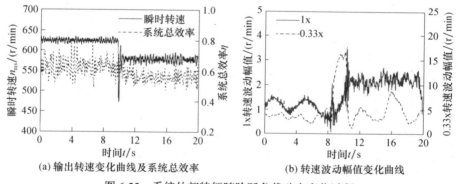

(a) 输出转速变化曲线及系统总效率   (b) 转速波动幅值变化曲线

图 6.55 系统外部特征随阶跃负载动态变化过程

如图 6.55（a）所示，负载工况阶跃变化时，液压马达输出转速由 626.46r/min 减小至 580.55r/min，瞬时转速的波动主要由 1x、0.33x 及其边频成分组成。当负载阶跃变化时，在 0.33x 阶比分量的阶跃点处明显呈现能量集中，说明负载的冲击作用对系统的输出平稳性产生巨大影响。通过追踪 1x、0.33x 阶比分量的幅值变化，可知负载阶跃变化工况下，1x 转速波动幅值由 1.21r/min 增大至 2.23r/min，并在阶跃点出现转速波动峰值 2.92r/min；0.33x 转速波动幅值由 2.61r/min 增大至 5.44r/min，在阶跃点出现波动峰值 16.13r/min，如图 6.55（b）所示。

综上所述，变负载工况下，随着负载转矩的升高，系统总逆向刚度损失增大，即子系统间趋于柔性耦合，对外表现出效率下降，瞬时转速波动增大，输出轴转速和功率波动；系统动力学内部及外部特征的变化趋势与动力源的激扰规律相关。

6.6　本章小结

基于机电液系统故障既是状态（设备性能和状况）又是过程（故障萌生和扩展）这一本质属性，本章以现代信号处理技术为基础，在多干扰源和强噪声背景下给出了系统全局和局部动能刚度的定量检测以及瞬时转速和波动分量在线测量方法，阐述了设备运行过程内部特征动态演化过程（动能刚度）与外部特征运行状态信息（转速波动）之间的关联性。

根据动能刚度原理，通过典型工况试验对机电液系统内部与外部特征随环境工况的变化规律进行了探索，验证了机电液一体化系统内、外部特征协同分析方法的可行性。得出以下结论：

（1）发现了柱塞马达流量脉动波形存在两个波峰。第一个波峰峰值与柱塞马达内泄有关，随转速的升高明显降低，随压力的升高而升高；第二个波峰峰值与柱塞腔流量冲击有关，随转速和压力的升高而明显升高。流量脉动第二波峰峰值对流量脉动的影响大，第一波峰对压力脉动的影响大。

（2）揭示了多能量域系统动能刚度耦合机理：动能刚度从柔变刚的过程导致系统效率升高，转速波动降低；由刚变柔的过程导致系统效率降低，转速波动增加。

（3）动能刚度与转速波动之间存在因果关系。建模仿真和典型工况试验验证了环境工况→内部参量→动能刚度→转速波动效应传递链的客观性，证明了动能刚度原理可以作为机电液一体化系统集成设计后实际功能生成中多参量耦合以及运行可靠性的评价方法。

（4）以系统动能变化率的状态和过程描述为问题驱动，从系统动力学正反两方面分析了系统环境工况、内部特征——动能刚度与外部特征——瞬时转速波动三者之间的因果关系，揭示了机电液系统运行状态的变化过程是"形成于内而表征于外"这一本质属性。形成的系统动能刚度原理以及内外部特征协同分析方法可作为机电液一体化系统动力学分析及运行可靠性的评价方法。

（5）利用动能刚度原理和转速波动特征，对机电液系统设计和运行可靠性（动态特性、效率下降、性能退化、故障识别）的定量分析是课题组后续研究内容。

参 考 文 献

[1]　姜万录, 朱勇, 郑直, 等. 电液伺服系统非线性振动机理及试验研究[J]. 机械工程学报, 2015, 51 (4): 175-184.

[2]　林荣川, 郭隐彪, 魏莎莎, 等. 非线性耦合力作用下液压马达低速波动机理分析[J]. 农业机械学报, 2011, 42(6): 213-218.

[3]　ZHAO M, JIA X D, LIN J, et al. Instantaneous speed jitter detection via encoder signal and its application for the diagnosis of planetary gearbox[J]. Mechanical Systems and Signal Processing, 2018, (98): 16-31.

[4]　贾永峰, 谷立臣. 永磁同步电机驱动的液压动力系统设计与实验分析[J]. 中国机械工程, 2012, 23(3): 286-290.

[5]　马吉恩. 轴向柱塞泵流量脉动及配流盘优化设计研究[D]. 杭州: 浙江大学, 2009.

[6]　GU L, XU R, WANG N. A novel reduced order dynamic model of axial piston motors with compression flow losses and Coulomb friction losses[J]. Industrial Lubrication and Tribology, 2019.

[7]　王红军, 万鹏. 基于 EEMD 和小波包变换的早期故障敏感特征获取[J]. 北京理工大学学报, 2013, 33(9): 945-950.

[8]　许睿. 轴向柱塞泵/马达全耦合动力学建模及性能退化机理分析[D]. 西安: 西安建筑科技大学, 2017.

[9]　YANG B, GU L C, LIU Y, et al. Instantaneous rotation speed measurement and error analysis for variable speed hydraulic system[J]. Journal of Measurement Science and Instrumentation, 2015, 6 (4): 315-321.

[10]　XI S T, CAO H R, CHEN X F, et al. A frequency-shift synchrosqueezing method for instantaneous speed estimation of rotating machinery[J]. Journal of Manufacturing Science and Engineering, 2015, 137 (3): 031012.

[11]　RODOPOULOS K, YIAKOPOULOS C, ANTONIADIS I. A parametric approach for the estimation of the instantaneous speed of rotating machinery[J]. Mechanical Systems & Signal Processing, 2014, 44 (1-2): 31-46.

[12]　LIN T R, TAN A C C, MA L, et al. Estimation the Loading Condition of a Diesel Engine Using Instantaneous Angular Speed Analysis[M]//LEE J, NI J, SARANGAPANI J, et al. Engineering Asset Management 2011. London: Spring, 2014: 259-272.

[13]　MOUSTAFA W. Low speed bearings fault detection and size estimation using instantaneous angular speed[J]. Journal of vibration and Control, 2016, 22 (15): 3413-3425.

[14]　纪跃波, 郭瑜. 阶比分析技术的发展应用与展望[J]. 现代制造工程, 2007, 423 (11): 123-126.

[15]　LIU Y, GU L C, YANG B, et al. A new evaluation method on hydraulic system using the instantaneous speed fluctuation of hydraulic motor[J]. Proceedings of the Institution of Mechanical Engineers, Part C: Journal of Mechanical Engineering, 2018, 232(15): 2674-2684.

[16]　GU L C, YANG B. A Cooperation analysis method using internal and external features for mechanical and electro-hydraulic system [J]. IEEE Access, 2019, 7: 10491-10504.

附录 A 主要公式推导过程

1. 式（2.23）

首先，将式（2.12）和式（2.13）代入式（2.4）可得

$$F_p = ma_p + p_{cp}A_p + Bv_p + F_{fn} + F_{fsa}$$

$$\approx ma_p + p_{cp}A_p + \tilde{F}_{fn} + \tilde{F}_{fsa}$$

$$= ma_p + p_{cp}A_p + \left[\frac{f_n}{\tilde{\eta}_p}\bar{\gamma}_1(p_{cp}A_p + \bar{\lambda}_G ma_p) + \frac{f_s}{\tilde{\eta}_p}(p_{cp}A_p + ma_p) \right]\tan\alpha\,\text{sign}(v_p)$$

$$= ma_p + p_{cp}A_p + \left[\Delta_p p_{cp}A_p + (\bar{\lambda}_G f_n \bar{\gamma}_1 + f_s)ma_p\tan\alpha \right]\frac{\text{sign}(v_p)}{\tilde{\eta}_p}$$

$$(\text{A.1})$$

然后，根据式（A.1）推导式（2.20）等号左侧第一项得

$$\sum_{i=1}^{N} F_{pi}L_{pi} = m\sum_{i=1}^{N} a_{pi}L_{pi} + A_p\sum_{i=1}^{N} p_{cpi}L_{pi} + \frac{\Delta_p}{\tilde{\eta}_p}A_p\sum_{i=1}^{N} p_{cpi}L_{pi}\text{sign}(v_{pi})$$

$$+ \frac{(\bar{\lambda}_G f_n \bar{\gamma}_1 + f_s)}{\tilde{\eta}_p}m\tan\alpha\sum_{i=1}^{N} a_{pi}L_{pi}\text{sign}(v_{pi})$$

$$(\text{A.2})$$

$$= m\sum_{i=1}^{N} a_{pi}L_{pi} + \frac{(\bar{\lambda}_G f_n \bar{\gamma}_1 + f_s)}{\tilde{\eta}_p}m\tan\alpha\sum_{i=1}^{N} a_{pi}L_{pi}\text{sign}(v_{pi})$$

$$+ A_p\sum_{i=1}^{N} p_{cpi}L_{pi} + \frac{\Delta_p}{\tilde{\eta}_p}A_p\sum_{i=1}^{N} p_{cpi}L_{pi}\text{sign}(v_{pi})$$

分别推导式（A.2）中各项如下：

$$m\sum_{i=1}^{N} a_{pi}L_{pi} = mR^2\tan^2\alpha\sum_{i=1}^{N}\left(\omega_p^2\cos\theta_i + \dot{\omega}_p\sin\theta_i \right)\sin\theta_i$$

$$= \frac{m\omega_p^2 R^2\tan^2\alpha}{2}\sum_{i=1}^{N}\sin2\theta_i + m\dot{\omega}_p R^2\tan^2\alpha\sum_{i=1}^{N}\sin^2\theta_i$$

$$(\text{A.3})$$

$$= \frac{N}{2}m\dot{\omega}_p R^2\tan^2\alpha$$

式中，$\sum_{i=1}^{N}\sin2\theta_i = 0$；$\sum_{i=1}^{N}\sin^2\theta_i = \frac{N}{2}$。

$$\frac{\left(\bar{\lambda}_{\mathrm{G}}f_{\mathrm{n}}\bar{\gamma}_1+f_{\mathrm{s}}\right)}{\tilde{\eta}_{\mathrm{p}}}m\tan\alpha\sum_{i=1}^{N}a_{\mathrm{p}i}L_{\mathrm{p}i}\mathrm{sign}(v_{\mathrm{p}i})$$

$$=\left[\frac{\left(f_{\mathrm{n}}\bar{\gamma}_1+f_{\mathrm{s}}\right)}{\tilde{\eta}_{\mathrm{p}}}+\bar{\gamma}_2f_{\mathrm{n}}\cot^2\alpha\right]mR^2\tan^3\alpha\sum_{i=1}^{N}\left(\omega_{\mathrm{p}}^2\cos\theta_i+\dot{\omega}_{\mathrm{p}}\sin\theta_i\right)\left|\sin\theta_i\right|\mathrm{sign}(\omega_{\mathrm{p}})$$

$$=\left[\frac{\varDelta_{\mathrm{p}}}{\tilde{\eta}_{\mathrm{p}}}\tan\alpha+\bar{\gamma}_2f_{\mathrm{n}}\right]m\omega_{\mathrm{p}}^2R^2\tan\alpha\sum_{i=1}^{N}\cos\theta_i\left|\sin\theta_i\right|\mathrm{sign}(\omega_{\mathrm{p}})$$

$$+\left[\frac{\varDelta_{\mathrm{p}}}{\tilde{\eta}_{\mathrm{p}}}\tan\alpha+\bar{\gamma}_2f_{\mathrm{n}}\right]m\dot{\omega}_{\mathrm{p}}R^2\tan\alpha\sum_{i=1}^{N}\sin\theta_i\left|\sin\theta_i\right|\mathrm{sign}(\omega_{\mathrm{p}})$$

$$\tag{A.4}$$

$$A_{\mathrm{p}}\sum_{i=1}^{N}p_{\mathrm{cp}i}L_{\mathrm{p}i}+\frac{\varDelta_{\mathrm{p}}}{\tilde{\eta}_{\mathrm{p}}}A_{\mathrm{p}}\sum_{i=1}^{N}p_{\mathrm{cp}i}L_{\mathrm{p}i}\mathrm{sign}(v_{\mathrm{p}i})$$

$$=A_{\mathrm{p}}\sum_{i=1}^{N}p_{\mathrm{cp}i}L_{\mathrm{p}i}\left[1+\frac{\varDelta_{\mathrm{p}}}{\tilde{\eta}_{\mathrm{p}}}\mathrm{sign}(v_{\mathrm{p}i})\right]$$

$$=A_{\mathrm{p}}R\tan\alpha\sum_{i=1}^{N}p_{\mathrm{cp}i}\left[\sin\theta_i+\frac{\varDelta_{\mathrm{p}}}{\tilde{\eta}_{\mathrm{p}}}\left|\sin\theta_i\right|\mathrm{sign}(\omega_{\mathrm{p}})\right]$$

$$\tag{A.5}$$

随后，将式（2.14）代入式（2.20）等号左侧第二项得

$$\sum_{i=1}^{N}\tilde{F}_{\mathrm{fsr}i}R=\frac{f_{\mathrm{s}}R}{\tilde{\eta}_{\mathrm{p}}}\sum_{i=1}^{N}\left(p_{\mathrm{cp}i}A_{\mathrm{p}}+ma_{\mathrm{p}i}\right)\mathrm{sign}(\omega_{\mathrm{p}})$$

$$=\frac{f_{\mathrm{s}}R}{\tilde{\eta}_{\mathrm{p}}}\mathrm{sign}(\omega_{\mathrm{p}})\left(A_{\mathrm{p}}\sum_{i=1}^{N}p_{\mathrm{cp}i}+m\sum_{i=1}^{N}a_{\mathrm{p}i}\right)$$

$$=A_{\mathrm{p}}R\sum_{i=1}^{N}p_{\mathrm{cp}i}\frac{f_{\mathrm{s}}}{\tilde{\eta}_{\mathrm{p}}}\mathrm{sign}(\omega_{\mathrm{p}})$$

$$\tag{A.6}$$

式中，$\displaystyle\sum_{i=1}^{N}a_{\mathrm{p}i}=R\tan\alpha\sum_{i=1}^{N}\left(\omega_{\mathrm{p}}^2\cos\theta_i+\dot{\omega}_{\mathrm{p}}\sin\theta_i\right)=0$。

最后，将式（A.2）、式（A.6）和式（2.22）代入式（2.20），改写主轴-缸体子系统动力学平衡方程为

$$\sum_{i=1}^{N}F_{\mathrm{p}i}L_{\mathrm{p}i}+\sum_{i=1}^{N}\tilde{F}_{\mathrm{fsr}i}R=T_{\mathrm{d}}-J_{\mathrm{p}}\dot{\omega}_{\mathrm{p}}-R_{\mathrm{f}}\omega_{\mathrm{p}}-T_{\mathrm{fv}}$$

$$\frac{N}{2}m\dot{\omega}_{\mathrm{p}}R^2\tan^2\alpha+A_{\mathrm{p}}R\tan\alpha\sum_{i=1}^{N}p_{\mathrm{cp}i}\left[\sin\theta_i+\frac{\varDelta_{\mathrm{p}}}{\tilde{\eta}_{\mathrm{p}}}\left|\sin\theta_i\right|\mathrm{sign}(\omega_{\mathrm{p}})\right]$$

$$+\left[\frac{\varDelta_{\mathrm{p}}}{\tilde{\eta}_{\mathrm{p}}}\tan\alpha+\bar{\gamma}_2f_{\mathrm{n}}\right]m\dot{\omega}_{\mathrm{p}}R^2\tan\alpha\sum_{i=1}^{N}\sin\theta_i\left|\sin\theta_i\right|\mathrm{sign}(\omega_{\mathrm{p}})$$

$$+\left[\frac{\varDelta_{\mathrm{p}}}{\widetilde{\eta}_{\mathrm{p}}}\tan\alpha+\overline{\gamma}_2 f_{\mathrm{n}}\right]m\omega_{\mathrm{p}}^2 R^2\tan\alpha\sum_{i=1}^{N}\cos\theta_i\left|\sin\theta_i\right|\mathrm{sign}(\omega_{\mathrm{p}})$$

$$=T_{\mathrm{d}}-J_{\mathrm{p}}\dot{\omega}_{\mathrm{p}}-R_{\mathrm{f}}\omega_{\mathrm{p}}-\lambda_{\mathrm{v}}f_{\mathrm{v}}A_{\mathrm{p}}R_{\mathrm{n}}\sum_{i=1}^{N}p_{\mathrm{cp}i}\mathrm{sign}(\omega_{\mathrm{p}})-T_{\mathrm{fvk}}$$

$$-A_{\mathrm{p}}R\sum_{i=1}^{N}p_{\mathrm{cp}i}\frac{f_{\mathrm{s}}}{\widetilde{\eta}_{\mathrm{p}}}\mathrm{sign}(\omega_{\mathrm{p}})\frac{N}{2}m\dot{\omega}_{\mathrm{p}}R^2\tan^2\alpha+A_{\mathrm{J}}J_{\mathrm{p}}\dot{\omega}_{\mathrm{p}}$$

$$\sum_{i=1}^{N}\sin\theta_i\left|\sin\theta_i\right|+J_{\mathrm{p}}\dot{\omega}_{\mathrm{p}}$$

$$=T_{\mathrm{d}}-A_{\mathrm{p}}R\sum_{i=1}^{N}\lambda_{\mathrm{H}i}p_{\mathrm{cp}i}-A_{\mathrm{J}}J_{\mathrm{p}}\omega_{\mathrm{p}}^2\sum_{i=1}^{N}\cos\theta_i\left|\sin\theta_i\right|-R_{\mathrm{f}}\omega_{\mathrm{p}}-T_{\mathrm{fvk}}\qquad(\mathrm{A.7})$$

其中

$$A_{\mathrm{J}}=\left(\frac{\varDelta_{\mathrm{p}}}{\widetilde{\eta}_{\mathrm{p}}}\tan\alpha+\overline{\gamma}_2 f_{\mathrm{n}}\right)\frac{mR^2\tan\alpha}{J_{\mathrm{p}}}\mathrm{sign}(\omega_{\mathrm{p}})$$

$$\lambda_{\mathrm{H}i}=\tan\alpha\sin\theta_i+\left(\frac{f_{\mathrm{s}}}{\widetilde{\eta}_{\mathrm{p}}}+\lambda_{\mathrm{v}}f_{\mathrm{v}}\frac{R_{\mathrm{n}}}{R}\right)\mathrm{sign}(\omega_{\mathrm{p}})+\frac{\varDelta_{\mathrm{p}}}{\widetilde{\eta}_{\mathrm{p}}}\tan\alpha\left|\sin\theta_i\right|\mathrm{sign}(\omega_{\mathrm{p}})$$

式中，$\displaystyle\sum_{i=1}^{N}\sin\theta_i\left|\sin\theta_i\right|$ 和 $\displaystyle\sum_{i=1}^{N}\cos\theta_i\left|\sin\theta_i\right|$ 是均值为零，周期为 $\dfrac{2\pi}{N}$ 的分段非线性函数，推导可得函数一个周期内的表达式如下：

当 $\theta=(0,\pi/N)$ 时，

$$\sum_{i=1}^{N}\left|\sin\theta_i\right|\sin\theta_i$$

$$=\sum_{i=1}^{N}\left|\sin\left(\theta+\frac{2\pi(i-1)}{N}\right)\right|\sin\left(\theta+\frac{2\pi(i-1)}{N}\right)$$

$$=\sin^2\theta+\sum_{m=1}^{\frac{N-1}{2}}\left[\sin^2\left(\theta+\frac{2\pi}{N}m\right)-\sin^2\left(\theta-\frac{2\pi}{N}m\right)\right]$$

$$=\frac{1}{2}\left[1-\cos 2\theta-\sum_{m=1}^{\frac{N-1}{2}}\left[\cos 2\left(\theta+\frac{2\pi}{N}m\right)-\cos 2\left(\theta+\frac{2\pi}{N}m\right)\right]\right]$$

$$=\frac{1}{2}\left(1-\cos 2\theta+2\sin 2\theta\sum_{m=1}^{\frac{N-1}{2}}\sin\frac{4\pi}{N}m\right)$$

$$= \frac{1}{2} - A_f \cos(2\theta + \phi)$$

$$\sum_{i=1}^{N} |\sin \theta_i| \cos \theta_i$$

$$= \sum_{i=1}^{N} \left| \sin\left(\theta + \frac{2\pi(i-1)}{N} \right) \right| \cos\left(\theta + \frac{2\pi(i-1)}{N} \right)$$

$$= \frac{1}{2} \sin 2\theta + \frac{1}{2} \sum_{m=1}^{\frac{N-1}{2}} \left[\sin 2\left(\theta + \frac{2\pi}{N} m \right) - \sin 2\left(\theta - \frac{2\pi}{N} m \right) \right]$$

$$= \frac{1}{2} \sin 2\theta + \cos 2\theta \sum_{m=1}^{\frac{N-1}{2}} \sin \frac{4\pi}{N} m$$

$$= A_f \sin(2\theta + \varphi)$$

$$A_f = \sqrt{\frac{1}{4} + \left(\sum_{m=1}^{\frac{N-1}{2}} \sin \frac{4\pi}{N} m \right)^2}, \quad \varphi = \arctan 2 \sum_{m=1}^{\frac{N-1}{2}} \sin \frac{4\pi}{N} m。$$

当 $\theta \in (-\pi/N, 0]$ 时，

$$\sum_{i=1}^{N} |\sin \theta_i| \sin \theta_i = A_f \cos(2\theta - \varphi) - \frac{1}{2}$$

$$\sum_{i=1}^{N} |\sin \theta_i| \cos \theta_i = A_f \sin(2\theta - \varphi)$$

因此，可得

$$f_a(N, \theta) = \sum_{i=1}^{N} |\sin \theta_i| \sin \theta_i = \begin{cases} \dfrac{1}{2} - A_f \cos(2\theta + \varphi) & \left(\theta \in \left(0, \dfrac{\pi}{N} \right] \right) \\ A_f \cos(2\theta - \varphi) - \dfrac{1}{2} & \left(\theta \in \left(-\dfrac{\pi}{N}, 0 \right] \right) \end{cases}$$

$$f_b(N, \theta) = \sum_{i=1}^{N} |\sin \theta_i| \cos \theta_i = \begin{cases} A_f \sin(2\theta + \varphi) & \left(\theta \in \left(0, \dfrac{\pi}{N} \right] \right) \\ -A_f \sin(2\theta - \varphi) & \left(\theta \in \left(-\dfrac{\pi}{N}, 0 \right] \right) \end{cases}$$

设 $\lambda_J = 1 + \dfrac{N}{2} \dfrac{mR^2 \tan^2 \alpha}{J_p}$，$\lambda_\alpha = A_J f_a(N, \theta)$，$\lambda_\omega = A_J f_b(N, \theta)$，则将式（A.6）改写为

$$\left(\lambda_\mathrm{J} + \lambda_\alpha\right)J_\mathrm{p}\dot\omega_\mathrm{p} = T_\mathrm{d} - R_\mathrm{f}\omega_\mathrm{p} - \lambda_\omega J_\mathrm{p}\omega_\mathrm{p}^2 - A_\mathrm{p}R\sum_{i=1}^{N}\lambda_{\mathrm{H}i}p_{\mathrm{c}pi} - T_\mathrm{fvk} \qquad (\text{A.8})$$

2. 式（2.49）～式（2.51）

柱塞泵斜盘倾覆力矩可分别表示为

$$M_{yy} = R\sum_{i=1}^{N}F_{\mathrm{p}i}\sin\theta_i, \quad M_{zz} = R\sum_{i=1}^{N}F_{\mathrm{p}i}\cos\theta_i, \quad M_{xx} = M_{yy}\tan\alpha$$

将式（A.1）代入可得

$$
\begin{aligned}
M_{yy} &= R\sum_{i=1}^{N}F_{\mathrm{p}i}\sin\theta_i \\
&= R\sum_{i=1}^{N}\left\{ma_{\mathrm{p}i} + p_{\mathrm{c}pi}A_\mathrm{p} + \left[\varDelta_\mathrm{p}p_{\mathrm{c}pi}A_\mathrm{p} + \left(\bar\lambda_\mathrm{G}f_\mathrm{n}\bar\gamma_1 + f_\mathrm{s}\right)ma_{\mathrm{p}i}\tan\alpha\right]\frac{\mathrm{sign}(v_{\mathrm{p}i})}{\tilde\eta_\mathrm{p}}\right\}\sin\theta_i \\
&= R\sum_{i=1}^{N}\left\{\left[1 + \frac{\varDelta_\mathrm{p}}{\tilde\eta_\mathrm{p}}\mathrm{sign}(v_{\mathrm{p}i})\right]p_{\mathrm{c}pi}A_\mathrm{p} + ma_{\mathrm{p}i} + \left[\left(\bar\lambda_\mathrm{G}f_\mathrm{n}\bar\gamma_1 + f_\mathrm{s}\right)ma_{\mathrm{p}i}\tan\alpha\right]\frac{\mathrm{sign}(v_{\mathrm{p}i})}{\tilde\eta_\mathrm{p}}\right\}\sin\theta_i \\
&= A_\mathrm{p}R\sum_{i=1}^{N}\left\{p_{\mathrm{c}pi}\left[1 + \frac{\varDelta_\mathrm{p}}{\tilde\eta_\mathrm{p}}\mathrm{sign}(v_{\mathrm{p}i})\right]\sin\theta\right\} + R\sum_{i=1}^{N}ma_{\mathrm{p}i}\left\{1 + \left[\frac{\varDelta_\mathrm{p}}{\tilde\eta_\mathrm{p}}\tan\alpha + \bar\gamma_2 f_\mathrm{n}\right]\mathrm{sign}(v_{\mathrm{p}i})\cot\alpha\right\}\sin\theta_i \\
&= A_\mathrm{p}R\sum_{i=1}^{N}\lambda_{\mathrm{H}si}p_{\mathrm{c}pi} + \frac{N}{2}m\dot\omega_\mathrm{p}R^2\tan\alpha + J_\mathrm{p}\left(\lambda_\alpha\dot\omega_\mathrm{p} + \lambda_\omega\omega_\mathrm{p}^2\right)\cot\alpha
\end{aligned}
$$

$$\qquad (\text{A.9})$$

式中，$\lambda_{\mathrm{H}si} = \sin\theta_i\left[1 + \dfrac{\varDelta_\mathrm{p}}{\tilde\eta_\mathrm{p}}\mathrm{sign}(v_{\mathrm{p}i})\right]$。

$$
\begin{aligned}
M_{zz} &= R\sum_{i=1}^{N}F_{\mathrm{p}i}\cos\theta_i \\
&= R\sum_{i=1}^{N}\left\{ma_{\mathrm{p}i} + p_{\mathrm{c}pi}A_\mathrm{p} + \left[\varDelta_\mathrm{p}p_{\mathrm{c}pi}A_\mathrm{p} + \left(\bar\lambda_\mathrm{G}f_\mathrm{n}\bar\gamma_1 + f_\mathrm{s}\right)ma_{\mathrm{p}i}\tan\alpha\right]\frac{\mathrm{sign}(v_{\mathrm{p}i})}{\tilde\eta_\mathrm{p}}\right\}\cos\theta_i \\
&= R\sum_{i=1}^{N}\left\{\left[1 + \frac{\varDelta_\mathrm{p}}{\tilde\eta_\mathrm{p}}\mathrm{sign}(v_{\mathrm{p}i})\right]p_{\mathrm{c}pi}A_\mathrm{p} + ma_{\mathrm{p}i}\right. \\
&\quad \left. + \left[\left(\bar\lambda_\mathrm{G}f_\mathrm{n}\bar\gamma_1 + f_\mathrm{s}\right)ma_{\mathrm{p}i}\tan\alpha\right]\frac{\mathrm{sign}(v_{\mathrm{p}i})}{\tilde\eta_\mathrm{p}}\right\}\cos\theta_i \\
&= A_\mathrm{p}R\sum_{i=1}^{N}\left\{p_{\mathrm{c}pi}\left[1 + \frac{\varDelta_\mathrm{p}}{\tilde\eta_\mathrm{p}}\mathrm{sign}(v_{\mathrm{p}i})\right]\cos\theta_i\right\}
\end{aligned}
$$

$$+ R \sum_{i=1}^{N} m a_{pi} \left\{ 1 + \left[\frac{\varDelta_p}{\tilde{\eta}_p} \tan\alpha + \overline{\gamma}_2 f_n \right] \text{sign}(v_{pi}) \cot\alpha \right\} \cos\theta_i$$

$$= A_p R \sum_{i=1}^{N} \lambda_{Hci} P_{cpi} + \frac{N}{2} m \omega^2 R^2 \tan\alpha + J_p A_J \cot\alpha$$

$$\sum_{i=1}^{N} \left(\omega_p^2 \cos^2\theta_i + \dot{\omega}_p \cos\theta_i \sin\theta_i \right) \text{sign}(\sin\theta_i)$$

$$= A_p R \sum_{i=1}^{N} \lambda_{Hci} P_{cpi} + \frac{N}{2} m \omega^2 R^2 \tan\alpha + J_p \dot{\omega}_p A_J \cot\alpha \sum_{i=1}^{N} \cos\theta_i |\sin\theta_i| \qquad (A.10)$$

$$+ J_p \omega_p^2 A_J \cot\alpha \sum_{i=1}^{N} \left[\text{sign}(\sin\theta_i) - |\sin\theta_i| \sin\theta_i \right]$$

$$= A_p R \sum_{i=1}^{N} \lambda_{Hci} P_{cpi} + \frac{N}{2} m \dot{\omega}_p R^2 \tan\alpha$$

$$+ J_p \left[\lambda_\omega \dot{\omega}_p + \left(\lambda_\omega' - \lambda_\alpha \right) \omega_p^2 \right] \cot\alpha$$

式中，

$$\lambda_{Hci} = \cos\theta_i \left[1 + \frac{\varDelta_p}{\tilde{\eta}_p} \text{sign}(v_{pi}) \right], \quad \lambda_\omega' = A_J f_c(N, \theta), \quad f_c(N, \theta) = \begin{cases} 1 & (\theta \in (0, \pi/N]) \\ -1 & (\theta \in (-\pi/N, 0]) \end{cases}$$

$$M_{xx} = M_{yy} \tan\alpha$$

$$= \tan\alpha \left(A_p R \sum_{i=1}^{N} \lambda_{Hsi} P_{cpi} + \frac{N}{2} m \dot{\omega}_p R^2 \tan\alpha \right) + J_p \left(\lambda_\alpha \dot{\omega}_p + \lambda_\omega \omega_p^2 \right) \qquad (A.11)$$

附录 B 柱塞泵参数化仿真模型 MATLAB 代码

```matlab
function[sys,x0,str,ts]=pump(t, x, u, flag, n, d, R, Rn, Lc, Lc1,
L0, Ln, Rho, m, Jp, Cd, lambdav, fv, fn, fs, Fk, C, Qmax, C0, R0,
K)
switch flag,
  case 0,
      [sys,x0,str,ts]=mdlInitializeSizes(n);
  case 1,
      sys=mdlDerivatives(x, u, n, d, R, Rn, Lc, Lc1, L0, Ln, Rho,
m, Jp, Cd, lambdav, fv, fn, fs, Fk, C, Qmax, C0, R0, K);
  case 3,
      sys=mdlOutputs(x, u, n, d, R, Rn, Lc, Lc1, L0, Ln, Rho, m,
Jp, Cd, lambdav, fv, fn, fs, Fk, C, Qmax, C0, R0, K);
  case {2,4,9},
    sys=[ ];
  otherwise
    DAStudio.error('Simulink:blocks:unhandledFlag',
num2str(flag));
end
function [sys,x0,str,ts]=mdlInitializeSizes(n)
sizes=simsizes;
sizes.NumContStates=(n+3);
sizes.NumDiscStates= 0;
sizes.NumOutputs=20;
sizes.NumInputs=(5*n+8);
sizes.DirFeedthrough=(5*n+8);
sizes.NumSampleTimes=1;
sys = simsizes(sizes);
x0=zeros(1,n+3);
str=[];
ts=[0 0];
function
sys=mdlDerivatives(x,u,n,d,R,Rn,Lc,Lc1,L0,Ln,Rho,m,Jp,Cd,lambda
v,fv,fn,fs,Fk,C,Qmax, C0, R0, K)
Ad=u(1:n);                          %排油过油面积
As=u(n+1:2*n);                      %吸油过油面积
Rlc=u(2*n+1:3*n);                   %柱塞副泄漏液阻
Cp=u(3*n+1:4*n);                    %柱塞腔液容
Theta=u(4*n+1:5*n);                 %柱塞转角
```

```
Rlv=u(5*n+1);                   %配流副泄漏液阻
Rls=u(5*n+2);                   %滑靴副泄漏液阻
Rf=u(5*n+3);                    %黏性摩擦阻尼
alpha=u(5*n+4);                 %斜盘倾角
omega=C0*R0*u(5*n+6)*2*pi/60;   %电机输入转速（无量纲）
Ps=u(5*n+7);                    %系统背压
ps=Ps/(Qmax*R0);               %系统背压（无量纲）
Qm=u(5*n+8);                    %柱塞马达需求流量
qm=Qm/Qmax;                     %柱塞马达需求流量（无量纲）
Tfvk=fv*Fk*Rn*sign(x(n+2));     %配流盘预压库伦摩擦转矩
tfvk=Tfvk/(Qmax^2*C0*R0^2);     %配流盘预压库伦摩擦转矩（无量纲）
Ap=pi*d^2/4;
L1=(Lc-L0)*(1-(R*tan(alpha)/(Lc-L0))^2)^0.5;
gamma1=(2*Ln-d*fn)/L1-1;
gamma2=(2*(Ln-Lc1)-d*fn)/L1-1;
xis=Cd*As*sqrt(2*R0/Rho/Qmax);
xid=Cd*Ad*sqrt(2*R0/Rho/Qmax);
zetalv=R0/Rlv;
zetalcs=R0./Rlc+R0/Rls;
muc=C0/C;
mucp=C0./Cp;
muv=Ap*R/(Qmax*C0*R0);
mum=m*R^2*tan(alpha)/Jp;
muJ=Qmax^2*C0^3*R0^4/Jp;
muf=Rf/(Qmax^2*C0^2*R0^3);
muK=K/(Qmax^2*C0*R0^2);
etap=1-tan(alpha)*(gamma1*fn+fs);   %柱塞-滑靴子系统能量转换效率
detap=1-etap;                        %柱塞-滑靴子系统能量损耗因子
lambdaJ=1+n/2*tan(alpha)*mum;
AJ1=detap/etap*tan(alpha)*mum*sign(x(n+2));
lambdaP=gamma2*fn;
AJ2=lambdaP*mum*sign(x(n+2));
lambdaalpha=(AJ1+AJ2)*fa(n,Theta(1));
lambdaomega=(AJ1+AJ2)*fb(n,Theta(1));
q=0;
p=0;
lambdaH=zeros(1,n);
dx=zeros(1,n+3);
for k=1:n
dx(k)=muv*muJ*x(n+2)*tan(alpha)*sin(Theta(k))+xis(k)*sqrt(abs(p
s-mucp(k)*x(k)))
*sign(ps-mucp(k)*x(k))-xid(k)*sqrt(abs(mucp(k)*x(k)-
muc*x(n+1)))*sign(mucp(k)*x(k)-muc*x(n+1))-
mucp(k)*zetalcs(k)*x(k);
q=q+xid(k)*sqrt(abs(mucp(k)*x(k)-
```

```
muc*x(n+1)))*sign(mucp(k)*x(k)-muc*x(n+1));
lambdaH(k)=tan(alpha)*sin(Theta(k))+(fs/etap+fv*Rn/R*lambdav)*s
ign(x(n+2))+detap/etap*tan(alpha)*abs(sin(Theta(k)))*sign(x(n+2
));
p=p+mucp(k)*x(k)*lambdaH(k);
end
dx(n+1)=q-muc*zetalv*x(n+1)-qm;
dx(n+2)=(muK*x(n+3)-muf*muJ*x(n+2)-lambdaomega*muJ*x(n+2)^2-
muv*p-tfvk)/(lambdaJ+lambdaalpha);
dx(n+3)=omega-muJ*x(n+2);
sys=dx;
function
sys=mdlOutputs(x,u,n,d,R,Rn,Lc,Lc1,L0,Ln,Rho,m,Jp,Cd,lambdav,fv,
fn,fs,Fk,C,Qmax,C0,R0,K)
Ad=u(1:n);                      %排油过油面积
As=u(n+1:2*n);                  %吸油过油面积
Rlc=u(2*n+1:3*n);               %柱塞副泄漏液阻
Cp=u(3*n+1:4*n);                %柱塞腔液容
Theta=u(4*n+1:5*n);             %柱塞转角
Rlv=u(5*n+1);                   %配流副泄漏液阻
Rls=u(5*n+2);                   %滑靴副泄漏液阻
Rf=u(5*n+3);                    %黏性摩擦阻尼
alpha=u(5*n+4);                 %斜盘倾角
dwm=u(5*n+5);                   %柱塞泵主轴角加速度（无量纲）
dWm=dwm/(C0*R0)^2;              %柱塞泵主轴角加速度
Ps=u(5*n+7);                    %背压
ps=Ps/(Qmax*R0);               %背压（无量纲）
Ap=pi*d^2/4;
L1=(Lc-L0)*(1-(R*tan(alpha)/(Lc-L0))^2)^0.5;
gamma1=(2*Ln-d*fn)/L1-1;
gamma2=(2*(Ln-Lc1)-d*fn)/L1-1;
xis=Cd*As*sqrt(2*R0/Rho/Qmax);
xid=Cd*Ad*sqrt(2*R0/Rho/Qmax);
zetalv=R0/Rlv;
zetalc=R0./Rlc;
zetals=R0/Rls;
muc=C0/C;
mucp=C0./Cp;
mum=m*R^2*tan(alpha)/Jp;
muJ=Qmax^2*C0^3*R0^4/Jp;
muf=Rf/(Qmax^2*C0^2*R0^3);
muK=K/(Qmax^2*C0*R0^2);
if  x(n+2)>=0
    etap=1-tan(alpha)*(gamma1*fn+fs);
    detap=1-etap;
else
```

```
    etap=1+tan(alpha)*(gamma1*fn+fs);
    detap=etap-1;
end
lamdaG=1+gamma2/gamma1*etap*cot(alpha)^2;
AJ1=detap/etap*tan(alpha)*mum*sign(x(n+2));
lambdaP=gamma2*fn;
AJ2=lambdaP*mum*sign(x(n+2));
lambdaalpha=(AJ1+AJ2)*fa(n,Theta(1));
lambdaomega=(AJ1+AJ2)*fb(n,Theta(1));
lambdaomega1=(AJ1+AJ2)*fc(n,Theta(1));
qs=0;                               %柱塞泵进口流量
qd=0;                               %柱塞泵出口流量
for k=1:n
    qs=qs+xis(k)*sqrt(abs(ps-mucp(k)*x(k)))*sign(ps-
mucp(k)*x(k));
    qd=qd+xid(k)*sqrt(abs(mucp(k)*x(k)-
muc*x(n+1)))*sign(mucp(k)*x(k)-muc*x(n+1));
end
Pc=muc*x(n+1)*Qmax*R0;              %柱塞泵出口压力
Qd=(qd-muc*zetalv*x(n+1))*Qmax;     %柱塞泵实际出口流量
TL=muK*x(n+3)*(Qmax^2*C0*R0^2);     %柱塞泵主轴转矩
wm=muJ*x(n+2);                      %柱塞泵主轴角速度（无量纲）
Wm=wm/(C0*R0);                      %柱塞泵主轴角速度
qlv=muc*zetalv*x(n+1);              %配流副泄漏流量（无量纲）
qlc=0;                              %柱塞柱塞副泄漏总流量（无量纲）
qls=0;                              %柱塞滑靴副泄漏总流量（无量纲）
for k=1:n
    if sign(sin(Theta(k)))>0
        qlc=qlc+mucp(k)*zetalc(k)*x(k);
        qls=qls+mucp(k)*zetals*x(k);
    else
        qlc=qlc+0;
        qls=qls+0;
    end
end
tp1=0;
tp2=0;
for k=1:n
    tp1=tp1+mucp(k)*x(k);
    tp2=tp2+mucp(k)*x(k)*abs(sin(Theta(k)));
end
FG=m*(dWm*fa(n,Theta(1))+Wm^2*fb(n,Theta(1)))*R;
                    %柱塞轴向和径向惯性力共同作用下形成的干扰力
tfv=fv*Rn*(lambdav*Ap*tp1*Qmax*R0+Fk)*sign(x(n+2))/(Qmax^2*C0*R0^2);
                    %配流副库伦摩擦转矩（无量纲）
tfn=fn*gamma1/etap*(Ap*tp2*Qmax*R0+lamdaG*FG*tan(alpha))*R*tan
```

```
(alpha)^2*sign(x(n+2))/(Qmax^2*C0*R0^2);
                           %柱塞副库伦摩擦转矩（无量纲）
tfsa=fs/etap*tan(alpha)^2*(Ap*tp2*Qmax*R0+FG*tan(alpha))*R*sign
(x(n+2))/(Qmax^2*C0*R0^2);
                       %滑靴副轴向库伦摩擦转矩（无量纲）
tfsr=fs/etap*Ap*tp1*Qmax*R0*R*sign(x(n+2))/(Qmax^2*C0*R0^2);
                       %滑靴副径向库伦摩擦转矩（无量纲）
                       %运动副复合黏性摩擦转矩（无量纲）
tf=muf*muJ*x(n+2);
                    %柱塞腔压力（无量纲）
pcp1=mucp(1)*x(1);
qcp1=xid(1)*sqrt(abs(mucp(1)*x(1)-
muc*x(n+1)))*sign(mucp(1)*x(1)-muc*x(n+1))-xis(1)*sqrt(abs(ps-
mucp(1)*x(1)))*sign(ps-mucp(1)*x(1));
                       %柱塞腔输入输出流量（无量纲）
gamma11=(2*Ln-d*fn)/(Lc-L0-R*tan(alpha)*cos(Theta(1)))-1;
gamma21=(2*(Ln-Lc1)-d*fn)/(Lc-L0-R*tan(alpha)*cos(Theta(1)))-1;
lamdaG1=1+gamma21/gamma11*etap*cot(alpha)^2;
ap=R*tan(alpha)*(Wm^2*cos(Theta(1))+dWm*sin(Theta(1)));
if pcp1>=0
Ffn1=fn/etap*gamma11*tan(alpha)*(pcp1*Ap*Qmax*R0+lamdaG1*m*ap)*
sign(sin(Theta(1))*x(n+2));          %柱塞副库伦摩擦力
else
    Ffn1=0;
end
lamdaH1=zeros(1,n);
lamdaH2=zeros(1,n);
for k=1:n

lamdaH1(k)=sin(Theta(k))*(1+detap/etap*sign(sin(Theta(k))*x(n+2
)));

lamdaH2(k)=cos(Theta(k))*(1+detap/etap*sign(sin(Theta(k))*x(n+2
)));
end
tp3=0;
tp4=0;
for k=1:n
    tp3=tp3+mucp(k)*x(k)*lamdaH1(k);
    tp4=tp4+mucp(k)*x(k)*lamdaH2(k);
end
Myy=n/2*mum*dWm*Jp+Ap*tp3*Qmax*R0*R+(lambdaalpha*dWm+lambdaomeg
a*Wm^2)*Jp*cot(alpha);          %斜盘Y方向倾覆力矩
Mzz=n/2*mum*Wm^2*Jp+Ap*tp4*Qmax*R0*R+(lambdaomega*dWm+(lambdaom
ega1-lambdaalpha)*Wm^2)*Jp*cot(alpha);   %斜盘Z方向倾覆力矩
Mxx=tan(alpha)*Myy;               %斜盘X方向倾覆力矩
sys(1)=qlv;
sys(2)=qlc;
```

```
sys(3)=qls;
sys(4)=qls+qlv+qlc;
sys(5)=tfv;
sys(6)=tfn;
sys(7)=tfsa+tfsr;
sys(8)=tf;
sys(9)=tfv+tfn+tfsa+tfsr+tf;
sys(10)=Mxx;
sys(11)=Myy;
sys(12)=Mzz;
sys(13)=pcp1;
sys(14)=qcp1;
sys(15)=Ffn1;
sys(16)=Qd;
sys(17)=qs*Qmax;
sys(18)=Pc;
sys(19)=TL;
sys(20)=60*Wm/(2*pi);
```

附录 C 液压马达转速波动源时域特征提取程序

```
x=load('*.txt');
fs=***;
xx=x(8*fs:28*fs,1);
xx=x(:,1);
n=length(xx);
t=linspace(0,n/fs,n);
if xx(1)>=2.5;
    flag=1;
else
    flag=0;
end
j=1;
m=1;
k=1;
old=xx(1);
new=xx(2);
count1=0;%周期内高电平采样点数
count2=0;%周期内低电平采样点数
count3=0;%周期内总采样点数
count4=0;%周期数
for i=1:1:n;
    new=xx(i);
    %上升沿判断
    if (new>2.5)&&(old<=2.5)&&(flag==0)
        flag=1;
        count3(j)=count1+count2;
        count4=count4+1;
        time(k)=t(i);
        du(k)=12*(k-1);%每个齿对应的角度
        count1=0;
```

```
    end
    %下降沿判断
    if (new<2.5)&&(old>=2.5)&&(flag==1)
        j=j+1;
        k=k+1;
        flag=0;
        count2=0;
    end
    old=new;
    if (flag==1)
        count1=count1+1;%一周期内高电平采样点计数
    else
        count2=count2+1;%一周期内低电平采样点计数
    end
end
%瞬时转速
count3=count3(2:length(count3));
time=time(1:length(time)-1);
du=du(1:length(du)-1);
nm=2*fs./count3;%nm=60*fs/(k*z);k为采样点数，z为测速齿盘齿数(60)
nm=fs./(count3*60);
nm(1)=nm(3);
figure(1);
plot(time,nm);
%趋势项
w='db12';
[c l]=wavedec(nm,15,w);%一维小波变换，对信号进行多层分解
%c表示各层分量，包括近似系数和细节系数；l表示各层分量长度
%x表示原始信号，N表示分解的层数，wname表示小波基名称
nmexq=wrcoef('a',c,l,w,7);%对wavedec分解的多层小波近似系数重构
nmex=nm-nmexq;
figure(2);
plot(time,nmexq);%相当于plot(1:length(nmexq),nmexq)
figure(3);
plot(time,nmex);
```

```
nn=length(nmex);
FFs=(linspace(0,nn/time(nn),nn))';
mag=(abs(fft(nmex))/nn*2)';
figure(4);
plot(FFs,mag);
Tn=interp1(du,time,0:120:du(length(du)),'spline');
%interp1表示一维数据内插值;spline表示三次样条插值
zhen=interp1(time,nmex,Tn,'spline');
nn2=length(zhen);
%FFs2=(linspace(0,nn2/du(length(du)),nn2))';
FFs2=(linspace(0,3,nn2))';
mag2=(2*abs(fft(zhen))/nn2)';
figure(5);
plot(FFs2,mag2);
axis([0 2000 0 10]);
figure(5);
plot(FFs2,zhen);
% 沿拓
g=1020;
x=zhen;
NN=length(x);
zhen=zeros(1,NN+g);
zhen(g/2+1:g/2+NN)=x;
for i=1:g/2/100
    zhen(1+100*(i-1):100*i)=x(1:100);
    zhen(g/2+NN+1+100*(i-1):g/2+NN+100*i)=x(NN-100+1:NN);
end
figure(6);
plot(zhen);
f=3;
y=bandp(zhen,0.285,0.365,0.20,0.4,0.1,30,f);
yf=fliplr(y);%fliplr-左右翻转矩阵
%将矩阵y的列绕垂直轴进行左右翻转
yff=bandp(yf,0.285,0.365,0.20,0.4,0.1,30,f);
fy=fliplr(yff);
```

```
figure(6);
subplot(211);plot(y);
subplot(212);hua_fft(y,f,1);
figure(7);
subplot(211);plot(fy);
subplot(212);hua_fft(fy,f,1);
nnf=length(fy);
yyf=fft(fy,nnf);
magg=abs(yyf)/nnf*2;
fys=(linspace(0,3600,nnf));
fyy=ifft(yyf,nnf);
subplot(211);plot(fys,magg);
subplot(212);plot(fyy);
y1=bandp(zhen,0.940,1.050,0.9,1.1,0.1,30,f);
yf1=fliplr(y1);
yff1=bandp(yf1,0.940,1.050,0.9,1.1,0.1,30,f);
fy1=fliplr(yff1);
figure(8);
subplot(211);plot(y1);
subplot(212);hua_fft(y1,f,1);
figure(9);
subplot(211);plot(yf1);
subplot(212);hua_fft(fy1,f,1);
%反角度域采样
zhenn=interp1(Tn,fy,time,'spline');
figure(10)
subplot(211);
plot(y);
subplot(212);
plot(time,zhenn);
zhennn=interp1(Tn,fy1,time,'spline');
figure(11)
subplot(211);
plot(y1);
subplot(212);
```

```
plot(time,zhennn);
%hilbert求包络
zhe=hilbert(zhenn);   %x1的希尔伯特变换x2
zh=2*abs(zhe);   %x2取模，得到x3
zhee=hilbert(zhennn);   %x1的希尔伯特变换x2
zhh=2*abs(zhee);   %x2取模，得到x3
figure(12)
plot(zh);
hold on
plot(nm/100);
figure(13)
plot(time,100*zhh);
hold on
plot(time,nm);
```